青少年心理健康教育导航丛书

丛书主编　张安让　史彩娥

学前儿童心理健康教育

主　编　杜燕红

中原出版传媒集团
中原传媒股份公司

大象出版社
·郑州·

图书在版编目(CIP)数据

学前儿童心理健康教育 / 杜燕红主编.— 郑州 ：大象出版社，2009.4（2019.2 重印）
（青少年心理健康教育导航丛书 / 张安让，史彩娥主编）
ISBN 978-7-5347-5445-6

Ⅰ.学… Ⅱ.杜… Ⅲ.学前儿童—心理卫生—健康教育 ：家庭教育 Ⅳ.B844.12 G78

中国版本图书馆 CIP 数据核字(2009)第 036694 号

青少年心理健康教育导航丛书

学前儿童心理健康教育

XUEQIAN ERTONG XINLI JIANKANG JIAOYU

责任编辑 焦 采
文字编辑 戴 慧 方 敏 李伟东
责任校对 李建平 石更新 张 涛
封面设计 秦吉宁
出　　版 大象出版社（郑州市郑东新区祥盛街 27 号 邮政编码 450016）
网　　址 www.daxiang.cn
发　　行 河南省新华书店
印　　刷 河南安泰彩印有限公司
版　　次 2009 年 4 月第 1 版 2019 年 2 月第 8 次印刷
开　　本 787mm×1092mm 1/16
印　　张 13.25
字　　数 263 千字
定　　价 23.80 元
若发现印、装质量问题，影响阅读，请与承印厂联系调换。
印厂地址 郑州市中原路与华山路交叉口向南 200 米路西华山路 78 号
邮政编码 450000 电话 0371-67196689

编者的话

一、本书特点和编写旨意

1.时代性。 心理健康教育是当今教育的一个热点问题。本书旨在引导学前儿童家长和教师顺应时代发展的要求，把握学前儿童心理发展规律，促进儿童个性健康发展，培养符合时代需求的身心和谐发展的人才。

2.知识性。 学前儿童心理健康教育是建立在科学知识基础之上的。因此，本书旨在向学前儿童教师和家长传递心理健康教育的基本知识，帮助教师和家长树立正确观念，对儿童心理问题作出准确的分析、评估和判断，保证心理健康教育的科学性。

3.实用性。 学前阶段是儿童心理健康发展的奠基时期，学前儿童的教师和家长应通过适当的教育引导，为儿童近期和终身发展奠定良好的素质基础。本书旨在理论与实践相结合，提供可操作性的案例和实施策略，帮助学前儿童的教师和家长有效实施心理健康教育。

4.活动性。 学前儿童心理健康发展是在各种活动中得以实现的。本书根据学前儿童教师和家长的需求，有针对性地提供各种游戏活动和亲子活动，旨在引导教师和家长尊重儿童身心发展特点，创设各种活动情境，把心理健康教育寓于各项生动有趣的活动之中。

本书可供学前儿童教师和家长阅读，也可作为各级师范院校教育学、心理学专业学生，以及各种相关培训机构的教材和参考书。

二、本书基本结构

本书基本结构包括导言、发展诊断篇、问题分析篇、素质培养篇、游戏活动篇，共10章。本书每篇之前，都有导读要点，以提示各篇内容结构，在此不再一一赘述。

三、本书编写人员

本套丛书由张安让、史彩娥担任总主编，负责策划、组织、编写、审稿。本书编写人员由长期关注学前儿童心理发展的理论研究者和实践工作者组成。编写工作得到了河南省基础教育教学研究室的大力支持。本书由杜燕红担任主编，负责拟定本书提纲，组织协调编写，以及统稿工作。

编写人员：

杜燕红（洛阳师范学院）：导言、发展诊断篇（第一、二章）

褚卫东（洛阳师范学院）：问题分析篇（第三、四、五章）

李　燕（洛阳师范学院）：素质培养篇（第六、七、八、九章）

徐　菁（河南省实验幼儿园）：游戏活动篇（第十章）

在编写过程中，我们参阅和引用了许多有价值的相关文献资料，附录于本书之后，在此深表感谢！

学前儿童心理健康教育尚属新的领域，我们的努力和探索刚刚起始，所以，诚挚地欢迎理论研究者、实践工作者、教师和家长提出宝贵意见，齐心协力，推进学前儿童心理健康教育的深入实施，促进儿童良好心理品质的形成和发展，为儿童的未来和谐发展奠定坚实基础。

杜燕红

2009 年 4 月 1 日

目录

导言

人们经常用世界上最美好的语言来描述和比喻学前儿童，诸如：天真无邪、纯洁无瑕、天使宝贝等。人们也时常怀念和向往那份童真、童心、童趣，但由于各种原因所致，人们愈来愈发现，这个无瑕的宝贝有了些许“斑点”，相信大家不会把下面镜头中学前儿童的行为表现和梦幻童年、可爱天使相联，但这却是真切的现实，这种反差令我们无比担忧，甚至有些惊慌失措，同时，也使我们开始产生更多的反思和研究。

镜头一：妈妈的震惊

王静夫妇平时都很忙，5岁多的女儿甜甜常常一个人在家，为了不让女儿感到孤单，王静给女儿买了几只小鸡，希望这几只可爱的小鸡能帮甜甜打发无聊的时光，找到一些乐趣。正如王静所预料的那样，女儿确实变得开心多了，高高兴兴地喂小鸡吃米，王静也觉得无比欣慰。然而，过了几天，王静回到家却发现一只小鸡死了，还有一只正可怜巴巴地窝在小纸箱里瑟瑟发抖呢。当时，王静也没有多想，猜测可能是喂养小鸡不当所致，因而也没有特别在意这件事情。有一天，王静身体不太舒服，请假提前回家，当她打开家门的时候，看到了触目惊心的一幕：女儿正狠狠按着一只小鸡的头，手里拿着那天早上自己忘在茶几上的针一下又一下地扎着小鸡，小鸡痛苦地“唧唧、唧唧”叫着，而一旁的甜甜不仅无动于衷，丝毫没有怜悯之心，相反，还面带微笑，似乎正享受这件事情呢！——一刹那，王静惊呆了，她怎么也想不到自己夫妻俩都是善良、友爱的人，为什么甜甜会有如此残忍的举动？

镜头二：老师的困惑

幼儿园大班的手工课上，李老师教小朋友折飞机。一向聪明机灵的强强三下两下就折好了一架纸飞机。看着其他小朋友还在慢慢地折，他一边给纸飞机画上眼睛，一边得意洋洋地想：自己又是第一名，老师肯定会表扬自己折得又快又好！等了一会儿，全班小朋友都完成了任务，连动作最慢的迟迟也折好了纸飞机。李老师提议说：“现在，我们到教室外面去,比一比看谁的飞机飞得高!”小朋友们纷纷跑到院外的活动场地,争先恐后地投掷出手里的纸飞机。李老师巡回观察,帮助小朋友们使他们自己的飞机投得更高、飞得更远。李老师看到,强强的飞机虽然长了“眼睛”很漂亮,可是刚出手就一个“倒栽葱”掉下来了,而迟迟的飞机飘飘悠悠飞得很高,小朋友们都兴奋地为他鼓掌。观察仔细的李老师发现大家都为迟迟喝彩时,强强的脸上却表现出不服气的神色。没想到,趁着迟迟的飞机再次飞起,强强跑上前追逐着,并在飞机落地时故意一脚踩上去,结果,把迟迟的纸飞机踩烂了,迟迟急得哭了起来,而强强却在一旁暗自得意。目睹这一情景后,李老师非常困惑:像强强这样的表现并不是个例,那么,为什么孩子们会有这样的心理和行为?老师该怎么教育引导?

镜头三:研究者的调查

据世界卫生组织预计,2020 年以前,全球儿童精神障碍率可能会增长 50%,成为最主要的致病、致死和致残原因之一。此前,英国儿童协会发起了“幸福童年”的调查。研究者调查了 1.5 万名民众,其中包括 1 万名儿童,调查结果显示,约 8.4%的孩子遭受心理问题困扰。按此比例推算,英国遭受心理问题的孩子超过百万人。该报告指出,越来越多的英国儿童患有心理疾病,主要包括抑郁、焦虑、厌食、暴力倾向等。而在中国,目前,青少年儿童的心理卫生状况也非常令人担忧。北京大学精神卫生研究所曾对北京市某些城区的小学生做过儿童行为问题患病率调查,1984 年为 8.3%,1993 年为 10.9%,1998 年为 13.4%,2001 年则增长到 18.2%。而上海市妇联 2005 年公布的一项调查数据显示,上海市中小学生的心理障碍发生率已达 21%—32%。另有研究指出,我国 17 岁以下的青少年儿童中,至少有 3000 万人受到各种情绪障碍和行为问题的困扰,突出表现为人际关系、情绪稳定性和学习适应方面的问题。具体到学前儿童,其心理问题主要有:由于营养摄入不足或不平衡造成的大脑和心理发育障碍,不良的进食习惯,睡眠习惯和大小便习惯,言语障碍,负性情感(如忌妒、恐惧、分离焦虑)以及某些不良的行为问题(如吮吸手指、偷拿、咬指甲、拔毛发等)。1 岁以上学前儿童心理障碍主要是三大方面的问题:注意力不集中,学习能力障碍,情绪性格问题。研究表明,中小学阶段所显露出的心理问题,许多是源于学前期,而由于儿童精神疾病比较难以发现和诊断,国际上大约只有 20%的“小病号”得到了正确的诊断和治疗,有相当一部分的“问题孩子”是被误诊和错诊的,很多家长和老师都不知道孩子可能存在心理问题。

上述案例带给我们诸多思考:为什么学前儿童表现出如此反常的心理和行为?我们该如何界定和解读学前儿童的这些心理和行为?面对这些心理和行为问题,我们应该如何应对?……而对这些问题的回答必须基于我们对学前儿童心理特点的把握,对学前儿童心理健康的理解和对学前儿童心理健康教育的实施。

世界卫生组织在其宪章中规定:“健康……是一种身体上、精神上和社会上的完整状态,而不只是没有疾病和虚弱。"即健康不仅指没有身体上的缺陷和疾病，还要有完整的生理、心理状态和良好的社会适应能力。当今，这一理念已成为评判个体身心健康发展的评价指标和依据。

学前期是人一生身心发展最为迅速的时期，也是个体人格和心理品质形成的重要时期。由于学前儿童的身心发展具有奠基性、不可逆性等特点，所以，学前儿童的身心发展状况和发展结果具有多方面重要的价值和意义。从国家角度讲，学前儿童的身心健康发展关乎合格人才的培养；从家庭角度看，学前儿童的身心健康发展维系着家庭的幸福和未来；从儿童个体角度讲，其自身的健康发展制约其人生发展方向。基于此，父母和教师非常有必要关注学前儿童身心健康发展，并采取科学适当的措施，有目的、有意识、有计划地对学前儿童实施心理健康教育。

首先，父母和教师应认识学前儿童心理健康的标志。一般地，我们可以从五个方面概略把握学前儿童心理健康状态，即：(1)智力符合常态；(2)情绪稳定而愉快；(3)意志健全与行为协调；(4)性格与自我意识良好；(5)人际交往和谐。

其次，父母和教师应明确学前儿童心理健康教育的目标。概括来看，学前儿童心理健康教育目标主要体现在两方面：一是使学前儿童个体形成健康的心理，从而能适应社会，正常地成长和发展；二是渗透心理素质教育，即培养和教育学前儿童个体形成各种良好的心理素质以及良好的个性。

最后，父母和教师应落实学前儿童心理健康教育的任务。学前儿童心理健康教育的基本任务包括：掌握学前期儿童心理发展特点和心理健康评估标准；矫正、预防儿童心理与行为问题，促进心理健康发展；培养儿童良好的心理素质和健全的人格；开展多样活动，开发儿童心理潜能。

为此，本书从内容结构上包括：发展诊断篇、问题分析篇、素质培养篇、游戏活动篇。每一篇，通过理论分析、案例展示、策略指导等多种方式，旨在帮助和启发父母和教师初步学会分析学前儿童身心发展特点，掌握心理健康教育的方法策略，从而能够全面完成学前儿童心理健康教育任务，促进儿童身心全面和谐健康发展，为培养合格人才奠定基础，为儿童未来享受美好人生、实现自我价值打好基础。

发展诊断篇 >>

导读要点：

你了解学前儿童身心发展特点吗？

你掌握学前儿童身心健康发展指标吗？

你懂得如何诊断学前儿童身心发展是否健康吗？

"发展诊断篇"将以一个学前宝宝童童的发展历程为原型，揭示学前儿童身心发展的年龄特点和发展规律；将从动作发展、认知发展、语言发展、情绪发展、人际交往发展等方面呈现不同年龄阶段儿童身心发展的评估指标；将提供常用的学前儿童身心发展诊断量表，帮助你了解和把握学前儿童身心发展奥秘，科学评估和诊断学前儿童身心发展现状，为促进学前儿童身心健康发展奠定基础。

第一章

※

学前儿童身心发展特点评估

※

童童是一个幼小的生命个体,他的生命来源于父母精子与卵细胞的结合。自童童的妈妈受孕之际,童童就开始踏上一个奇妙的、连续不断的生命发展之旅。在本章,我们就以童童为原型,来展现学前儿童身心发展的奥秘。父母和教师可以循着童童的身心发展轨迹,初步认识学前儿童身心发展特点,正确评估学前儿童身心健康发展水平。

童童从出生之后,经历了不同的发展阶段,一般而言,在学前期,我们把童童的身心发展划分为三个阶段:出生—1 岁、1—3 岁、3—6 岁。在不同的发展阶段,童童在身体动作、认知、情感、社会性、个性等方面都有不同的发展特点,表现出不同的心理能力和发展水平。如同园丁在植物生长的不同阶段要适时地除草、施肥,细心培植其茁壮成长一样,学前儿童的父母和教师作为儿童心理健康发展的主要引导者,也要认识和了解不同发展阶段儿童身心发展的特点,对不同年龄阶段儿童身心健康发展有正确的评估,以保证科学引导、促进学前儿童身心健康发展。

※

第一节　出生—1 岁儿童的身心发展评估

一、出生—1 岁儿童的身心发展特点

出生—1 岁期间,童童有着怎样的发展历程?我们从童童的身体发展和心理发展两方面来探寻出生—1 岁儿童的成长秘密。

(一)身体发展的特点

1.生长发育非常迅速。

出生第一年是童童降生后身体发育最快的一年。童童出生时,身高约为 50 厘米,体重为 3—3.5 千克,头围约 35 厘米,脑重大约有 390 克。出生后第一个月,平均体重每天增加 20—30 克,满月时体重将达到 4 千克;身长增加 2.5—4 厘米;头围增加到 37.75 厘米。儿童生长发

育具有年龄差异，男孩在各方面发育指标普遍高于女孩。半年后，童童的生长发育速度有所减慢，身高每月增长1—1.5厘米。1岁时，身高可达70—80厘米，体重达9—11千克，头围达46厘米，胸围46厘米，长出6—8颗牙齿，脑重可达900克。

2.身体动作的发展遵循一定的规律。

骨骼肌肉的发展是身体动作发展的基础。童童的骨骼肌肉系统发育得较快，约2—3个月开始，其脊柱的四个生理性弯曲相继形成，肌肉力量不断增强，童童开始逐渐能够支撑住身体重量，并会抬头、翻身等。总体来看，童童身体动作的发展是有一定顺序的，具体表现为：第一，由上部动作到下部动作，即童童先发展头部动作，然后学会俯撑、翻身、坐、爬、站、走等；第二，由大肌肉动作到小肌肉动作，即童童躯体动作的发展要早于四肢动作，手指动作的发展最迟。

（二）心理发展的特点

情景展现：

童童出生后，有着令成人惊奇的许多本领。妈妈在童童的床头悬挂了一个红颜色的气球，童童觉醒后，能盯着气球看好一会儿呢。一次，妈妈用筷子蘸了一点酸酸的水，放在童童的嘴里，童童品尝后，小脸都挤成一团了。若听见玩具的声响，童童会转移视线寻找声音，童童尤其喜欢听见妈妈、爸爸说话的声音；当妈妈和自己说话，逗自己时，童童更加开心，会“啊，啊”做出应答。快1岁时，童童会模仿成人的言语，叫“妈妈”“爸爸”了。童童尿湿了裤子或饿了，会不高兴，发出哭声；吃饱喝足、舒舒服服时，童童就微笑着“哼哼唱歌”；当有人逗童童时，童童甚至会笑出声来，逗得成人也非常高兴。刚出生时，谁都能抱着童童玩，慢慢地，童童开始认人了，童童和妈妈最亲近，喜欢缠着妈妈；到了晚上睡觉时，更是离不开妈妈，在妈妈的怀抱里，童童很安静；遇到生人，童童会躲着不让生人抱；妈妈上班离开童童时，是童童最难过的时候。

心理探秘：

童童的表现反映出出生—1岁儿童具有如下心理特点。

1.感知觉是出现最早，发展最快，最先达到比较完善水平的心理能力。

虽然出生—1岁是儿童心理初步发展的时期，但儿童却具有巨大的心理发展潜力。儿童出生时就有感觉能力，他们的肤觉很发达，他们能看、能听，很早就显示出对鲜艳的颜色、复杂的图形、和谐的声音的偏爱，其中，人的形象和声音更容易引起他们的注意。他们对气味有较强的敏感性，更喜欢母亲身上的气味；在味觉方面，他们更喜欢甜味。

2.言语发展进入准备期。

成人在抚育过程中与儿童直接交谈，从而成为儿童学习语言的必要条件。儿童言语的发展主要表现在语音辨别和模仿发音两方面，由此，儿童开始学习掌握人类语言这一特有的交际工具，进入言语发展的准备时期。

3.情绪、情感逐渐分化。

儿童先天具有与生理需要相联的情绪反应,近1岁时,开始出现与交往等社会性需要有关的情感,从此,儿童情感逐渐分化和复杂起来。这时期,儿童的情绪和情感常常表现出易变化、易冲动、易传染、易外露等特点。儿童出生后的几个月内,逐渐显示出各种面部表情,并开始对人微笑,而这种微笑往往被成人理解为孩子向自己发出交往信号,是一种明显的社会反应,所以,研究者常称之为社会性微笑。与儿童的微笑相互应答,成人也报之以微笑、抚摸、亲吻、搂抱、引逗等,从而加强了双方的情感联系,并奠定了与他人交往的基础。

4.依恋关系的建立。

儿童与成人交往时,他们之间会建立起一种特殊的亲子关系——"依恋关系"。依恋是一种强烈的持久的情感联系,表现为儿童对某个或某些人特别亲近而不愿离去的情绪。良好的依恋关系的建立维系着儿童的终身发展,为儿童获得积极的社会适应能力开辟了一条健康之路。由于母亲抚育、照料儿童比较多,一般而言,这种依恋关系大多建立在母子之间。出生8—12周,儿童开始对母亲的反应较对其他人多;6—7个月,出现明显的对母亲的依恋情绪,并伴随一系列行为表现,如出现认生,喜欢亲近母亲,不喜欢生人,当陌生人接近或母亲离开时,就焦虑不安,产生焦虑情绪。

二、出生—1岁儿童身心发展评估

对于出生—1岁的儿童,父母和教师应如何评判儿童的发展状况,怎样才能得知儿童的身心发展是否正常?以下从动作发展、认知发展、语言发展、情绪发展、人际交往发展等方面提出出生—1岁儿童身心健康发展标准,为成年人提供认识和把握的依据。

(一)动作发展

从躯体动作的发展看,2—3个月时,儿童学会抬头,成人可将其竖直抱起;4—5个月,学翻身;5—6个月,学坐;1岁左右能站立行走。通过图1.1.1,我们可以对儿童身体动作的发展顺序有初步的把握。从手的动作发展看,3—4个月前,儿童抓握物体时没有目标和方向,接触到

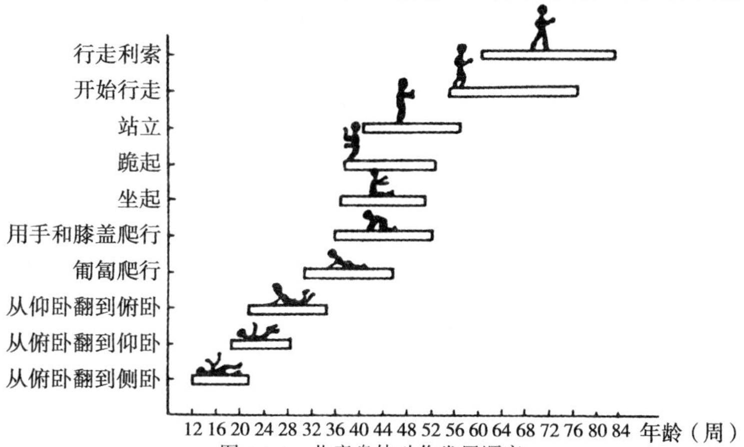

图1.1.1 儿童身体动作发展顺序

什么就抓什么，并且，手指配合不当，拇指和其余四指方向一致，整只手弯起来一把抓，其发展状况可见图 1.1.2。5—6 个月时，儿童能有目的地抓取物体；6—8 个月开始，儿童喜欢摆弄物体，可以将各种物品乱敲、乱投、乱撕，或扔到地上，并且喜欢重复这样做；9 个月之后，儿童手部动作进一步复杂化，似乎知道可以借用工具达到目的，并开始模仿成人的一些动作，如用小勺吃饭、拿手绢擦鼻涕等。

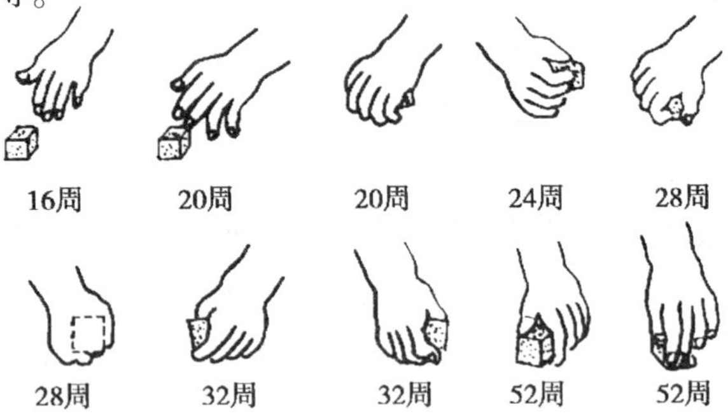

图 1.1.2　儿童手部动作发展状况

具体地讲，成人要评价出生—1 岁儿童动作发展是否正常，可参考表 1.1.1。

表 1.1.1　出生—1 岁儿童动作发展健康评价表

	发展顺序	动作项目名称	年龄(月)		发展顺序	动作项目名称	年龄(月)
全身动作发展	1	稍微抬头	2.1	手部动作发展	1	抓住不放	4.7
	2	头转动自如	2.6		2	能抓住面前玩具	6.1
	3	抬头及肩	3.7		3	能用拇指和食指拿	6.4
	4	翻身一半	4.3		4	能松手	7.5
	5	扶坐竖直	4.7		5	传递(倒手)	7.6
	6	手肘支床，胸离床面	4.8		6	能拿起面前玩具	7.9
	7	俯卧翻身	5.5		7	从瓶中倒出小球	10.1
	8	独坐前倾	5.8				
	9	扶腋下站	6.1				
	10	独坐片刻	6.6				
	11	蠕动打转	7.2				
	12	扶双手站	7.2				
	13	仰卧翻身	7.3				
	14	独坐自如	7.3				
	15	给助力能爬	8.1				
	16	从卧位坐起	9.3				
	17	独自能爬	9.4				
	18	扶一手站	10.0				
	19	扶两手站	10.1				
	20	扶物能蹲	11.2				
	21	扶一手走	11.3				

（二）认知发展

儿童认知发展包括感知觉、注意、记忆、思维、想象等各种认知能力的发展。出生—1 岁是儿童感知觉发展迅速的时期，所以，在此主要展现儿童感知觉发展的状况。

儿童感觉的发展突出体现在视觉和听觉两方面。从视觉的发展水平看，儿童出生时，视力大约是 20/600；出生 3 周后，儿童开始将视觉集中在物体上；3—5 周，能对 1—1.5 米处的物体注视 5 秒钟；视觉集中现象在 2 个月时表现得比较明显，尤其对人脸容易产生视觉集中。3 个月的儿童能对 4—7 米处的物体注视 7—10 分钟，5—6 个月的儿童能注视远处的运动物体，如汽车。8 个月—2 岁的儿童清醒时，有 20% 的时间在注视他们眼前的事物。4 个月起，儿童能分辨彩色和非彩色，红色物体易引起儿童兴奋。一般而言，女童的颜色辨别能力要强于男童。听觉发展方面，儿童出生后就能听到声音。儿童特别注意人的声音，尤其是女性的声音。出生 3 天的儿童，仅仅与母亲有过很少的接触，也能表现出对母亲声音的偏好。2—3 个月的儿童能区分 ba 和 pa，4—5 个月的儿童听到自己的名字时会转过头去，而对其他人的名字，即便是有很强的兴趣，也不会转头。知觉发展中，6 个月的儿童具有深度知觉。

除感知觉以外，这一时期儿童也具有记忆能力。研究表明，当某一物品如玩具从儿童视野中消失后，7 个月大的儿童会去寻找，说明儿童能够回忆，具有一定的记忆能力。

（三）语言发展

出生后第一年的语言发展主要表现为口语的发音。儿童口语的发展顺序见表 1.1.2，可为儿童口语的发展提供评价标准。

表 1.1.2 出生—1 岁儿童口语发展评价表

年龄	发展阶段	表　现
0—3 个月	简单发音阶段	哭是最初的发音，2 个月以后，能发 ai、a、e、ei、ou、nei 等语音
4—8 个月	连续发音阶段	能发 ba-ba、ma-ma 等重复、连续的音节
9—12 个月	模仿发音—学话萌芽阶段	开始能模仿成人的语音，如 mao-mao（帽帽）、deng-deng（灯灯）等；8—9 个月，儿童开始对个别词音有反应，如听到他的名字会转头；9—10 个月以后，能按成人的话做动作，如“欢迎”会拍手、“再见”会摆手等

（四）情绪发展

加拿大心理学家布里奇斯通过对 100 多个婴儿的观察，提出了关于情绪分化的较完备的理论和 0—2 岁儿童情绪分化的模式。她认为，初生婴儿只有皱眉和哭的反应，这是未分化的一般性激动，是强烈刺激引起的内脏和肌肉反应；3 个月以后，婴儿的情绪分化为快乐和痛苦；6 个月以后，又分化为愤怒、厌恶和恐惧；12 个月以后，快乐的情绪又分化为高兴和喜爱；18 个月以后，分化出喜悦和妒忌。

人类的面部表情既是情绪的表达，也是交流的信号，具有社会化的功能。随着儿童年龄的增长，儿童不仅自身逐渐显示出各种面部表情，而且能识别他人的面部表情，从而为儿童理解他人情绪、适应社会打好基础。儿童表情识别能力的发展见表 1.1.3。

表 1.1.3　儿童表情识别能力的发展

年龄	发展阶段	表　现
0—2 个月	不完整的面部知觉	儿童将视线停留在脸部的边缘，对中心部位注视不够
2—5 个月	无评价的面部知觉	儿童对成人的面部表情做出回应性情绪反应，但不具备知觉表情意义的评价。如儿童无论对成人面部的微笑表情还是忧伤表情，都予以愉快的反应
5—7 个月	对表情意义的情绪反应	6 个月左右，儿童对正、负表情发生不同的情绪反应，理解面部表情的细微变化，认识其表达意义
7—10 个月	在因果关系参照中应用表情信号	儿童学会识别他人的表情并影响自身行为，情绪成为信息交流的方式。如儿童面对母亲的微笑也随之微笑，面对母亲悲伤则哭泣；若母亲面无表情，儿童会表现出犹豫

（五）人际交往发展

1 个月时，儿童出现明显的交往行为——“天真活跃反应”，即当成人的脸出现在儿童的视野中，他便中止原来的动作，注视成人的眼睛，进行片刻目光交流，然后开始微笑、发声，并手舞足蹈，表现出欢悦的样子。半岁左右，儿童开始主动地与成人交往，成人不在身边时，儿童能自觉地发出各种信号如哭等呼唤成人。半岁到 1 岁，儿童喜欢和成人玩“藏猫猫”游戏，他们还会逗成人玩，故意把玩具扔到地上，指引成人来捡。他们喜欢成人的夸奖，在与成人交往中，开始学习人类特有的动作和语言，能在成人指点下完成“点头致谢”“摆手拜拜”等动作。这一时期，儿童与成人之间依恋关系的建立是人际交往发展的集中体现。

儿童依恋关系的形成发展见表 1.1.4。

表 1.1.4　儿童依恋关系的形成阶段

年龄	发展阶段	表　现
0—3 个月	无分化阶段	儿童对人的反应不加区分，没有差别，由于未能实现对人际关系的分化，儿童并不介意被陌生人抱起
3—6 个月	低分化阶段	儿童开始识别熟悉的人与不熟悉的人的差别，对熟悉的人更敏感，表现出更多的微笑、依偎、接近，但仍不会介意和熟悉的人分开
6 个月—2.5 岁	依恋形成阶段	儿童特别愿意与熟悉的人在一起，若离开，则不安，表现出分离焦虑；若陌生人出现，则怯生，甚至哭泣、喊叫

第二节 1—3 岁儿童的身心发展评估

一、1—3 岁儿童的身心发展特点

童童一天天长大，身心发展表现出许多新的特点。在前一阶段发展基础之上，1—3 岁期间，童童有如下身体和心理的发展特点。

（一）身体发展的特点

1.生长发育十分迅速。

这一时期，童童的身体发育也很迅速，身高平均每年增长 8—10 厘米，体重增长速度很快。2 岁时，身高约达 88 厘米，体重 12.2 千克左右；3 岁时可达 93 厘米，体重 13 千克左右。2 岁时，童童的头围将达到他成年时的 90%；3 岁时，童童的脑重可达 1000 克。2—3 岁期间，童童最大的变化表现在身体各部分的比例上，这一时期，童童头部的生长速度减慢，腿部和躯干生长速度加快，身高增加，所以，身体和腿看起来比较均衡。

2.动作增多，逐渐熟练和复杂化。

童童的骨骼仍在继续骨化，大肌肉已经发展，小肌肉远未发展好，还不能从事灵活性、准确性很高的精细活动。与前一发展阶段相比，这一时期，童童的动作发展增多，并且更加熟练和复杂化，表现为童童学会了自己走路，能跑、跳，越过小障碍等。同时，童童手的精细动作初步发展起来，喜爱做事，初步学会把物体当工具使用，如端碗喝水，拿小勺子吃饭，喜欢做游戏，并开始学穿脱衣服、系扣子、洗手、用筷子吃饭等生活技能。

（二）心理发展的特点

情景展现：

1 岁左右，童童进入其人生发展的一个重要转折期。妈妈兴奋地看到童童会自己独立行走了，这对童童来讲可太关键了。从此以后，童童可以到处走走看看、摸摸玩玩，童童的视野开阔了，接触的人也多了，童童不再仅仅局限在家里和父母交往，开始更多地喜欢到户外和小伙伴玩耍。同时，这一时期，童童还发展了一项重要能力，即开始学说话了。童童看见什么，妈妈就讲什么，童童掌握了大量人类的语言，还能和妈妈及其他人交流呢。伴随着童童的独立行走和手部动作的发展，童童特别喜欢探索外界事物，对什么都有好奇心，想摆弄一番，并尝试着自己去解决一些问题，但童童还不会像成人一样做出缜密的抽象的分析判断，而是边操作边建立起与事物之间的联系。与此同时，妈妈发现童童变得越来越不听话了，不好管了。两三岁时，童童特别好动，什么事都抢着干，童童的口头禅就是“我自己来……”可是，童童又常常干不好，比如，童童偏要自己倒水喝，结果不是打破杯子烫了手，就是弄湿了衣服，如果妈妈阻止他，他便又吵又闹没个完，好言相劝也无济于事，特别倔强，有时，惹得妈妈特想打童童，搞得童童和妈妈都不开心。

心理探秘：

童童的上述表现说明其具有这样的心理特点。

1.出现思维能力。

思维是高级的认识活动，是智力发展的核心。由于儿童动作的不断发展，尤其是在操作各种物体时，儿童逐步了解各种物体的属性、用途、性质、事物之间的因果关系等等，比如，儿童认识到杯子是喝水用的、玻璃杯子容易打碎、杯子倒满热水后很热不能摸。同时，儿童还在活动中学会初步地分析问题、解决问题的方法，如小勺子掉到热水杯子里拿不出来时，学会用筷子或一把长勺子把小勺子弄出来。在这个过程中，儿童能够分析、综合、发现、解决问题，表明儿童已有思维能力。但这一时期，儿童的思维总是在动作中进行的，离不开对事物的感知和自身的动作，具有直觉行动性。

2.进入正式的学说话阶段。

经历了语言发展的准备期之后，这一时期，儿童开始学说话，开始初步掌握本民族语言。儿童不仅能理解他人的讲话，而且能够运用口语比较清楚地表达自己的思想，还能根据成人言语的指示调节自己的行为。

3.人际交往范围扩大。

随着儿童运动能力和语言交流能力的发展，儿童的社会性交往范围开始扩大、交往方式开始变复杂。儿童愈来愈喜欢与同伴一起玩，与同伴玩的时间开始超过与母亲一起玩的时间，而且，儿童的社会性游戏比单独游戏的时间更多，同伴间一次互动的时间更长。通常，这时期儿童的游戏带有互惠的、相互模仿的特点，在游戏中，学会初步的与玩伴协调行为的能力，学会遵守次序，表现出帮助和分享的行为，从而为进一步的合作交流奠定基础。

4.自我意识萌芽，进入“第一反抗期”。

童童所表现出的种种“自理行为”其实是一种可贵的“自我意识表现”。自我意识是儿童对自己的意识。刚出生的新生儿没有自我意识，随着儿童独立行走和手部动作的发展，以及言语的发展，儿童的独立性、自主性大大增强，自我意识开始萌芽。突出表现在：首先，儿童好动、好模仿、爱做事，什么事情都想自己亲自尝试摸索。其次，儿童渴望独立行动，不想让大人帮助自己，而且不听从成人的吩咐，越是不允许做的，偏要做，有时，甚至很固执、执拗。因而，这一时期被形象地称为“第一反抗期”或“第一危机期”。

二、1—3 岁儿童身心发展评估

对于 1—3 岁儿童，主要从动作发展、认知发展、语言发展、情绪发展、人际交往、自我意识和个性发展等方面加以评估，其健康发展标准呈现如下。

（一）动作发展

1—3 岁期间，儿童的身体动作发生着质的飞跃，他们学会独立行走，并在此基础上学会跑、跳等基本动作，同时，手部精细动作也得到进一步的发展。儿童动作的发展大大拓展了儿童的活动空间,为儿童心理的发展提供了前提条件。1—3 岁儿童动作发展评价标准可见表 1.2.1。

表 1.2.1 1—3 岁儿童动作发展评价标准

	发展顺序	动作项目名称	年龄(月)		发展顺序	动作项目名称	年龄(月)
全身动作发展	1	独站片刻	12.4	手的动作发展	1	堆积木 2—5 块	15.4
	2	独站自如	15.4		2	用匙外溢	18.6
	3	独走几步	15.6		3	用双手端碗	21.6
	4	自蹲自如	16.5		4	堆积木 6—10 块	23.0
	5	独走自如	16.9		5	用匙稍外溢	24.1
	6	扶物过障碍棒	19.4		6	脱鞋袜	26.2
	7	能跑不稳	20.5		7	串珠	27.8
	8	双手扶栏上楼	23.0		8	折纸长方形近似	29.2
	9	双手扶栏下楼	23.2		9	独自用匙好	29.3
	10	扶双手双脚跳,稍微跳起	23.7		10	画横线近似	29.5
	11	扶一手双脚跳,稍微跳起	24.2		11	一手端碗	30.1
	12	独自双脚跳,稍微跳起	25.4		12	折纸正方形近似	31.5
	13	能跑	25.7		13	画圆形近似	32.1
	14	扶双手单足站不稳	25.8				
	15	一手扶栏下楼	25.8				
	16	独自过障碍棒	26.0				
	17	一手扶栏上楼	26.2				
	18	扶双手双脚跳好	26.7				
	19	扶一手单足站不稳	26.9				
	20	扶一手双脚跳好	29.2				
	21	扶双手单足站好	29.3				
	22	独自双脚跳好	30.5				
	23	扶双手单脚跳,稍微跳起	30.6				
	24	手臂举起有抛掷姿势的抛掷	30.9				
	25	扶一手单足站好	32.3				
	26	独自单足站不稳	34.1				
	27	扶一手单脚跳,稍微跳起	34.3				

(二)认知发展

随着儿童年龄的增长,儿童注意力的集中程度和持久程度有所增加。对有兴趣的事物,1.5岁儿童能集中注意 5—8 分钟,2.5 岁能达到 10—20 分钟。1.5—2 岁是儿童出现表象的时期。表象是指人头脑中所保持的客观事物的形象。比如:儿童头脑中所保存的自己妈妈的形象就是表象,即使妈妈不在眼前,儿童也会在头脑中回忆起妈妈,或者看到妈妈的衣服或其他用品,他也会想起妈妈。也正是因为此,1 岁左右的孩子离开妈妈时会哭,但很容易哄住他,因为很快就忘记了妈妈,而两三岁的孩子就不同,很难哄住他,因为他头脑中有妈妈的表象,他会一直想着妈妈。2 岁左右开始出现最初的想象,他会把布娃娃想象成“孩子”,抱布娃娃吃饭、哄布娃娃睡觉。并且,两三岁的儿童还喜欢听成人给他讲故事,而且喜欢听相同的故事,这个过程其实就是儿童想象活动的过程。1.5—2 岁，开始出现思维，儿童能够对物体进行简单的分类，具有初步的概括能力。

（三）语言发展

1—3 岁是儿童言语真正形成的时期，即儿童开始掌握本民族语言。儿童在听懂成人的语言，模仿发音的基础上，开始学说话，主动表达自己的想法。1—3 岁儿童语言发展阶段评价标准见表 1.2.2。

表 1.2.2　1—3 岁儿童语言发展评价标准

年龄	发展阶段	表　现
1—1.5 岁	单词句阶段	开始主动说出有一定意义的词，喜欢重叠字音，如“球球”“妈妈”等，能理解常用动词，如“坐下”“捡”“拿”“送”等
1.5—2 岁	出现简单句阶段	说出的词大量增加，2 岁时达 200 多个，说出的句子简单，一般包含 3—5 个字。如“妈妈吃”“看电视”等
2—3 岁	出现复合句阶段	词汇大量增加，3 岁时能掌握 1000 个词左右，能说完整的简单句，并出现复合句，如“我去公园看猴子，猴子好多好多”。

（四）情绪发展

接近 2 岁时，儿童开始表现出复杂的情绪，包括尴尬、害羞、内疚、嫉妒、骄傲等。同时，2 岁左右，也出现新的情感的萌芽，如自豪感、自尊心、羞愧感、同情心等。这时，儿童听到夸奖会很高兴，若妈妈不舒服，他们会问候抚慰妈妈。18—24 个月时，儿童能够和父母谈论情绪，这有助于儿童理解自己和他人的感受。

在情绪的表达方面，2 岁的儿童能表达他们的情绪感受，并学会采用一定的方式控制情绪，如碰上不愉快的事情就捂上耳朵或钻被窝等。3 岁的儿童开始运用有控制的表情来表达快乐、惊讶等情绪，并显示出掩饰真实感受的能力，但并不高明，如因为偷玩了不让玩的玩具而撒谎的儿童，虽然试图掩饰自己，但同时还会表现出微妙的难为情表情。

（五）人际交往

随着儿童活动能力的增强，儿童的人际交往范围扩大，其活动场所由家庭扩展到各社会机构，如托儿所、早教机构、公共活动场所等；其活动伙伴由父母扩展到其他人群，包括同伴、教师等，尤其是小伙伴的游戏更加吸引儿童，他们越来越喜欢和其他伙伴玩耍、游戏。1—3 岁儿童游戏活动发展评价标准见表 1.2.3。

表 1.2.3　1—3 岁儿童游戏活动发展评价标准

游戏类型	出现的年龄	描　　述
平行游戏	6—12 个月	两个儿童玩相似的游戏，彼此都不关心
平行意识游戏	大约 1 岁	儿童在平行游戏中玩，偶尔互相看看或监控彼此的游戏
简单假装游戏	1—1.5 岁	儿童在相似游戏活动中玩的同时，也谈论、微笑、分享玩具、互动
互补和互惠游戏	1.5—2 岁	儿童在玩追寻或躲猫猫这样的社会游戏中有行为角色的互补
合作假装社会游戏	2.5—3 岁	儿童玩互补的假装角色游戏，但对角色的意义和游戏的形式没有任何计划和讨论

（六）自我意识和个性发展

1 岁左右，儿童已产生独立性的需要，如学会走路后，不要成人抱，非要自己走。2 岁左右，儿童独立活动的愿望更加强烈，开始出现自我意识的萌芽，最主要的标志是能够运用代词"我"，如常说"我要……""这是我的……""我自己来"。

研究者采用"点红鼻子"实验研究儿童自我意识的发展。他们在 88 名 5—24 个月儿童的鼻子上点一点红，然后观察儿童照镜子时的反应。结果发现，儿童自我意识发展经历 5 个阶段，可据此作为评价儿童自我意识发展的标准，见表 1.2.4。

表 1.2.4　儿童自我意识的发展评价表

年龄	发展阶段	表　　现
5—8 个月	无我状态	儿童对镜子中自己的形象感兴趣，但并不知道镜像是自己的，也不能区分自己的镜像和他人的镜像，说明儿童还不能区分自己和他人
9—12 个月	初步的主体自我	儿童自己做动作引起镜像产生动作，如自己拍手，引起镜像中的自我拍手，表明儿童对自己作为活动主体有初步认识
12—15 个月	主体自我发展	儿童能区分自己做出的活动与他人所做活动的区别，对自己的镜像与自己活动之间的联系有明确分化，主体自我明显发展
15—18 个月	客体自我初步发展	儿童知道自己鼻子上的红点与镜像中的红鼻子之间的关系，认识到客体特征来自主体特征，开始把自己作为客体认识
18—24 个月	客体自我形成	儿童开始用言语表示出自我，使用代词"我""你"区别自己和他人，这是客体自我形成的标志

第三节　3—6岁儿童的身心发展评估

一、3—6岁儿童的身心发展特点

3—6岁期间，童童的身心发展与以往相比越来越成熟，从而为童童进入学龄期的发展奠定了坚实的基础。

（一）身体发展的特点

1.生长发育比较迅速。

身体发育比较快，6岁时，童童的身高可达110厘米左右，体重21千克，并且身体各部分比例逐渐向接近成人比例的方向发展。7岁时，童童的脑重达1280克，相当于成人脑重的90%以上。

2.身体动作进一步发展。

这一时期，童童的骨化过程还远未完成，容易变形。相比而言，童童的大肌肉已比较发达，大肌肉动作比较协调，而小肌肉5—7岁才开始发展，所以，小肌肉动作还显得比较笨拙。

（二）心理发展的特点

情景展现：

3岁起，童童开始进入幼儿园，和小朋友一起快乐地参与幼儿园的各项教育活动，童童的世界更加丰富多彩了。随着童童一天天成长，童童的求知欲特别旺盛，喜欢向爸爸妈妈和老师提出许许多多“是什么”“为什么”的问题。有一段时间，童童对恐龙特别感兴趣，让妈妈买了许多有关恐龙的书籍和影碟，童童看了一遍又一遍，提出的有关恐龙的问题甚至难住了爸爸妈妈和老师。童童喜欢看图画书，喜欢听有趣的故事，会背诵不少朗朗上口、形象生动的儿歌。借助于直观教具，童童还会进行简单的数学运算，但童童最喜欢的还是和小朋友一起玩游戏，经常玩的有“过家家”“小超市”等角色游戏，小朋友们商量着一起分配角色，玩得可热闹了。但有时他们也为游戏的进行争争吵吵，互不相让。在童童四五岁的时候，妈妈和老师都发现童童对绘画有着一种特别的喜好，童童一有兴致，就开始在地上、墙上、纸上，甚至在家具上做起画来，童童的绘画作品色彩丰富，很有想象力，还参加过绘画比赛呢。童童的小伙伴也很了不起，有的喜欢弹琴，有的喜欢跳舞，六一儿童节上，准能欣赏到他们的节目；有的擅长讲故事，还被小朋友封为“故事大王”。6岁时，童童和小朋友们产生了一种新的渴望，他们盼望快快长大，能像大哥哥、大姐姐那样戴着红领巾，背着书包上小学，那该多神气呀！

心理探秘：

童童的成长说明其心理进入了一个新的发展阶段，表现出如下心理特点。

1.认知活动具有具体形象性的特点。

3岁儿童的认知活动还比较多地停留在依赖动作进行思维，随着心理能力的发展，儿童的认知活动开始以具体形象思维为主，到6岁时，儿童的抽象概括能力才开始发展。比如：儿童在进行计算时，3岁的儿童还离不开实物的支撑，通过摆弄实物，知道1个苹果和3个苹果合起来是4个苹果；而四五岁的儿童就可以不操作苹果实物，利用头脑中苹果的表象进行加法运算；到了六七岁，儿童则可以列出算式1+3=4，运用抽象的数的概念进行计算。但在3—6岁这一发展阶段，儿童的认知是以具体形象思维为主的。由于儿童的认知活动具有具体形象性的特点，儿童对于那些形象生动、情节具体的事物容易理解，而对比较抽象的语言、概念不易理解。因此，父母和教师应多利用直观教具和生动的描述，多提供形象的材料，帮助儿童较好地认知外部世界，积累感性经验。

2.对各种事物有强烈的求知欲望。

好奇、好问是3—6岁儿童的共同特点，这是儿童求知欲的外在表现，也是儿童动作、言语、认知等心理能力不断发展的必然结果。一般而言，三四岁的儿童多问的是“是什么”的问题，他们大多表现出对事物表面的兴趣，看见什么新鲜的玩意儿都想摸摸，摆弄一番；而五六岁的儿童则多问的是“为什么”的问题，他们的问题广泛，更想探究事物的内部变化，尤其表现在他们喜欢拆拆卸卸。比如，很多孩子都有过拆开，甚至撬开玩具汽车、钟表的经历，其实，他们这样做，并不是故意搞破坏，而是为了想弄清它为什么会动，为什么会发出声音，里面到底有什么神秘的装置……除此以外，3—6岁的儿童还喜欢培育植物和养殖动物，在家长和老师的引导下，他们还会做观察记录，独立探索、寻找问题的答案。

3.游戏成为儿童的主导活动。

游戏是儿童自主地以虚构的方式反映现实生活的一种有趣味的活动，是3—6岁儿童最喜欢的一种活动形式，也是对儿童发展具有重要价值的活动。3—6岁期间，儿童常玩的游戏种类有角色游戏、表演游戏、结构游戏等。以儿童最喜欢的“过家家”角色游戏为例，儿童在游戏中可以按照自己的意愿分配角色，如“爸爸”“妈妈”“孩子”，甚至还有“爷爷”“奶奶”等；自主设计情节，如“做饭”“逛公园”“到饭店吃饭”等；还要自制玩具，如用泡沫塑料自制米饭，用各种废旧物品自制家具等。游戏给儿童带来了极大的乐趣，同时，游戏符合儿童的年龄特征，满足了儿童想当“小大人”，模仿成人生活的愿望。更重要的是，游戏反映了儿童对现实生活的认识，促进了儿童想象力、口语表达力、人际交往能力等方面的发展，所以，游戏成为3—6岁儿童身心发展的主导活动。

4.个性开始形成。

个性是一个人通过各种活动所形成的具有社会意义的稳定的心理特征系统。这个稳定的心理特征系统由多种结构要素构成，一般来说，个性结构包括我们常说的兴趣、理想、自我评价、气质、能力、性格等要素。个性反映了一个人整个的心理面貌，由于个体的个性结构要素具有不同的组合，所以就使得每个人都有不同于他人的独特个性。个性是在各种结构成分发展的基础上逐步产生发展的。因而刚出生的儿童还没有表现出稳定的心理特征系统，2岁左右，儿童的个性开始萌芽,3—6岁,儿童的个性开始形成,即各种心理结构成分开始发展,表现出稳定的倾向性,开始形成比较稳定的心理特征。具体表现为:第一,儿童对人、对己、对事开始有自己相对稳定的态度和行为方式。比如,有的儿童对人热情大方,有的则胆小害羞;有的儿童做事认真细致,有的则马虎应付。第二,儿童表现出对某项活动的特殊兴趣爱好和才能。比如,有的儿童爱好唱歌跳舞,有的显示出绘画才能,等等。当然,3—6岁儿童的个性只是初具雏形,还不成熟。

二、3—6岁儿童身心发展评估

3—6岁期间,儿童身心进一步发展,发展评估包括动作发展、认知发展、语言发展、情绪情感发展、人际交往、自我意识和个性发展等方面。

(一)动作发展

3—6岁期间,儿童掌握了走、跑、跳、平衡、投掷、钻爬、攀登等基本动作,并且动作的灵敏性、平衡性、协调性大大提高,身体上下部分进行的动作可较好地组合,使其行为更加有效率。比如,儿童在扔球时,涉及肩、躯干以及腿等身体多个部位的动作,3—6岁的儿童会协调各个部位的动作,身体向后仰并伴以助跑,从而把球扔得更远。总体来看,3—6岁期间,儿童动作技能发展的进展状况可见表1.3.1。

表1.3.1 3—6岁儿童动作技能发展评估表

年龄	动作技能发展
3—4岁	上楼梯时知道换脚,下楼梯时也知道抬起一只脚;在跨越和单足跳时知道弯曲上身;做投掷和抓取动作时,知道稍微让上身的力量参与进来,抓取时还知道用胸部去挡球;知道踩踏三轮车,也知道扳动三轮车的车把
4—5岁	下楼时知道换脚;跑步更平稳了;可以用单足跳了;投掷物体时,知道利用身体旋转所产生的力量,也知道把重量转移到脚上;能够用手去接球
5—6岁	跑步速度增加到每秒近4米,奔跑时越来越平稳;喜欢蹦蹦跳跳;能够进行较协调的全身体参与的投掷和抓取动作,投掷速度增加;可以在训练车轮上做骑车动作

(二)认知发展

3—6岁期间,儿童认知发展水平进一步提高,可以认识10以内的数,能初步掌握数的概念,并对物体的量、几何形体,以及时间和空间概念都有所认知。表1.3.2提供了3—6岁儿童在这几方面的发展状况,为评估儿童认知能力发展提供依据。

表 1.3.2　3—6 岁儿童认知能力发展评估表

认知发展	3—4 岁	4—5 岁	5—6 岁
分类能力	按物体的某一特征,如颜色、大小、形状等进行分类	按物体量的某一特征,如高矮、粗细、厚薄等进行分类;并可按物体的数量分类	按物体两种或两种以上特征,如颜色和形状进行分类;能够学会自由分类;并可以学习按标记进行逐级分类
10 以内数的概念的发展	能手口一致地点数 4 以内的物体;理解数的实际意义;能按数(4 以内)取出相应数量的物品	正确点数 10 以内的物体;理解数的实际意义;能按数取物或按物取数(10 以内);理解 10 以内相邻数的关系;认识 10 以内的序数;会 10 以内顺着数和倒着数;能够认读 10 以内的阿拉伯数字	认识零;认识单、双数和相邻数之间的等差关系;学会目测数群及按群计数;理解 10 以内的数的组成;知道总数和部分数之间的等量、互补、互换关系;能够正确书写 10 以内的阿拉伯数字
对量的认知	学会比较物体的大小和长短;能从 5 个以内物体中找出并说出最大的和最小的物体;能够按物体的外部特征,如颜色、形状等,或量的差异特征,如大小、长短等,进行 3 个物体的正排序	学会比较粗细、厚薄、高矮、轻重不同的两个物体;能够从几个物体中找出等量的物体;能够按物体量的差异,如粗细、厚薄、高矮等,和数量不同进行 5 以内的正、逆排序	学会比较远近、宽窄、体积不同的两个物体;能够按物体量的差异和数量不同进行 10 以内的正、逆排序;能够按一定规则自由排序,并初步理解序列之间的传递性和双重性关系
对几何形体的认知	认识区分圆形、三角形和正方形,并能用圆形、正方形、三角形进行组合拼搭	认识长方形、椭圆形和梯形;能按平面图形角和边的数量正确区分、辨认不同的图形;初步理解图形间的简单关系;能用 6 种平面图形进行组合拼搭	认识、区分球体、正方体和长方体、圆柱体;能够寻找、区分、理解平面图形和立体图形间的关系;学习几何图形的二等分、四等分,知道整体和部分间的分合关系
时间概念和空间概念的发展	能够以自身为中心区分上、下的空间方位;认识早、晚,即白天、黑夜的时间概念及代表性的日常变化	能够以自身为中心区分前后、里外的空间方位,逐步学习以客体为中心区分前后方位;会按指定的方向,如向上、向下或向前、向后等运动;认识昨天、今天、明天的时间概念	能够以自身为中心区分左右方位,逐步学习以客体为中心区分左右;会向左、向右方向运动;认识时钟,学会看整点和半点;学会看日历,知道年、月、星期、日的名称及顺序

(三)语言发展

3—6 岁,儿童进入语言发展期,具体表现在语音、语义、语法结构和表述等方面的发展上,其发展评估可见表 1.3.3 。

表 1.3.3　3—6 岁儿童语言发展评估表

发展方面	表　　现
语音的发展	4 岁能基本掌握本民族语言的全部语音
词汇的发展	3 岁约 1000—1100 个，4 岁约 1600—2000 个，5 岁增至 2200—3000 个，6 岁达 3000—4000 个。4 岁以后，掌握动词的比例开始超过名词，并逐渐掌握一些抽象性和概括性比较高的词，如“家具”“水果”等
基本语法结构的掌握	复合句中的连接词出现了，如“因为”“所以”等，逐渐出现修饰语，如“聪明的宝宝”等
语言表达能力的发展	能独自讲述事情，连贯性不断提高。儿童游戏时，或遇到问题时常常出现“自言自语”，在此基础上，逐渐出现内部语言

（四）情绪情感发展

3 岁时，儿童开始显示出些许掩饰真实感受的能力，到了四五岁时，他们能够初步学会控制自己的情绪表达以适应社会。儿童较常使用两种情绪表达规则：亲社会的表达规则和自我保护性的表达规则。比如：当不喜欢别人送的礼物时，能够遮掩自己的失望；或者自己不小心摔得很痛，为避免被人取笑的尴尬，而挺住不哭。四五岁的时候，儿童可以正确地从身体动作推断一个人是否快乐、气恼或者悲哀。当一个人感知到对方某种情绪时，自己也能体验到相应的情绪，这种现象就是移情。6 岁儿童具有明显的移情体验，他们能觉察到对方心中的不快，并使用语言安慰对方。3—6 岁期间，儿童还出现一些高级情感，包括理智感、道德感、美感等。表现在 5 岁儿童很喜欢提问题，提问得到回答后感到很愉快，6 岁儿童喜爱进行各种智力游戏，而四五岁儿童喜欢“告状”，也常常是由道德感激发起来的一种行为。

（五）人际交往

3—6 岁期间，儿童的社会交往范围进一步扩大。在交往的过程中，儿童能够理解他人，4 岁时，儿童能理解别人的信念，知道对于同一事物，自己和他人可以有不同的认识，并能够理解他人的动机和意图；5 岁开始，儿童能够理解他人是一个什么样的人，比如，“贝贝是一个友善的小朋友”，能够推测贝贝今后会主动与人分享玩具。在此基础上，儿童能根据他人的特征采取不同的交往策略，比如，喜欢跟贝贝这样的小朋友玩，而远离那些喜欢打人的孩子。四五岁时，儿童能够理解什么是友谊，认为朋友就是“喜欢自己的人”，是“有时间和自己玩，与自己分享玩具的人”。

（六）自我意识和个性发展

一般情况，大多数人都回忆不出 2 岁前的经历，心理学把这种现象称为婴儿期遗忘。3—6 岁期间，儿童则可以对发生在自己身上的具体事件有清晰、详细的回忆，即产生自传体记忆。

而儿童自传体记忆的出现则是源于儿童言语的发展，尤其是自我意识的发展。我国研究者对3—6岁儿童自我意识发展进行了大规模的研究，结果表明，我国儿童自我评价发生在3—4岁，自我体验发生于4岁左右，4—5岁出现自我控制。

2岁左右，随着儿童各种心理过程和自我意识的发展，个性开始萌芽，而3—6岁是儿童个性开始形成的时期。儿童开始表现出最初的个性倾向，如儿童比较稳定的行为方式、儿童对某一事物比较稳定的兴趣、儿童所显露的特殊能力等。研究表明，3—6岁期间，儿童的音乐、绘画、数学、语言等多种才能开始锋芒初现。由表1.3.4可以看出，人的音乐才能最早出现的年龄阶段多集中在学前期，所以，3—6岁也就成为儿童特殊才能显现和培养的最佳时期。

表1.3.4　最早出现音乐才能的年龄阶段(%)

	3岁前	3—5岁	6—8岁	9—11岁	12—14岁	15—17岁	18岁后
男	22.4	27.3	19.5	16.5	10.7	2.4	1.2
女	31.5	21.8	19.1	19.6	6.5	1	0.5

第二章

※

学前儿童心理健康量表诊断

※

第一章侧重以发展的脉络展现学前儿童身心发展特点，引导家长和教师正确地评估和把握不同年龄阶段儿童各方面的发展状况。本章将重点提供一些常用的学前儿童心理健康问卷以及诊断量表，旨在帮助教师和家长针对儿童某一方面的发展给予科学诊断，从而提出科学的教育措施，促进学前儿童心理健康和谐发展。

※

第一节　学前儿童心理健康测量问卷

广州协能儿童发展中心的研究人员在参考美国心理学家勒文特等编制的儿童发展调查问卷的基础上，经过多次试测之后改编而成《3—6岁儿童心理健康问卷》，这一测量问卷可用于我国儿童心理健康发展诊断。整套问卷由三个年龄组问卷组成，分别适用于3—4岁、4—5岁、5—6岁的儿童，每组问卷涉及幼儿的动作发展、认知能力发展、语言发展、社会性发展、情感与意志发展，以及生活习惯等，基本上反映了学前儿童心理发展的全貌。家长和教师可借助于评分标准，对儿童的问卷调查结果进行分析、解释，描绘出儿童心理发展的整体情况，并可及时发现所存在的心理健康问题。

一、3—4岁儿童心理健康测量问卷

（一）3—4岁儿童心理健康问卷项目

指导语：

本问卷共有40个问题项目，每个项目后均附有“是”与“否”两个备选答案，请根据您对儿童的实际观察结果，选择“是”或者“否”，每个问题项目只能做出其中的一种回答。请不要漏选问题项目。

（1）会骑童车吗？　是　否

（2）能双脚交替爬楼梯吗？　是　否

（3）能用积木堆出像房子、汽车之类的东西吗？　是　否

（4）经常用蜡笔画出像人脸的图画吗？　是　否

（5）能说出自己的名字吗？　是　否

(6)能区分男伴和女伴,并了解自己的性别吗? 是 否
(7)吃饭时已经很少掉饭菜了吗? 是 否
(8)晚上睡觉不必包尿布吗? 是 否
(9)上厕所时,能自己解裤子吗? 是 否
(10)经常说“好”“不好”“喜欢”“不喜欢”以表示自己的想法吗? 是 否
(11)喜欢某些故事书或卡通剧中的部分人物形象吗? 是 否
(12)会荡秋千或坐跷跷板吗? 是 否
(13)能从2—3级高的台阶上跳下来吗? 是 否
(14)能用筷子吃饭吗? 是 否
(15)会用牙刷刷牙吗? 是 否
(16)能用剪刀剪纸吗? 是 否
(17)经常与小朋友吵架并向父母告状吗? 是 否
(18)总喜欢问“为什么”吗? 是 否
(19)经常在讲话时加上自己的名字吗? 是 否
(20)日常生活中的话基本上能讲吗? 是 否
(21)知道什么是“好看”,什么是“有趣”,什么是“美丽”吗? 是 否
(22)故意说相反的话,经常玩语言游戏吗? 是 否
(23)玩游戏时经常扮演不同的角色吗? 是 否
(24)经常与同伴一起玩耍达半个小时以上吗? 是 否
(25)经常趁人不注意时突然“呀”地一声跑出来,想让人受到惊吓吗? 是 否
(26)喜欢反复听某些歌曲或故事,并认真地想记住吗? 是 否
(27)经常模仿歌星唱歌的样子吗? 是 否
(28)在游戏中喜欢扮演好的角色吗? 是 否
(29)虽然沉迷于游玩,但也不会随意尿尿吗? 是 否
(30)递东西时常数着数吗? 是 否
(31)冷天洗头、洗澡或换洗衣服时不会哭闹吗? 是 否
(32)吃饭后会帮忙收拾碗筷吗? 是 否
(33)会朝指定的地方走去吗? 是 否
(34)能区分“在上面”“在中间”“在下面”吗? 是 否
(35)经常催促同伴做某些事吗? 是 否
(36)说话时经常用些连接词把话语连贯起来吗? 是 否
(37)遇到不会做的事时,会请求成人帮忙吗? 是 否
(38)需要使用某些东西时,会说“请借我……”吗? 是 否

(39)玩捉迷藏时,自己常一个人躲在别人找不到的地方吗? 是 否

(40)懂得表示时间的词,如"今天""昨天""永远"等的意思吗? 是 否

(二)评分标准与结果解释

本问卷共有40个项目,分为动作、认知能力、语言、情感与意志、社会性和生活习惯六个领域。其中属于动作领域的项目有1、2、12、13;属于认知能力的有3、4、39;属于社会性的有23、24;属于生活习惯的有7、8、9、29、32;属于动作、认知能力共有的项目有16、25;属于动作、情感与意志共有的项目有33;属于动作、生活习惯共有的项目有14、15;属于认知能力、语言共有的项目有6、18、30、34、36、40;属于认知、情感与意志共有的项目有11、26、27;属于认知能力、社会性共有的项目有37;属于语言、情感与意志共有的项目有10、19、21;属于语言、社会性共有的项目有5、17、20、35、38;属于认知能力、语言、社会性共有的项目有22;属于情感与意志、社会性共有的项目有28;属于情感与意志、生活习惯共有的项目有31。

每个项目选"是"得1分,选"否"得0分。将属于各个领域的计分项目上的得分分别累加起来,即可得到相应领域的总分数。在计算好各个领域分项目的总分数之后,再对照儿童所属月龄组在各个心理发展领域的合格标准分数(见表2.1.1)。若实际得分达到和超过合格标准,则可认为儿童在该领域的发展合格,即达到了健康水平;相反,若低于合格标准,则认为儿童在此领域的发展不合格,即没有达到健康水平。

例如,假定某儿童小宝的月龄为44个月,小宝在动作领域的总得分为7分(计分项目共有9项),认知能力领域总得分为11分(计分项目共有16项),根据评分标准,小宝在动作领域的发展可评定为合格,但小宝在认知能力领域的发展却不合格。

表2.1.1 3—4岁儿童各个心理发展领域的合格标准

月龄	动作领域(项目:1,2,12,13,14,15,16,25,33)	认知能力领域(项目:3,4,6,11,16,18,22,25,26,27,30,34,36,37,39,40)	情感与意志领域(项目:10,11,19,21,26,27,28,31,33)	社会性领域(项目:5,17,20,22,23,24,28,35,37,38)	生活习惯领域(项目:7,8,9,14,15,29,31,32)	语言领域(项目:5,6,10,17,18,19,20,21,22,30,34,35,36,38,40)
40个月	3分	6分	3分	3分	3分	6分
44个月	6分	12分	5分	6分	5分	10分
48个月	9分	16分	9分	10分	8分	15分

二、4—5岁儿童心理健康测量问卷

(一)4—5岁儿童心理健康问卷项目

指导语:

本问卷共有39个问题项目,每个项目后均附有"是"与"否"两个备选答案,请根据您对儿

童的实际观察结果，选择“是”或者“否”，每个问题项目只能做出其中的一种回答。请不要漏选问题项目。

(1)双脚能立定跳远吗？ 是 否
(2)会翻跟斗吗？ 是 否
(3)能同另一个人近距离用双手互相抛接皮球吗？ 是 否
(4)能用橡皮泥或黏土捏出一些物品形状吗？ 是 否
(5)在说话时，会用“我”来表示自己吗？ 是 否
(6)与同伴一起看图画书时，出现过互相讨论的情况吗？ 是 否
(7)自己有什么见闻时，常会告诉妈妈或其他照看者吗？ 是 否
(8)经常和同伴互换玩具或其他物品吗？ 是 否
(9)能用剪刀剪纸，并剪出一些形状吗？ 是 否
(10)懂得在纸上涂糨糊并粘贴起来吗？ 是 否
(11)能够用一只脚跳吗？ 是 否
(12)能用手抓住横杆而将身体悬着引上引下吗？ 是 否
(13)投小皮球时位置投得准吗？ 是 否
(14)说话时经常引用他人的话吗？ 是 否
(15)想做什么事时，经常与同伴一起商量吗？ 是 否
(16)在做某件事前，常先说“我们来做……”吗？ 是 否
(17)看到图画书或电视中出现可怜人物画面时，会显出难过的样子吗？ 是 否
(18)能够学会“锤子，剪刀，布”等猜拳游戏吗？ 是 否
(19)如果成人夸他某事，会得意地尽量说出事情的所有细节吗？ 是 否
(20)如果玩比赛游戏失败了，会显出伤心的样子吗？ 是 否
(21)经常关注妈妈或照看者的健康，并说“……生病啦”吗？ 是 否
(22)身上有地方痛时，能准确地说出痛的位置吗？ 是 否
(23)有时拿自己所做的东西同别人做的相比较吗？ 是 否
(24)经常自己洗澡吗？ 是 否
(25)经常自己知道擦鼻涕吗？ 是 否
(26)经常自己洗脸并擦干吗？ 是 否
(27)经常对老师、同伴讲自己在前一天经历过的事吗？ 是 否
(28)经常向同伴吹牛吗？ 是 否
(29)开始说些“今天星期……”“还有……天”的话吗？ 是 否
(30)写错或画错时，知道用橡皮擦净再改正或重做吗？ 是 否
(31)看图画书或电视时，经常加入自己的想象去理解吗？ 是 否

(32)自己洗脸后知道拧干毛巾吗? 是 否

(33)能画出比较规则的正方形或其他图形吗? 是 否

(34)能大致准确地帮人传达消息吗? 是 否

(35)喜欢帮忙做家务活吗? 是 否

(36)能从1数到10吗? 是 否

(37)看到同伴有好玩具,会叫父母买,但从不将别人的玩具占为己有吗? 是 否

(38)想与同伴玩时,常说一声"我也要玩"后便会高兴地去玩吗? 是 否

(39)跌倒时,如果父母说要坚强点,会忍痛不哭吗? 是 否

(二)评分标准与结果解释

本问卷共有39个项目,分为动作、认知能力、语言、情感与意志、社会性和生活习惯六个领域。其中属于动作领域的项目有1、2、11、12、13、24、25、32;属于认知能力的项目有33;属于社会性的项目有8;属于生活习惯的项目有26、35;属于情感与意志的项目有17、39;属于动作、认知能力共有的项目有3、4、9、10、18;属于认知能力、语言共有的项目有6、27、29、31、36;属于认知能力、情感与意志共有的项目有20、21、23、30;属于认知能力、社会性共有的项目有15、16;属于认知能力、生活习惯共有的项目有22;属于认知能力、语言、社会性共有的项目有27、34;属于语言、情感与意志共有的项目有5;属于语言、社会性共有的项目有7、14、19;属于社会性、情感与意志共有的项目有28、37、38。

每个项目选"是"得1分,选"否"得0分。将属于各个领域的计分项目上的得分分别累加起来,即可得到相应领域的总分数。在计算好各个领域分项目的总分数之后,再对照儿童所属月龄组在各个心理发展领域的合格标准分数(见表2.1.2)。若实际得分达到和超过合格标准,则可认为儿童在该领域的发展合格,即达到了健康水平;相反,若低于合格标准,则认为儿童在此领域的发展不合格,即没有达到健康水平。

表2.1.2 4—5岁儿童各个心理发展领域的合格标准

月龄	动作领域(项目:1,2,3,4,9,10,11,12,13,18,24,25,32)	认知能力领域(项目:3,4,6,9,10,15,16,18,20,21,22,23,27,29,30,31,33,34,36)	情感与意志领域(项目:5,17,20,21,23,28,30,37,38,39)	社会性领域(项目:7,8,14,15,16,19,27,28,34,37,38)	生活习惯领域(项目:22,26,35)	语言领域(项目:5,6,7,14,19,27,29,31,34,36)
52个月	6分	6分	3分	3分	2分	5分
56个月	12分	16分	9分	9分	3分	9分
60个月	13分	19分	10分	11分	3分	10分

三、5—6 岁儿童心理健康测量问卷

(一)5—6 岁儿童心理健康问卷项目

指导语:

本问卷共有 38 个问题项目,每个项目后均附有“是”与“否”两个备选答案,请根据您对儿童的实际观察结果,选择“是”或者“否”,每个问题项目只能做出其中的一种回答。请不要漏选问题项目。

(1)能两臂侧平举,闭眼转圈吗? 是 否

(2)会跳橡皮筋或绳子吗? 是 否

(3)能边走边拍球吗? 是 否

(4)能自己找材料制作简单的玩具吗? 是 否

(5)能根据故事的内容画简单的情节画吗? 是 否

(6)别人未答应他的要求时,会想办法说服对方吗? 是 否

(7)讲故事时,自己常凭想象编些情节吗? 是 否

(8)当被告知某事不能做时,是否关注他人遵守了没有? 是 否

(9)经常主动邀同伴玩游戏吗? 是 否

(10)进餐时,不乱扔残渣,饭后收拾东西吗? 是 否

(11)大便后会自己用纸擦净屁股吗? 是 否

(12)助跑屈膝能跳过 30—40 厘米的高度吗? 是 否

(13)玩游戏时,常常将同伴分组展开竞赛吗? 是 否

(14)能原地纵跃触物吗? 是 否

(15)能简单地画出人的不同姿态吗? 是 否

(16)能点数 10 以内的实物,并说出总数吗? 是 否

(17)想去同伴家玩时,常常先主动征求父母的同意吗? 是 否

(18)喜欢问图画书中一些文字的意思吗? 是 否

(19)会写自己的名字吗? 是 否

(20)会看懂钟表上的时间显示吗? 是 否

(21)经常把大人说出的词语用到别的语境中去说吗? 是 否

(22)经常同他人辩论吗? 是 否

(23)两臂平举,能单脚站立 5—10 秒钟吗? 是 否

(24)见到同伴有困难时会显出关心的样子,并尽力帮助吗? 是 否

(25)对他说“向左(右)转”时,知道转吗? 是 否

(26)能按照吩咐到他人处取回,或到商店买来东西吗? 是 否

(27)会自己整理床铺吗? 是 否

(28)会主动同客人打招呼吗？ 是 否

(29)能和同伴一起用积木或泥沙堆出复杂的模拟物吗？ 是 否

(30)知道横与竖的区别吗？ 是 否

(31)可以独自一个人睡觉吗？ 是 否

(32)会系鞋带吗？ 是 否

(33)洗澡后会自己擦干身子吗？ 是 否

(34)能说出自己家的地址吗？ 是 否

(35)能连贯地讲述图片的内容吗？ 是 否

(36)能分清昨天、今天、明天是星期几吗？ 是 否

(37)能够忍受比自己年龄小的人无理取闹吗？ 是 否

(38)会玩词语接龙游戏吗？ 是 否

(二)评分标准与结果解释

本问卷共有38个项目,分为动作、认知能力、语言、情感与意志、社会性和生活习惯六个领域。其中属于动作领域的项目有1、2、3、12、14、23;属于认知能力的项目有4、5、15、16;属于语言的项目有19、20、35;属于社会性的项目有28;属于生活习惯的项目有10、11、27、31、32、33;属于认知能力、语言共有的项目有7、18、21、25、30、36、38;属于认知能力、社会性共有的项目有9、13;属于认知能力、语言、社会性共有的项目有6、22;属于语言、社会性共有的项目有8、29;属于语言、生活习惯共有的项目有26;属于社会性、情感与意志共有的项目有24、37;属于社会性、生活习惯共有的项目有17、34。

每个项目选"是"得1分,选"否"得0分。将属于各个领域的计分项目上的得分分别累加起来,即可得到相应领域的总分数。在计算好各个领域分项目的总分数之后,对照儿童所属月龄组在各个心理发展领域的合格标准分数(见表2.1.3)。若实际得分达到和超过合格标准,则可认为儿童在该领域的发展合格,即达到了健康水平;相反,若低于合格标准,则认为儿童在此领域的发展不合格,即没有达到健康水平。

表2.1.3　5—6岁儿童各个心理发展领域的合格标准

月龄	动作领域(项目:1,2,3,12,14,23)	认知能力领域(项目:4,5,6,7,9,13,15,16,18,21,22,25,29,30,36,38)	情感与意志领域(项目:24,37)	社会性领域(项目:6,8,9,13,17,22,24,28,29,34,37)	生活习惯领域(项目:10,11,17,26,27,31,32,33,34)	语言领域(项目:6,7,8,18,19,20,21,22,25,26,29,30,35,36,38)
64个月	4分	6分	1分	5分	4分	5分
68个月	5分	14分	2分	10分	8分	12分
72个月	6分	16分	2分	11分	9分	15分

第二节 智力测验诊断量表

一、斯坦福—比奈智力量表

智力测验是心理测验中最有代表性的一类测验，也是心理测验应用时间最长、影响最大的一种测验。世界上第一个心理测验量表就是《比奈—西蒙智力量表》，后经斯坦福大学心理学教授推孟改进，最终成为《斯坦福—比奈智力量表》。以下所提供的五个年龄组的智力测验题是根据《斯坦福—比奈智力量表》做出的，可为3—7岁儿童智力测量提供参考。

(一)3岁组儿童智力测验

表2.2.1 3岁组儿童智力测验表

测验名称	测验方法提要	计分法
(1)指示身体各部分(鼻、眼、嘴、耳、头发等)	主试说："把你的鼻子指给我看。"如被试不回答，便指着被试的鼻子说："这是你的鼻子吗?"如果被试回答"不是。"则问："那你的鼻子在哪里?"依次类推，问其他部分	答对3个算通过
(2)列举图中各物	主试说："你能告诉我这张图画里面有什么吗?"请被试依次看图2.2.1(1)(2)(3)	每张图能举出3样东西，算通过
(3)说出自己的姓名	主试问："你叫什么名字?"	说对自己名字的算通过
(4)说出常见物品的名称	主试指着5样物品(钥匙、小刀、表、铅笔、书包)说："你能告诉我这是什么吗?"	答对3种算通过
(5)说明性别	若被试是男孩，主试问："你是男孩子还是女孩子?"若被试是女孩，主试则问："你是女孩子还是男孩子?"	答对者算通过
(6)重述一句话	主试讲述一个包括6—7个音节的句子，例如"幼儿园里真好玩"，说完一句后停顿几秒钟，然后叫儿童复述。一共说3句	答对一句算通过
(7)重述数字(交替测验)	主试说一组三位数，如①6-4-7；②3-5-2；③8-1-9等。说一个数停顿几秒钟，然后叫儿童复述	说对一组者算通过

(1) (2) (3)

图2.2.1

（二）4 岁组儿童智力测验

表 2.2.2　4 岁组儿童智力测验表

测验名称	测验方法提要	计分法
(1)比较两条线的长短	主试出示画有两条线的纸片，说："告诉我，哪一条线长些？"然后，把纸片倒转过来，再给儿童看，并重复上述提问	3 次比较，全对者通过，若只对两次，则需要再试 3 次，全对者算通过
(2)辨别形体	主试说："这张图（见图 2.2.2）下边 4 个图样中，哪个与上边的那个是一样的？"	答对者算通过
(3)摹画方形	主试出示边长约 2 厘米的正方形，让儿童用铅笔摹画	画 3 次，只要有一次画得与标准图不相上下者，算通过
(4)重述数字	方法同 3 岁组，要求儿童重述下面三组数：①4-7-3-9；②2-8-5-4；③7-2-6-1	答对一组者算通过
(5)数东西	主试拿 4 个硬币，叫儿童用手指指着数，并要求儿童说出一共有几个	一定要用手指指着数，数对的算通过；不用手指指着数，即使说对了，也不算通过
(6)对答问题	主试问三个问题：①要睡觉了怎么办？②身上感到冷了怎么办？③肚子饿了怎么办？	答对两个算通过
(7)重述句子（交替测验）	方法同 3 岁组的测验。主试讲 3 个句子，例如"哥哥和弟弟到公园去玩"，让儿童重述	答对一句算通过

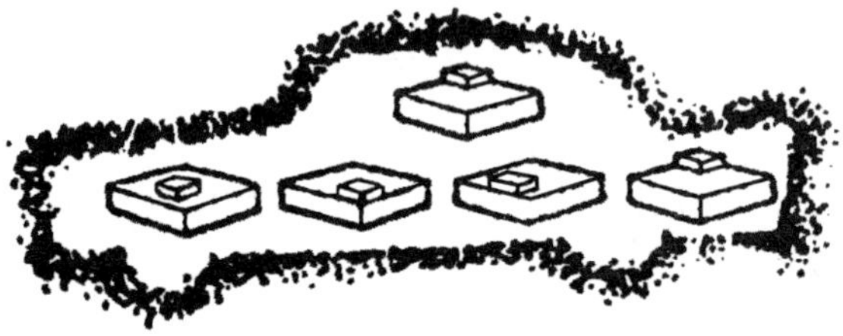

图 2.2.2

（三）5 岁组儿童智力测验

表 2.2.3　5 岁组儿童智力测验表

测验名称	测验方法提要	计分法
(1)比较重量	用多层厚纸粘成直径相同的两个圆，分别重 5g 和 15g，共试 3 次	两次对的算通过
(2)耐力测验	预备两张一样的长方形纸片，长 10cm，宽 6cm，一张纸片按对角线剪开，成两个三角形（见图 2.2.3(1)），然后叫儿童拼成未剪开的那张纸片，拼 3 次	两次对的算通过

续表

测验名称	测验方法提要	计分法
(3)区分颜色	红、黄、蓝、绿4张纸片,每张长2cm,宽1cm。主试用手指其中一张问:"这是什么颜色?"	全部答对者算通过
(4)说明物体的用途	主试分别问儿童椅子、马、布娃娃、钢笔、桌子、床的用途	答对4种者算通过
(5)辨别完缺	主试出示图2.2.3(2),叫儿童指出图上的5样东西各缺什么	全对者算通过
(6)执行指示	主试连续发出三个命令:①把钥匙放在那张椅子上;②开(关)那扇门;③把那个盒子拿给我	一定要按顺序去做,全对者算通过
(7)说出自己的年龄(交替测验)	主试问儿童:"你几岁了?"	答对者算通过

(1) (2)

图 2.2.3

(四)6岁组儿童智力测验

表 2.2.4　6岁组儿童智力测验表

测验名称	测验方法提要	计分法
(1)辨别左、右	依次叫儿童指出右手、左耳、右眼。若儿童指错一个,要重来一遍,重问时要改左手、右耳、左眼	3个全对者通过。指错一个需再指3次,答对者算通过
(2)指出图中相同者	主试出示图2.2.4说:"告诉我,下面的树叶中哪五片树叶是跟上面的五片树叶一样的?"	答对3种者通过
(3)说出四种面额的货币名称	主试出示四种面额的货币:1元、5元、1角、5角	答对3种者通过
(4)重述句子	主试要求儿童重述16—18个音节的句子,共3句。方法同3岁组测验	答对两句者通过。两句中每句有一个错误或一句全对而另一句有一个错误者通过
(5)数东西	数13个硬币,方法与4岁组数4个硬币相同	数两次,对一次便通过

续表

测验名称	测验方法提要	计分法
(6)回答较难的问题	主试要求儿童回答3个问题:①你上学的时候下雨了怎么办?②如果你家里失火了,你怎么办?③乘公共汽车去看电影,挤不上车怎么办?	答对两个者通过
(7)区别上下午(交替测验)	主试问儿童:“现在是上午还是下午?”	答对的算通过

图 2.2.4

(五)7岁组儿童智力测验

表 2.2.5 7岁组儿童智力测验表

测验名称	测验方法提要	计分法
(1)形容图画	主试说:“告诉我,这张图画里一共画了几样东西?”共3张画,见图2.2.1	说对两组者通过
(2)重述数字	主试要求儿童复述三组数字:①3-1-7-5-9;②4-2-6-3-10;③9-1-7-6-8	说对两组者通过
(3)打结	主试给儿童一根绳子,叫他打个结	一分钟内完成者通过
(4)指出两物的区别	主试要求儿童指出两种东西的区别,一共三组:①苍蝇与蝴蝶;②石头与鸡蛋;③木头与玻璃	答对两组者通过
(5)数手指	主试问儿童:“一只手有几个手指?”再问“两只手一共几个手指?”	全对者通过
(6)摹画两个菱形	主试叫儿童用铅笔摹画两个菱形(见图2.2.5)	两个全对者通过
(7)说出一周内各日名称(交替测验)	主试先叫儿童说出一周内各日名称,然后再问:“星期二的前一天是星期几?”“星期二的后一天是星期几?”	15秒钟内能完成者通过
(8)倒述数字(交替测验)	主试说:“2-8-3”,让儿童倒述说一遍,一共三组:①2-8-3;②4-6-7;③1-5-9	说对一组者通过

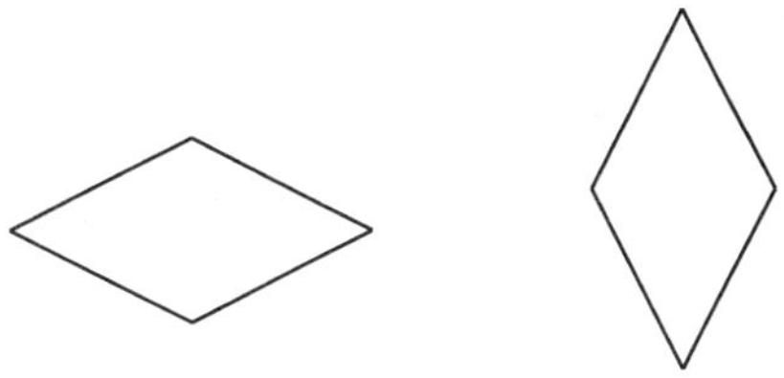

图 2.2.5

（六）诊断说明

（1）正式测验题因某种原因不能使用时，或觉得某一正式测验题已为被试知道时，才可以使用交替测验题，但是，交替测验及格的答案不能用来抵偿正式测验不及格的答案。

（2）智力年龄（简称智龄）和智力商数（简称智商）的计算说明。

比如：童童今年实际年龄为 5 岁，做智力测验时，完全通过了 5 岁组的测验，对于 5 岁组以下各组的测验，童童不必考试就可以算通过了。然后，可以再对童童测验 6 岁组以上的题目，假如童童通过了 6 岁组的 5 个测验题，还通过了 7 岁组的 4 个测验题，但未通过一道 8 岁组的测验题，这样，8 岁组以上的各组，童童都算不通过。那么，童童的智龄就是：因 5 岁组答案全对，智龄为 5 岁；6 岁组答对 5 题，每题值智龄 2 个月，共值智龄 10 个月；7 岁组答对 4 题，共值智龄 8 个月，则童童的智龄应为 60（5 岁）+10+8＝78 个月，合 6.5 岁。然后可按下列公式算出童童的智商，即童童的智商是 130。

$$智商=\frac{智龄}{实龄}\times100\%=\frac{6.5}{5}\times100\%=130$$

需要强调说明的是，成人对待学前儿童智力测验的结果必须要非常谨慎，尽可能全面考虑测验的公平性，对测验分数给予科学严谨的解释，恰当把握其对施加教育影响时的参考作用，严禁把测验分数作为给儿童贴注标签的工具，以免因测验使用不当造成不良的社会影响。

二、儿童多元智力评估核查表

1983 年，美国心理学家加德纳提出了“多元智力理论”。加德纳认为智力不是单一的，而是多元性的，并且各种智力是交互作用的，传统的智力测验只测量某种智力，其所得出的智力分数不能预测另一种智力水平。由此，加德纳提出了包含多种智力种类的智力结构。

根据加德纳多元智力理论提出的多元智力评估方法，美国教育家托马斯·阿姆斯特朗博士设计了《儿童多元智力评估核查表》，见表 2.2.6，以评估儿童语言智力、逻辑—数学智力、空间智力、运动—操作智力、音乐智力、人际智力、内省智力等多种智力的发展状况。教师与家长可以根据表中所列出的项目，针对某一儿童的具体情况进行核对，如果表中所列的项目与儿童的实际情况相符，就在右边选择对应的“是”，若不符就选择“否”。最后，根据各种智力分别计算“是”和“否”的数量。根据每种智力获得“是”的多少排列，得到“是”最多的那种智力可能就是儿童在这方面最擅长的，得到“是”最少的那种智力可能就是儿童的弱项。儿童多元智力评估核查表有利于教育者更好地了解和评价儿童，能以多元的视角看待每一个儿童，发现儿童身上的闪光点，同时，也有利于教育者把握每一个儿童的长处和短处，采取科学的教育方法，扬长避短地利用儿童自身的长处，以长处带短处，培养和增强儿童的自信心，从而使幼儿获得全面发展。若只盯着孩子的短处，总是以一种恨铁不成钢的心态来教育孩子，会让孩子失去自信心，阻碍孩子的健康发展。

表 2.2.6 儿童多元智力评估核查表

语言智力	是	否
(1)写作能力高于同龄儿童。		
(2)善于编写难以置信的故事或善于讲故事和笑话。		
(3)善于记人名、地点、日期或一些琐事。		
(4)喜欢文字游戏。		
(5)喜欢看书。		
(6)书写正确(若是学前儿童，拼写能力高于同龄儿童)。		
(7)喜欢顺口溜、双关语、绕口令等语言游戏。		
(8)喜欢听口述语言(如故事、广播、故事录音带等)。		
(9)在同龄儿童中语汇相对比较丰富。		
(10)与人交流时，善用言语。		
逻辑—数学智力	**是**	**否**
(1)对于如何做事会问很多问题。		
(2)快速心算(若是学前儿童，数学概念的发展高于同龄儿童)。		
(3)喜欢数学课(若是学前儿童，喜欢数学及其他与数字有关的课程或事物)。		
(4)对电脑、计算机游戏感兴趣(如没接触过电脑，喜欢其他数学或算术游戏)。		
(5)喜欢象棋或其他策略游戏。		
(6)喜欢逻辑难题或智力难题(若是学前儿童，喜欢听像《爱丽丝漫游仙境》之类的故事)。		
(7)喜欢把事物分类或分等。		
(8)喜欢做高度思考过程的实验。		
(9)思考方式比同龄儿童更抽象化、概念化。		
(10)与同龄儿童相比，对因果关系更有概念。		
空间智力	**是**	**否**
(1)可以说出清楚的视觉表象。		
(2)阅读地图、图表比文字更容易(若是学前儿童，更喜欢看图而不是阅读)。		
(3)比同龄儿童更喜欢想入非非。		
(4)喜欢艺术活动。		
(5)比同龄儿童画图画得好。		
(6)喜欢看电影、幻灯片或其他视觉上的表演。		
(7)喜欢拼图、走迷宫或类似的游戏。		
(8)制作有趣的立体模型。		
(9)阅读时从图中而不是文字中获取更多信息。		
(10)爱在书本、纸张或其他东西上涂画。		
运动—操作智力	**是**	**否**
(1)擅长一种或多种体育运动(若是学前儿童，身体技能超过同龄儿童)。		
(2)如长时间坐在一个地方会扭动、敲打或烦躁不安。		
(3)善于模仿他人的动作、言谈举止等。		

续表

(4)喜欢拆解，然后再组装物品。		
(5)喜欢触摸所见的事物。		
(6)喜欢跑、跳、摔跤或类似的活动(如年龄稍大，会有所节制，而表现出像拍打朋友、跑进课堂、翻跳椅子等动作)。		
(7)表现出手工技能(如木工、缝纫、机械等)或其他方面动作协调性好。		
(8)戏剧性地表达自己。		
(9)思考与工作时传达出不同的肢体感觉。		
(10)喜欢捏黏土或其他用手触摸的经历(如手指画等)。		
音乐智力	是	否
(1)音乐走调或出错时会告诉你。		
(2)记得歌曲的旋律。		
(3)嗓音好。		
(4)弹奏一种乐器或参加合唱团(若是学前儿童，喜欢打击乐器或参加合唱团)。		
(5)讲话或动作时很有节奏感。		
(6)无意识地自己哼唱。		
(7)做事时在桌上打节拍。		
(8)对外界噪音很敏感。		
(9)喜欢听音乐。		
(10)唱各处学来的歌曲。		
人际智力	是	否
(1)爱与同伴交流。		
(2)似乎是天生的领袖。		
(3)给有问题的朋友提建议。		
(4)在校外似乎很聪明。		
(5)是俱乐部、委员会或其他组织的成员(若是学前儿童，经常是群体的一部分)。		
(6)喜欢非正式地教导其他孩子。		
(7)喜欢与其他孩子一起玩游戏。		
(8)有两三个好朋友。		
(9)关心他人。		
(10)他人愿让其陪伴。		
内省智力	是	否
(1)独立性好，意志坚强。		
(2)清楚了解自己的优缺点。		
(3)能独处玩耍或学习。		
(4)生活和学习方式与众不同。		
(5)善谈自己的兴趣爱好。		
(6)自我目标明确。		
(7)喜欢独立性工作而不是合作。		
(8)准确表达自己的感觉。		
(9)能从生活的成功或失败中学习。		
(10)拥有高度的自尊。		

第三节　想象力和创造力测验

一、儿童想象力测验

学前期是儿童想象力显现和培养的比较关键的时期。儿童想象力的发展与创造力有着密切的关系。如果教育者想初步把握儿童想象力的发展水平,可使用下面这个简易测验。

测一测儿童是否具有想象力

1.他是否经常编故事?

A.经常　　B.有时　　C.从不

2.他在复述别人讲过的故事时,经常会重新加工吗?

A.经常　　B.有时　　C.从不

3.他看过漫画后,会逻辑性很强地把漫画完整地讲出来吗?

A.经常　　B.有时　　C.从不

4.他可以按照成人的语言或图画,描述出他从未见过的东西吗?

A.经常　　B.有时　　C.从不

5.他会问及一些很奇特的东西吗?

A.经常　　B.有时　　C.从不

6.他喜欢画一些从未见过的东西吗?

A.经常　　B.有时　　C.从不

7.他能够根据别的描述画出这种东西吗?

A.经常　　B.有时　　C.从不

8.他喜欢听一些童话或科幻故事吗?

A.经常　　B.有时　　C.从不

9.他能根据简单的知识设想一种有实用价值的“发明”吗?

A.经常　　B.有时　　C.从不

10.他在听完童话故事以后能画出故事中人物的卡通形象吗?

A.经常　　B.有时　　C.从不

计分方法:A=3 分;B=2 分;C=1 分。

得分说明:

得分在 15 分以下的儿童想象力很低。

得分在 16—22 分的儿童具有较丰富的想象力。

得分在 23 分以上的儿童具有超乎寻常的想象力。

二、儿童创造力测验

创造力的测验所要考查和鉴别的是儿童在解决问题的过程中反映出来的思维的流畅性、灵活性、新颖性和独创性。学前期,儿童已开始萌发创造性思维,为评估儿童创造力发展水平提供可能。下面呈现一个儿童创造性思维的测验,为教育者了解儿童创造力发展水平提供帮助。

创造性思维测验

1.测验内容。

本测验分两部分:(1)根据图片设想多种故事结尾。

(2)利用工具或变换用途解决问题。

2.指导语。

(1)根据图片设想多种故事结尾。

主试指着图片讲述:

小白兔拔了一个大萝卜,高高兴兴地顶在头上。小猴子看见了,馋得直流口水,它就用长尾巴把小白兔的萝卜给勾走了。开始,小白兔吓了一跳,后来,它一想,小猴子这样随便抢别人的东西是不对的,不能让它这样做,我得想个办法把萝卜要回来。小白兔想呀,想呀,一会儿就想出了好办法。小朋友,现在你猜猜,小白兔想了些什么办法?(或者说:"请你帮小白兔想想办法吧!")

主试让儿童自由说出办法。直至儿童说不知道或没有了后,问儿童:"刚才说的这几种办法,你觉得哪种办法最好?为什么?"(如果儿童已记不清自己说的办法,主试可以复述,不计时。)

(2)利用工具或变换用途解决问题。

主试:"这里有个小盒子。你看,盒子里有些碎纸片,现在请你想办法把小纸片拿出来。这里有许多东西(指各种工具)你都可以用。现在开始,我给你计时间,你要快一点想办法。"

如果儿童首先将盒子翻过来,倒出小纸片,解决了问题,主试则说:"很好,现在小纸盒不能挪动,也不能翻过来,你看看这里的东西,想想还有什么办法可以拿出小纸片?"

如果儿童将别针当针使,把小纸片从中扎出来,主试则继续鼓励,并说:"现在我把别针拿走,你看看这里的东西,想想还有什么办法可以拿出小纸片来?"

如果儿童用铅笔、糨糊把小纸片从中粘出来,主试继续鼓励,并说:"现在我把这支铅笔和糨糊都拿走,你看看这剩下的东西,想想还有什么办法?"

如果儿童将牛奶糖嚼软,粘在另一支铅笔上,把小纸片从中粘出来,主试继续鼓励,并说:"现在糖也没有了,你只有一支铅笔,还有什么办法?"

3.计时与评分。

计时:

两部分测验均在主试说完第一句指导语后开始计时。每部分时限为 5 分钟,5 分钟内尽可能鼓励儿童想出新的办法。在 5 分钟内,如果儿童依旧说:"想不出来了。"则停止,记下时间。

评分:

反应分:在第一个部分的故事测验中,想出一个方法加 1 分。在第二个部分的解决问题测验中，变换工具用途解决问题加 1 分，两种工具结合起来再加 1 分，不限于提供的工具，自己设法解决问题再加 1 分。

水平等级：

一级：能根据问题的条件和要求迅速抓住问题的关键，独立地寻求获得多种解决问题的途径和方法，答案合理，有创造性。

二级：基本上能根据问题的条件和要求，抓住问题关键。但思路狭窄，解决问题的途径和方法较少。

三级：对问题的要求不甚理解，抓不住问题的关键，用错误的方法或经提示解决问题，方法简单或不甚合理。

四级：对问题的要求不理解，不能作答或答非所问。

第四节 社交能力评价量表

一、儿童领导才能核查表

通过考察儿童的领导才能，可以从一个侧面了解与评价儿童在社会交往、人际协调等方面的能力水平。美国著名心理学家任朱利和阿维诺等在多年研究的基础上提出《儿童领导才能核查表》，该表可用于所有的年龄组，而且具有一定的可靠性。

儿童领导才能核查表可见表 2.4.1，为了更好、更准确地评价孩子，教师与家长必须能够全面观察了解儿童在学习和日常生活中表现出来的特征。核查表中，A 代表某种行为或特征“没有或极少出现”；B 代表某种行为或特征“偶尔出现”；C 代表某种行为或特征“比较多地出现”；D 代表某种行为或特征“几乎经常出现”。

表 2.4.1 儿童领导才能核查表

行为特征的表现	评价等级
1.责任心强，同意了的事就会去做，而且做得好。	A B C D
2.在同龄儿童和成人面前，显得自信，当被要求在班上展示作业时，表现得安然自得。	A B C D
3.受到同学们的拥护。	A B C D
4.善于自我表现，言语流利，易被人理解。	A B C D
5.容易适应新的环境，思维敏捷。	A B C D
6.行为习惯灵活，改变常规秩序时不受干扰。	A B C D
7.在群众中有控制他人的倾向，在参加活动中常起领导作用。	A B C D
8.处理人际关系的能力强，能影响别人选择观点、采取行动的途径或方向等。	A B C D
9.对别人的需要能表示理解和同情，并在道义上表现出关心。	A B C D
10.被同伴看做是行为的典范，对自己、对别人的要求具有高标准。	A B C D

续表

行为特征的表现	评价等级
11.能确立目标和顺序，并计划、组织协调行动。	A B C D
12.能创造性地解决问题，常有同伴或别人前来“讨教高招”。	A B C D
13.能做出好的裁判和决定，能预测行为的结果。	A B C D
14.具有领袖人物的超凡魅力，吸引人，表现自然，富有洞察力，别人愿意聚集在他的周围。	A B C D
15.有独立性及思维不顺从性，愿意冒险。	A B C D
16.做事的目的性强，持久性、纪律性好，并对喜爱的问题有探索精神。	A B C D

如果在核查表中记录到某个儿童的行为特征属于D的较多，那就是说，这个儿童可能具有潜在的较强的领导才能；如果记录到某个儿童的行为特征属于A的比较多，也即这个儿童可能不太具有领导才能。而大部分孩子的表现可能会以中等的表现为主。

二、儿童腼腆个性测验

腼腆是儿童的一种个性表现，过于腼腆的儿童有可能在人际交往中缺乏自信心，甚至产生恐惧，进而影响其正常交往行为，形成交往障碍。因此，家长和教师应对儿童在人际交往中的个性表现予以关注。以下提供一些项目，简单测查儿童是否腼腆，提示教育者注意观察和了解儿童这方面的表现。

儿童属于腼腆个性吗？

1.不敢见生人。	是 否
2.见到熟人也会局促不安。	是 否
3.不敢回答大人的问话。	是 否
4.说话时常吞吞吐吐的。	是 否
5.总习惯性地驼背。	是 否
6.想淘气时又显得很胆小。	是 否
7.一向愿意低着头。	是 否
8.怕别人不喜欢自己。	是 否
9.举止很拘谨。	是 否
10.不敢用目光与他人接触。	是 否
11.在同龄人中不受欢迎。	是 否
12.喜欢独来独往。	是 否
13.手常揪着衣襟。	是 否
14.常受小朋友戏弄。	是 否
15.常常是别的孩子挑衅的对象。	是 否
16.从不大声哭叫。	是 否
17.害怕时，不是仓皇而逃，而是呆立原地不动。	是 否

18.很少干大人不让干的事。 是 否

19.常摸自己的脸或头发。 是 否

20.是个感情不外露的孩子。 是 否

计分方法：

每做出一个“是”的回答，计 1 分；“否”的回答，计 0 分。然后，计算总分。

解释说明：

得 5 分以下的儿童不存在腼腆个性。

得 6—12 分的儿童存在一定的腼腆个性。

得 13 分以上的儿童腼腆个性十分严重。

第五节　多动症和自闭症评定量表

一、儿童注意力—多动障碍的诊断标准

注意力—多动障碍即我们通常所说的“多动症”，目前在医学界还没有一个明确的诊断标准来评价这种精神障碍。美国精神病学会颁发的《精神障碍的诊断与统计手册》是一个较为权威的诊断儿童注意力—多动障碍的工具。1991 年美国《精神障碍的诊断与统计手册》（第四版）对注意力—多动障碍的诊断进行了修订，开始从注意力和多动—冲动两个方面分别来诊断这种精神障碍，并把这种精神障碍分成两个类型，即以注意力为主的缺损和以多动—冲动为主的缺损。手册还规定注意力—多动障碍必须具备跨越至少两种以上场合的一致性，即在家中和在学校都必须表现出此症状才符合要素。也就是说，教师和家长都应该对注意力—多动障碍的过程进行了解，这样才能使诊断和评估客观而标准。以下是美国《精神障碍的诊断与统计手册》（第四版）中注意力—多动障碍的诊断标准。

（一）注意力障碍

以下症状如果出现 6 个月以上，并且至少具有其中 6 种情况，并严重到不能适应环境和与发展水平明显不一致，可被认为是注意力障碍。

1.在完成学校作业或其他活动中经常不能密切注意细节或经常犯粗心的错误。

2.在游戏和完成任务中，难以集中注意力。

3.经常不听或不理解别人对他讲的话。

4.难以遵守他人指令或经常不能完成学校作业。

5.经常难以有条理地组织任务和活动。

6.在要求付出心理努力的学校课业和家庭作业方面，经常难以投入。

7.在家中或在学校经常丢失与学习任务和游戏有关的物品（如玩具、铅笔、书籍和作业本等）。

8.容易被与当前任务无关的刺激干扰而分心。

9.在日常活动中经常丢三落四。

(二)多动—冲动障碍

如果下列症状出现6个月以上,并且至少有其中的4种情况,并严重到不能适应环境和与发展水平明显不一致,可被认为是多动—冲动障碍。

1.在座位上手脚经常动个不停。

2.在被要求坐好的场合如上课时,经常离开座位。

3.不合时宜地乱跑乱动。

4.在游戏中,经常难以安静地参加或投入。

5.经常在"忙碌中"或像"被马达驱动"一样。

6.经常过多地说话。

7.在所提问题还未说完时,就抢先回答。

8.在集体活动或游戏中,难以按顺序等待。

9.经常打断或打扰别人。

二、儿童自闭症评定量表

法国托罗德等人于1990年编制了《自闭症儿童行为评定量表》,由黄福廷翻译成中文版。该量表共有33个项目,分类为6个诊断范畴,每个项目有数种具体的行为表现(见表2.5.1)。

表2.5.1 自闭症儿童行为评定量表

(一)社会化行为	
1.不理人	2.较喜欢独自一人
3.社会性互动贫乏	5.无目光接触
(二)沟通行为	
7.缺乏声音沟通	8.缺乏适当的面部表情
4.缺乏社会性的微笑	9.缺乏适当的手势及表达性的姿势
10.无法学会或模仿他人的手势或声音	
(三)环境适应	
15.活动过少	16.多动
13.物品使用不当	24.不能容忍挫折
25.抗拒变化	33.行为的多变
(四)活动能力	
29.只对身体接触感兴趣	28.不喜欢被接触
14.刻板行为	17.僵直
18.反常的姿势	11.过于安静
12.过度兴奋	
(五)情绪与本能反应	
19.自伤行为	20.对外攻击行为

续表

23.未受刺激而引起的哭笑发作	22.无情感的表达
26.饮食问题	27.睡眠问题
（六）注意力和知觉	
30.注意力不集中，易分心	31.对听觉刺激无反应
32.对听觉刺激的怪异反应	6.目光接触异常
21.不会区分辨别他人	

根据表2.5.1中的6个诊断范畴，评定时依据下列每一项目中各种行为出现的频率，选择其中一项，按评定结果给予分数："从未出现"得0分，"偶尔出现"得1分，"时常出现"得2分，"极常出现"得3分。父母和教师可依据儿童的行为进行初步筛选和诊断，若得分加起来超过30分，则要考虑进一步请专家确诊有无自闭症。具体评定的项目如下。

1.不理人（ ）

（1）对他人漠不关心，注意力不放在别人身上，走入人群之中却对他人视若无睹，似乎没见到别人一样。

（2）对他人的意见无回应。

（3）过于安静，漠不关心（僵化的表达方式）。

（4）通常在面对他人时调头而去，或者对他人作反应时有拖延现象。

2.较喜欢独自一人（ ）

（1）自己保持在团队的外缘，或从团队中孤立而出……切断沟通的机会。

（2）封闭在自己的世界里。

（3）寻找自己熟悉的空间。

3.社会性互动贫乏（ ）

（1）不与他人交换玩具。

（2）无自发性地与他人亲近的行为，不提供物品给他人。

（3）不将物品当做与他人拉近感情的工具来使用。

（4）视成人为物品般地去对待。

（5）面无笑容，不会主动去寻找伙伴。

（6）无法持续进行社会交流行为。

（7）可能注意观察者身体某些部位许久，或跟着观察者不放，却又与之一直保持着一定的距离。

4.缺乏社会性的微笑（ ）

（1）当碰到他人或与人游玩时，不对之微笑。

（2）与他人眼光接触或与人游戏时，不对之微笑。

5.无目光接触（ ）

(1)不注意他人的眼睛。

(2)遮住自己的眼睛。

(3)回避直接的目光接触。

(4)看向他处,被他人呼叫或注视时,将脸扭开。

6.目光接触异常(　　)

(1)空泛的或了无生气的表达方式。

(2)疾闪式或锐利的自视行为。

(3)仅仅间歇性地以双目追视物品或东西。

(4)凝视物品时较倾向于常常观察其周围部分,而较少注意其中央部分。

7.缺乏声音沟通(　　)

一再重复某些声音、单字或语句,而不管是否具有沟通的意义或价值(此项目在评估时应着眼于沟通方面,而非口语范畴。儿童若可以讲话且毫不费力地沟通,给予高分;而儿童若无法说话,却设法以自己独特方式使他人了解其意思者,给予低分)。

8.缺乏适当的面部表情(　　)

(1)面部表情很少改变。

(2)儿童可发出声音,或可以说话,但在要求、给予炫耀等情况下,无法以适当的频率或方式利用脸部表情、声音或手势来表达自己的意思。

9.缺乏适当的手势及表达性的姿势(　　)

(1)在团体中被挑选出来时,不表现参与性的回应姿势。

(2)不会朝向自己想要的物品的方向。

(3)不将手顺着与生理结构适合的方向予以自然摆动。

(4)不会摆摆手表示再见。

10.无法学会或模仿他人的手势或声音(　　)

11.过于安静(　　)

(1)被动。

(2)缺乏对事物的兴趣。

(3)动作迟缓。

12.过度兴奋(　　)

(1)容易被噪音或视觉刺激所激发而兴奋。

(2)不习惯于反复出现的声音。

(3)对事物所做出的反应总是以密集式的方式呈现。

(4)哭叫。

13.物品使用不当(　　)

(1)忽略物品或只产生短暂的兴趣(只将物品随便地握着,却不予以注视)。

(2)吸吮物品,或将之置于口内。

(3)重复地轻拍、轻扣,或敲击物品。

(4)对于物品有异常行为:被动地使用物品,让其从手中掉落,或打击该物品。

(5)从一块建筑砖块上把手抽回,仿佛它是热的。

(6)仔细地用触觉检视物品。

(7)易于被无意义的记号(污点、破洞、小黑点……)所吸引。

(8)以罕见的且极具个人风格的方式使用物品,有怪异怪癖的行为。

(9)会放另一物品于原来(使用中的)物品的一侧,或将之转圈圈。

(10)总是摆动一条绳子,捡拾周围放置的任何东西。

14.刻板行为(　　)

(1)这些刻板行为可于其行走之中发觉出来。

(2)在床上或地上来回地摇晃,或从一只脚摇摆至另一只脚。

(3)看自己的脚,玩手掌游戏,摆弄自己的手指头,闻自己的手,堵住耳朵,遮住自己的眼睛,等等。

(4)用脚踢打。

(5)在日光下或电灯下玩眼睛游戏。

15.活动过少(　　)

若无刺激,该儿童不会产生任何动作的游戏或活动(尽管它有可能做得到)。

16.多动(　　)

(1)这些行为在直接或间接活动的时段发生。

(2)不休息:该儿童异常、失控、无目的地兴奋,似乎无法找到平静状态,持续性地动来动去。

(3)喧闹:该儿童似乎被迫制造出噪音,常常惹麻烦。其喧闹可视之为正常,但其行为出现较夸张时,则应视之为行为异常。例如:该儿童到处爬,在椅子之间跳来跳去,触摸任何东西;持续地改变活动内容,拆开物品或玩具;可能烦躁,而且慎重其事地寻找噪音,他仿佛就是一阵“龙卷风”。

17.僵直(　　)

行为僵直,对刺激无兴奋式的反应。

18.反常的姿势(　　)

(1)其行为的怪异经常在姿势及步伐中可见,亦可能延伸于普通行为及活动之中。

(2)面部表情:扮鬼脸,异常的脸部动作。

(3)姿势:双脚在空中交叉,头倒过来,身体蜷曲,不平衡的姿势,脚部弯曲,头顶着脚,缩在室内的一角，颈部向后弯曲，身体极端的伸展，姿势缺乏预期性，姿势的适应性亦贫乏。

(4)步伐：雀跃，以趾尖或脚跟走路，绕圈圈走或绕着小圆圈跑步，走路时脚拖着地面，走路斜向一边，突然怪异地做出动作。

19.自伤行为(　　)

直接攻击或割伤自己身体(以自己的手或某物敲打自己头部，使自己重重地撞击地面，咬自己、捏自己、抓自己的脸等)。

20.对外攻击行为(　　)

咬、抓或打其他人。

21.不会区分辨别他人(　　)

(1)当熟悉的人到达或出现时，没有任何反应。

(2)在陌生人面前，不会受到惊吓。

(3)对熟悉或不熟悉的人，皆表现出相同的行为。

22.无情感的表达(　　)

(1)该儿童既不悲伤，也不快乐。

(2)他的脸部不会表达诸如愤怒、惊愕、怀疑、困惑、害怕、喜悦、不满意、不同意等情感。

23.未受刺激而引起的哭笑发作(　　)

该儿童之哭笑并未具有可理解的意义或原因，比如在其他人面前，以及在非惯常的时间、地点情况下，引发的哭泣与大笑的发作。

24.不能容忍挫折(　　)

(1)当遭到禁止或进行中的活动受阻时，会反应出怒气。

(2)当欲望或期望一直未能得到满足时，会呈现不满意。

(3)固执于挫折的因素之中。

25.抗拒变化(　　)

(1)坚决要求任何事物皆保持不变。

(2)对于接受任何非惯常的事务时，呈现出极大的困难，包含时间、地点、衣着、食物的改变，而这些改变将引起失去平衡的反应。

26.饮食问题(　　)

(1)质及量上的困难。

(2)被动式的漠不关心：在缺乏有效参与的情况下，该儿童会允许自己被喂食。

(3)主动地拒绝：该儿童看到食物而哭叫或尖叫，拒绝被喂食，做出表情且把头调开。

(4)吃其他的东西(石头、纸张等)。

(5)偏爱某些口味：咸的或甜的。

(6)食粪。

(7)奇异的饮食行为。

(8)呕吐。

(9)肮脏地进食、弄脏食物,或将之丢掉。

(10)缺乏口味感。

(11)贪食症或厌食症。

27.睡眠问题(　　)

(1)失眠。

(2)贪睡。

28.不喜欢被接触(　　)

(1)不喜欢被别人碰触。

(2)在穿衣服或准备要穿衣服时,拒绝被抱起来亲吻。

29.只对身体接触感兴趣(　　)

该儿童只喜欢某部分身体接触,因而永远寻求这部分身体的亲近,或要求被任何人接触或拥抱。

30.注意力不集中,易分心(　　)

(1)该儿童无法将注意力专注于任何提供给他的活动上。

(2)不注意别人对他说的话,听觉能力迟缓,无法领悟授课内容,或过一阵子之后才可理解。

(3)延迟的回应。

(4)注意力不稳定:其注意力因环境中之片刻变化而导致效率降低。

(5)异常的注意力:该儿童将注意力集中在自己所制造出来的非语言式声音(抓、爬、轻扣声等)中,而且听得非常入神。

31.对听觉刺激无反应(　　)

(1)该儿童对外来噪音(声音、语音等)无反应。

(2)对自己的名字无反应。

(3)仿佛聋子一般。

32.对听觉刺激的怪异反应(　　)

(1)在与外界的某些接触中,听觉功能会敏锐起来。

(2)对噪音、声音、叫声所呈现出的过度、不足或选择性的敏感反应。

(3)自相矛盾的反应:例如,当门砰然关上,或他的名字被呼叫时,该儿童不会转头,反而会使自己神往于纸张的沙沙声中。

33.行为的多变(　　)

问题行为、兴趣的表达方式呈现多样性。

问题分析篇 >>

导读要点：

你了解学前儿童可能出现的心理问题吗？

你掌握解决学前儿童这些心理问题的方法吗？

你懂得如何判断学前儿童的行为、交往、个性、学习是否正常吗？

“问题分析篇”将向你介绍学前儿童常见的行为问题、交往问题、个性问题，诸如偷拿行为、撒谎行为、虐待动物行为、尿床行为、多动症、攻击性行为、以自我为中心、胆小、哭闹等，帮助你了解和鉴别孩子的哪些行为是不合理和有问题的，并掌握一些简单的矫正策略和具体方法，促进学前儿童身心健康发展。

第三章

※

学前儿童常见行为问题

※

孔融让梨的故事家喻户晓，每一位家长也都希望自己的孩子成为一个像孔融那样的彬彬有礼的好孩子。可是经常有些孩子表现得不那么好，这让家长非常焦急。本章将介绍学前儿童中常见的问题行为，如偷拿、说谎、虐待动物等。有些行为虽然不会引发什么道德问题，但足够家长揪心的。本章还将介绍幼儿的一些异常行为，如吮手指、遗尿、多动等，并提出相应的对策。

※

第一节 管不住的小手
——“偷拿”行为的分析与矫正

一、案例简介

案例一：三岁的男孩子天天从幼儿园回到家里后，玩耍时碰到了上衣口袋里的东西，忽然想起来了什么，对爸爸说：“爸爸，我有个宝贝你看不看？”爸爸好奇地问：“你有什么宝贝呀？”天天掏出来的宝贝，原来是一块小小的香皂。爸爸问：“从哪里拿来的？”天天说：“从幼儿园的洗手池子上拿的。”爸爸怔住了。

案例二：五岁半的彬彬喜欢吃巧克力豆，可爸爸妈妈总说糖吃多了对牙齿不好，很长时间才买一次。彬彬馋得实在受不了了，就想：“我不就是没钱嘛！有了钱我自己也会买。”一天，彬彬忽然发现沙发角落里有几枚硬币，就不吭声地自己收了起来。过了几天见爸爸妈妈都没问起这事，就悄悄拿去买了一袋巧克力豆，美美地解了一次馋。后来彬彬发现，家中抽屉里时常有妈妈买菜时随用随取的零钱，就悄悄地又拿了一些，还是没有人发现。后来彬彬的胆子就越来越大了。过春节时，爸爸换了一叠崭新的五元纸币，彬彬忍不住又抽了两张，没想到这次被爸爸察觉了。彬彬把以前的事情向爸爸坦白了，谁知爸爸还是把彬彬狠狠地打了一顿，边打还边说：“看你还敢不敢当小偷！”

点评：偷拿行为是指用不正当的方法和手段，趁人不备地占有他人财物的行为。这种行为在幼儿身上虽然为数不多，但一旦成为幼儿习惯的行为，就会形成人格上的缺陷，甚至导致犯罪。幼儿偷拿行为与他们的认知水平、成长环境、家庭教育方式等都有密切的关系。如果家长教育方法不当，必然会引发严重的后果。

二、案例分析

在上述的两个案例中，所表现出来的幼儿偷拿行为的形成原因是各不相同的，但汇总起来大体有下面几种。

（一）认知水平的影响

案例一中的天天，由于年龄较小，心理发育不成熟，对于“偷”的概念没有真正的认识。在他看来，把幼儿园或别的小朋友家的物品拿到自己家，与把自己的玩具从客厅拿到卧室没有什么区别。如果整天生活在一个家庭教育不良的环境中，家里老人或孩子的父母对于幼儿的这种行为不及时加以关注和纠正，幼儿的道德判断能力一直不能得到提高，将来是比较危险的。

幼儿由于自我意识水平较低，不能正确区分“我的”与“别人的”东西，看到喜欢的东西就拿，并没有征得别人同意的意识，这种现象是很正常的。但是随着幼儿生理和心理能力的不断发展成熟，幼儿的自我意识发展水平会不断提高，大约在2.5—3岁初，幼儿就能够使用“我的”“我”等物主代词和人称代词，这是幼儿自我意识形成过程当中的一个飞跃。3岁时还会出现明显的自尊心和羞耻感。因此这个时候，父母要及时培养孩子的道德认识水平，提高他们的道德判断能力，使儿童明白自己的行为所具有的道德意义。

（二）自我控制能力较差

案例二中的彬彬喜欢吃巧克力豆，但不能经常吃到，由于不能抗拒诱惑，就开始从家里拿钱。一次无意当中捡到的钱使彬彬吃到了巧克力豆，为了能经常满足自己的小嘴巴，就开始从家里偷取一些零用钱。家里的零用钱一般是没数的，家长不太容易觉察，这种偷拿行为会因为一次侥幸的成功而受到强化，孩子的胆子也就越来越大。

如果我们留意彬彬的心理活动过程就会发现，彬彬第一次从家里的沙发角落里捡到钱买了巧克力豆之后，有两种相互矛盾的心情：一方面知道偷拿是不应该的行为，害怕被家长发现，因此每次得手之后还都要暗中观察家长的反应；另一方面又迫切地想要得到钱，才好吃到巧克力豆，经不起诱惑。这种相互矛盾的心情，往往以侥幸心理获胜而告终。

（三）家庭教育方式不当

案例二中，爸爸发现了彬彬的偷拿行为，进行适当的教育是必要的。但是简单的打骂不能解决实际问题。彬彬爸爸在打孩子的时候还骂彬彬是“小偷”，这种给孩子贴上不良标签的行为，更是不合适的。面对孩子的偷拿行为，采用粗暴的对待方法，只会适得其反。

古人说：“攻人之过勿太严，要思其堪受。”指出别人的过错，本意在于使对方改正这些过错，但过于严厉的责骂，则会使别人难以接受，进而影响过错的改正。家庭教育也是如此。心理学知识告诉我们，当一个人遇到强烈的心理挫折时，有时可能会产生固执性反应，即使明知道自己的行为是错误的，也要坚持这种行为。因此家长在对待子女偷拿行为时，要注意教育方式，不要随意给孩子贴标签。

三、矫正策略

(一)提高道德认识水平

幼儿的心理发育极不成熟,判断是非的能力有限。当孩子有偷拿行为时,家长应该首先搞清楚孩子是否在道德认识方面存在不足。案例一中天天的爸爸在搞清楚天天的行为动机以后,并没有生气,而是平静地问天天:“你们吃饭前是不是每一个小朋友都要把手洗干净呀?”天天回答:“是呀。”爸爸又问:“幼儿园水池上有几块香皂呀?”天天回答:“两块。”爸爸说:“你看,水池上放了两块香皂,小朋友吃饭前洗手不就可以快一点吗。如果你把这块香皂拿回家了,小朋友们好半天才能洗完手,饭菜不都凉了吗?”天天一听,恍然大悟,说:“我拿回了一块香皂,小朋友洗手就慢了。”爸爸说:“那你明天还把香皂送回幼儿园,好吗?”天天高高兴兴地答应了。这个问题很顺利地就解决了。

良好的道德认识是产生良好行为的前提条件。当发现孩子有偷拿行为的时候,家长必须使孩子认识到偷拿是一种坏行为,让孩子头脑中有明确的道德认识和道德判断,知道哪些行为是可以做的,哪些行为是不可以做的。儿童头脑中的道德认识形成和明确以后,儿童的偷拿行为就减少了。

父母要尊重孩子的所有权。家里有些物品是属于孩子的,家长如果想要使用,一定先要征得孩子的同意。孩子发现自己拥有对食品、玩具的所有权,他也就知道别人也有所有权,自己要拿别人的东西也要先征得对方的同意。

(二)提高自我控制能力

幼儿的心理发育不成熟,自我控制能力低,很容易受到外界的诱惑。当幼儿看到包装得特别精美的玩具和食品就难以控制,有立即把这些东西据为己有的愿望。如果家长简单粗暴地予以回绝,是不利于儿童成长的。毕竟这些玩具和食品的诱惑力是巨大的。家长需要帮助孩子区分哪些是合理的需要,哪些是不合理的需要。不合理的需要,儿童即使哭闹不止,家长也不能心软,一定要帮助孩子提高自身的控制能力。

有些有偷拿行为的幼儿,明知道这样做不应该,但就是控制不了自己的行为。对于这类缺乏自我控制能力的幼儿,家长要及时对孩子进行批评、惩罚,让他知道偷拿的坏处。有些时候家长可以让孩子体会一下“被盗”的心情。比如孩子想玩某件心爱的玩具的时候,忽然发现自己的玩具“丢”了。这时儿童内心对于偷拿行为的痛恨,可能远远超过家长苦口婆心的语言劝导。儿童体验到了“被盗”的难受,偷拿行为就会减少了。

(三)营造和谐家庭氛围

家长如果发现孩子偷拿东西时,千万不要骂孩子是小偷,更不要大打出手。不管孩子是出于什么原因产生偷拿行为的,打骂本身根本就无济于事。幼儿刚开始拿别人东西时,内心常常是矛盾的,但如果家长粗暴地对待幼儿的偷拿行为,会使孩子对家长充满怨恨,产生自卑心理。再大一些的孩子甚至会破罐子破摔,并且以愈来愈升级的偷拿行为作为对家长的报复手段。

家长面对孩子的过错行为，必须要坚持爱心、恒心和信心，要让孩子体验到家长的爱，体验到家庭的温暖，体验到对家庭的强烈归属感。即使是严厉的批评，也要让孩子感受到“爸爸妈妈爱我，所以我犯错了才会批评我”，而不要让孩子感觉“爸爸妈妈只会打我”。

第二节　他为什么爱撒谎
——说谎行为的分析与矫正

一、案例简介

涛涛是幼儿园大班的一个男孩。提到他，凡是认识他的老师都撇嘴，而小朋友却大多很羡慕他。为什么呢？原来，涛涛是个爱撒谎的孩子。比如有一次班里布置了手工作业，要求孩子们第二天一早带来。第二天，涛涛空手来到幼儿园，见到老师就说：“糟糕！我昨天做好以后忘了带了。”下午涛涛妈妈来接孩子时，幼儿园老师说：“请您明天记得把涛涛昨天的手工作品带来，园里要办幼儿手工展览。”涛涛妈妈惊奇地说：“什么手工作品？涛涛昨天一接回去就在院子里和别的小朋友们玩，一直玩到该睡觉才回家，我根本不知道有这回事。”又比如一次涛涛到小朋友浩浩家玩，回来时手里拿着一辆玩具汽车。妈妈问他从哪里拿的，涛涛说：“浩浩让我拿回来玩两天，玩过了再还给他。”第二天，浩浩妈妈见到涛涛妈妈，笑着说：“昨天涛涛非得要拿浩浩的玩具车，浩浩不让，两人为此差点打起来。涛涛要是不玩了，记得归还哟！”涛涛妈妈从这两件事情感到孩子撒谎是个大问题。但不管是妈妈的骂还是爸爸的打，对涛涛似乎都不管用。这不，涛涛又在向别的小朋友炫耀呢：“昨天我舅舅又带我吃肯德基了。我一天吃一次，都吃腻了。”小朋友们都羡慕地望着涛涛。

点评：撒谎，就是说谎，是一种不诚实的行为，是指儿童运用一定的方式掩盖自己的意图或隐瞒事实，从而故意欺骗他人的行为。对儿童来说，撒谎的一般目的是获得好处或者逃避责任。有的孩子由于撒谎成了习惯，常常毫无必要地撒谎，纯粹是为了满足自己的虚荣心。经常撒谎的儿童，品行比较虚伪，在短时期内虽然能够糊弄别人，像本案例中的涛涛，但是长此以往，必然在小朋友之间缺乏信任和友爱，造成人际关系交往障碍。

二、案例分析

儿童撒谎行为非常复杂，形成原因也多种多样。一般来说，儿童撒谎的主要原因有以下几种。

（一）避免惩罚

案例中，幼儿园老师布置了手工作业，涛涛知道第二天要把做好的手工作业交给老师，可是回到家里，和小区里的孩子们一起玩的时候就把作业的事情抛到脑后了。等到第二天要交作业的时候，只好编了谎话欺骗老师。一般来说，如果家长和教师的管理手段比较严厉，对孩子的要求比较高，一旦孩子达不到家长和教师的要求，可能会招致惩罚，孩子就会以撒谎的方式逃避惩罚。

很多时候孩子说谎都是为了逃避家长和教师的惩罚。说谎是儿童因为害怕说实话会挨骂而寻求的一种逃避方式。英国哲学家罗素说:“孩子不诚实几乎总是恐惧的结果。”家长和教师如果对待孩子过分严厉,那么会让孩子感受到与其说实话受到惩罚,还不如说谎逃避惩罚。孩子的这种想法在生活当中可经常见到,如孩子打碎了家里的花瓶,因为害怕受到惩罚,而说是小猫打碎的。这些现象也进一步证实,撒谎的主要目的在于逃避惩罚。

(二)获取尊严

人人都有虚荣心,儿童也不例外。涛涛总是喜欢向别的小朋友炫耀,让别人羡慕他、关注他,从而在别人面前觉得自己有面子、有尊严。当涛涛编造了谎话被别人羡慕时,他会感到内心的惬意;假如没有这些谎话,自己就感到在别人面前抬不起头来。

当孩子在家里或者在幼儿园里感到自己不被重视时,孩子往往会编造一些谎话。不少孩子说谎是为了引起他人的关注,以补偿内心的失落感。其实成人也是这样,有时会编一些谎话引起他人对自己的重视。例如小品《有事你说话》中,主人公感到自己在单位不受尊重,于是说自己关系很多,可以替别人买卧铺票。当排队一整夜没有买到车票时,就自己掏高价从票贩子手中买到车票来维持谎话,维护自己的尊严。但这些是不可取的行为。因此,教师和家长应该对孩子给予适度关心,避免孩子因为此类原因而说谎。

(三)获得好处

涛涛想要拿走浩浩的玩具汽车,但是浩浩不让,涛涛就强行拿走,还告诉家人这是浩浩允许的。一般在5—6岁的儿童中有这种情况,即为了获得一定的好处而说谎。涛涛妈妈介绍说,有一次她们单位派她到郑州办事,涛涛知道郑州有一个海洋馆,想到郑州海洋馆去玩,就告诉妈妈幼儿园老师要请假两天,小朋友们这两天都不用去幼儿园。妈妈不相信,向幼儿园打了电话询问情况,才知道涛涛是在说谎。这种说谎,目的就是获得一定的好处。

有些儿童看到说谎可以带来一定利益,就会采用说谎的方式达到自己的目的,实现自己的愿望。这种说谎本身性质相对比较严重,是一种品行障碍。对于这种说谎,家长一定要认真加以甄别,从事件发生的苗头上予以制止。

(四)模仿家长

在和涛涛妈妈沟通的过程中,涛涛妈妈提到,孩子说谎可能与家长的一些不良习惯有关。比如,涛涛的爸爸有时候在外面喝酒,晚上不能回家吃饭,就打电话给涛涛妈妈,说自己晚上要加班。回到家里以后,涛涛妈妈闻到涛涛爸爸身上的烟味和酒味,就会拆穿他的谎言。涛涛妈妈有时候手机响了,看到是自己的办公室打来的,不想接,怕被叫到单位加班,就告诉涛涛:“你接一下,就说妈妈不在家,出门忘了带手机了。”他们以前不觉得这有什么,还觉得这是教孩子学会如何应付各种情况,等到发现孩子学会撒谎了,后悔已经来不及了。

在日常生活中,家长有时候会为了个人利益而说谎,甚至教孩子为自己撒谎。殊不知,家长在家庭教育中,不光要言传,更要身教。如果家长一直教育孩子要诚实,而自己却给孩子树立了不好的榜样,怎么可能要求孩子诚实呢?同时家长要注意,如果给孩子许诺过什么,必须在规定的时间内给孩子兑现。即使不能兑现,也要坦诚地向孩子说明不能兑现的理由并请求孩子的原谅。有的家长告诉孩子:“好好学习,如果期末考了双百分,我给你买辆遥控汽车。”孩子考了双百分,家长却说:“我是为了让你好好学习才那样说的。”这种教育方式怎么能收到好的效果呢?

三、矫正策略

(一)仔细观察,区分原因

要密切观察儿童是否有不诚实的表现,同时要分析原因,采取合理的对待方式。儿童撒谎的行为有些是很隐蔽的,不仔细观察不容易发现。发现了孩子的撒谎行为后,必须了解撒谎的原因是什么。如果孩子撒谎的原因是避免惩罚,家长就应该改变自己简单粗暴的教育方式,减轻孩子的心理压力;如果孩子撒谎的原因是为了获取尊严,家长就要营造良好的家庭氛围,让孩子感受到家庭每个人对他的关心;如果孩子为了获得好处而撒谎,要认真严格地对待;如果孩子从家长身上找到了不太光彩的榜样,家长就得改变自己的行为方式了。

(二)奖惩适度,科学育儿

对于撒谎的孩子要不要惩罚?每一位家长都会回答:“要!”但是什么样的惩罚才会收到好的教育效果呢?不少家长的惩罚方式是体罚。有的家长说:“三天不打,上房揭瓦。”那么,体罚孩子的效果真的就那么好吗?

有一首儿歌这样说:“首次挨打战兢兢,两次挨打哭不停,十次挨打眉头紧,百次挨打骨头硬,千次挨打功夫到,酣然微笑入梦中。”可见,体罚孩子的效果未必理想。一般来说,对待撒谎的孩子应以耐心的说服教育为主,家长在说服教育的过程中要注意不要高高在上,要认真体会孩子的内心想法,感受孩子的内心变化。对于严重的撒谎行为,可以采用适当的惩罚方式,这种惩罚方式应该是剥夺孩子由于撒谎带来的好处,但是要避免对孩子心理产生太大的心理压力,否则就没有意义。就像案例中的涛涛妈妈对涛涛说幼儿园老师请假两天,孩子们可以休息不太相信,就打电话问了幼儿园。确信涛涛撒谎后,她把涛涛痛打了一顿,但事后觉得孩子去海洋馆玩也不是坏事,就带着涛涛去了。这就是家长严重的教育失误。涛涛妈妈应该这样对待涛涛,告诉他:“我本来可以带你去郑州海洋馆,但是你撒谎了,我不能带你去了。等什么时候你不撒谎了,我才带你去。”这样,孩子发现撒谎没有好处,他也就不再撒谎了。而像涛涛妈妈的处理方式就让涛涛发现虽然挨了一顿痛打,但是去海洋馆的愿望实现了,又有向小朋友炫耀的资本了,挨打还是值得的。从那以后涛涛的撒谎行为就固定下来了。

(三)以身作则,以情育行

家长是孩子的第一任老师,平时要注意言行一致,自己不撒谎,更不要让孩子替自己撒谎。家长不要轻易给孩子许诺,如果许诺不能兑现,许诺本身就是一种谎言。家长还要创造和谐宽松的家庭氛围，鼓励孩子表达自己的真实愿望和情感体验。即使孩子犯了什么错误，也不要动不动就吹胡子瞪眼，因为很多孩子是在做了错事受到了严厉的惩罚之后才开始撒谎的。家长应该反思自己的处理方式，耐心地教导孩子，不使孩子出于避免惩罚的目的而去撒谎。

第三节　小小施虐者
——虐待动物行为的分析与矫正

一、案例简介

5岁的鸣鸣、嘉嘉兄弟俩帮着奶奶喂鱼缸里的金鱼。奶奶告诉他们，金鱼是用鳃呼吸的，鱼儿一口一口地"喝水"，其实是为了得到水里的氧气。养金鱼如果长时间不换水，水里没有氧气，鱼就会死掉。小哥儿俩听得迷迷糊糊的，他们实在搞不懂什么叫做鳃，鳃是怎么把水里面的空气"吸"走的。他们清楚地记得，学游泳的时候，教练告诉他们必须要学会憋气。鱼和人怎么差别这么大呢？为了弄个水落石出，他们就从鱼缸里捞出了一条金鱼，掰开鱼头往奶奶说的"鳃"的位置看。鱼头被掰得脱落了一半，鱼身子还在地上挣扎着。小哥儿俩更奇怪了："头都快掉了，为什么还会跳呢？"他们准备再把鱼头揪下来看金鱼会不会死。妈妈看到了大声喊道："别折磨金鱼了，看你们把金鱼弄成什么样子了！"爸爸呆在一旁，忧心忡忡地想："这两个孩子长大了会不会成为网上视频中的'踩猫者'那样的虐待狂呢？"

点评：瑞士著名心理学家皮亚杰认为，5岁之前的儿童在道德判断方面不成熟，头脑中还缺少"道德""人道"等概念。学龄前儿童的这些行为，归根到底还是一种强烈的好奇心使然。既然家长会对孩子拆卸玩具、拆卸手表等大加赞赏，认为这是孩子探究意识的表现，那么对孩子"拆卸"金鱼等动物的行为又为什么要大惊小怪呢？

当然，如果孩子的年龄比较大了，而且虐待动物的行为比较突出，家长就要当心了。儿童虐待小动物的行为实际是孩子心理障碍的行为表现，在很大程度上是孩子发泄心中郁闷、缓解紧张情绪的一种方式。人具有攻击和破坏的本能，当他遭遇心理压力和挫折境遇时，就可能重新激发他的侵犯动机，出现攻击性。当一个人处于某种原因而不能对侵犯者还击时，往往会找一个替代物发泄一通，而小动物往往是儿童比较容易找得到的易于攻击的对象。

二、案例分析

在幼儿中，尤其是男孩，似乎隐藏着一种"暴力倾向"。他们有时破坏玩具，有时暴力对待动物。具体来说，儿童的暴力行为，我们可以从以下几个方面来寻找原因。

（一）认知能力的制约

在案例中，鸣鸣和嘉嘉两个人之所以折腾金鱼，他们的动机说到底，其实还是出于一种好奇。人人都有好奇心，幼儿的好奇心则表现得尤为明显。3—6岁的儿童对任何事物都充满好奇，他们会向成人提出各种各样千奇百怪的问题。如果成人的解答不能使他们满意，他们就会自己动手,开始尝试。呜呜和嘉嘉对金鱼“惨无人道”的折磨,其实正是由于认知能力的限制而进行的一种“科学研究”。

另外,由于幼儿认知能力水平较低,他们不太可能产生“移情”。有的孩子把躲在沙发底下的小猫、小狗硬拉出来,把小猫、小狗的尾巴扯得生疼,这也不是什么“暴力”或者“恶行”。这实际上是孩子喜欢小猫、小狗,要把它们叫出来和自己一起玩。他们并不知道硬拉动物的尾巴会使动物受到伤害。

(二)儿童有一定的心理压力

一般人可能不理解,儿童究竟有什么心理压力呢?怎么可能有心理压力呢?其实看上去衣食无忧、健康快乐的儿童,也有心理压力。孩子的心理压力一般来自于几个方面:一是对新环境、新生活的不适应,例如刚到幼儿园,幼儿在一定时期内不能适应幼儿园的集体生活而产生心理压力;二是学习压力,虽然幼儿园的学习层次相对较低,但是学习任务的难度并不低,尤其现在的幼儿教育存在一种“小学化”的趋势,小学时期的一些学习任务会在幼儿园就进行了,还有些家长过早让孩子认字,也让孩子产生了心理压力;三是家教过严造成孩子心里紧张,有些家长采取的教育方式简单粗暴,造成了儿童心理压力过大;四是家庭不和,尤其是父母不和睦,经常发生争吵,孩子感受不到来自父母亲的温暖。

三、矫正策略

(一)提高幼儿的认识水平和行为能力

从幼儿心理角度讲,不少儿童虐待小动物的行为,往往只是儿童求知的一种行为反应。这种行为反应虽然水平不高,但是动机并没有什么问题。3—6岁的儿童本来就对生活当中的一切事物充满好奇,只要他们不理解,就会想方设法来寻求答案,这就是所谓的“格物致知”在幼儿身上的体现。

当然,家长应该提高儿童的“共情”能力,让孩子们能够从小动物的角度来思考自己的行为是否合理。家长应该对孩子加强爱心教育,讲述小动物的可爱之处,动物对人的益处,动物与人之间的感情,来引导孩子友善地对待它们,激发孩子对小动物的热爱和同情心。“己所不欲,勿施于人。”幼儿如果懂得了自己的行为给小动物带来的巨大伤害,虐待动物的行为就有可能减少。

家长还有必要教孩子如何与小动物相处,比如让孩子把小猫、小狗等小动物抱在臂弯里轻轻地抚摩,让孩子了解怎样和小动物玩耍才不会惊吓或者伤害它们。家长要多次示范,孩子们才有可能记住。

(二)缓解幼儿的心理压力

有心理专家认为,儿童虐待小动物的行为如果不是源于认知水平的问题,那就是源于巨大的心理压力。如果孩子虐待动物的行为是源于心理压力,那么建议从以下几方面着手:

首先,查找造成这种不良行为的原因,根据上面我们介绍的幼儿心理压力的四个方面,分析是哪种压力造成的,然后根据具体情况采取相对应的措施去减轻、缓解孩子的心理压力,这样才能从根本上解决问题。比如说心理压力来自学习方面,适当降低对孩子学习方面的要求会比较有作用。

其次,对孩子多些关心和爱护。家长对孩子的关心不要仅仅体现在物质上,更重要的是体现在精神上,如学习方面的困难、同学之间的交往、个性发展的需要等等。只有沐浴在爱的阳光里,孩子才能身心健康地成长。某地一名5岁的男孩把好几只小鸭子的脑袋扭掉了的事情,原因主要是父母和孩子的关系不好,父母对孩子只有物质上的关爱,缺少情感方面的交流,导致这个孩子对人、对动物都没有感情。

最后,适当使用奖惩手段矫正不良行为。对少数虐待动物成习惯的孩子,可以给予批评教育,使他们明确认识自己的错误。有的孩子虐待小动物,是想用以强凌弱的方式来表示自己的能耐,对此种心理,成人应从严教育。家长要奖惩分明,在使用惩罚时,要首先使孩子明白为什么受惩罚,该怎么做,不该怎么做。

有的家长认为,孩子年纪小,折腾小动物是出于无知,没有必要大惊小怪。其实,孩子虐待小动物虽然看似小事,或许只是出于一时的淘气,但是必须及时加以制止。这是孩子出现问题的信号。发现孩子有这方面的问题,家长一定要寻求心理咨询。如果成人不加以制止和合理的引导,就等于给了孩子一种默许和鼓励,在虐待小动物的过程中,孩子感受到的是以强凌弱、以大欺小的快感,是对弱小者、受伤害者的漠视和无动于衷。当孩子长大成人后,或许就会成为一个残忍的、冷酷无情的人。

第四节　手指头的诱惑
——吮手指行为的分析与矫正

一、案例简介

彤彤的奶奶最近遇上了烦心事:彤彤是奶奶唯一的孙女,被奶奶视作掌上明珠。彤彤出生时,奶奶刚刚退休,刚好把对工作的热情全部转移到了含饴弄孙上。彤彤1岁左右时,爱吮手指,奶奶乐呵呵地嗔怪说:“傻丫头,手指头上抹蜂蜜了?”彤彤2岁多时,奶奶发现她对手指头的热情依然不减,就总把彤彤吮得正香的手指头从她的小嘴里抽出来。彤彤妈妈有时挺不高兴的,就说自己的婆婆:“她吮就吮呗!人家美国人带小孩从来不管孩子吮手指。”彤彤奶奶觉得儿媳妇的话不对,可面对张口闭口就是外国育儿理论的儿媳也无言以对。彤彤3岁多了,进了幼儿园,还是吮手指头吮个没完。奶奶是一手拉扯大了4个孩子的老人,知道这么大的孩子吮手指不太好,可干着急也没办法。后来有一天,奶奶又见彤彤斜靠在沙发上,把手指当冰激凌一样舔个没完,一气之下,奶奶在彤彤吮的手指上轻轻打了一下,彤彤一下子嚎啕大哭……

点评:奥地利著名心理学家、精神分析学派的创始人弗洛伊德认为,一个人的成长过程按照心理需要的满足方式,可以分为口唇期、肛门期、生殖器期和生殖欲期。儿童从出生到成年就是按照这一顺序来完成其人格的历程。在口唇期,儿童通过吮吸和啃咬得到快乐。儿童口含母亲的乳头吮吸乳汁,不仅仅是解除饥饿获得生理上满足的过程,更是心理方面的快乐体验过程。如果在口唇期婴儿没有得到心理上的充分满足,就会把吮吸手指当做代替。因此,我们看到婴儿在吮吸手指时会显得十分满足,情绪非常愉快。在本案例中,彤彤妈妈对自身的形象美过分关注,相对忽视了对彤彤的关注,有可能是造成彤彤吮吸手指行为的原因之一。大多数婴儿随着年龄增长,接触事物越来越多,吮吸手指的现象就会减少乃至逐渐消失。但是如果2岁以后仍有吮吸手指的现象,并且形成习惯,那就应该被视为不良行为,必须要设法予以纠正了。

二、案例分析

通过与彤彤的奶奶和妈妈的沟通,我认为彤彤之所以这么喜欢吮吸手指,主要原因如下。

(一)母亲喂养方式不当,造成幼儿情感饥饿

原来,彤彤妈妈生了小孩儿以后,一直标榜做“时尚女人”,怕给女儿哺乳造成乳房下垂,因此很早就用奶粉代替母乳,彤彤8个月左右时就断奶了。彤彤经常半夜饿得直哭,妈妈就把奶瓶上的奶嘴洞扎得大些,好快快喂饱彤彤,以免影响睡眠。彤彤没吃几口就饱了,可是虽然肚子饱了,但心理上仍然没有满足,婴儿期吮吸的欲望没有得到充分满足,就在稍大一些后以吮吸手指作为补偿,这样就逐渐养成了吮吸手指的不良习惯。

(二)环境单调,缺少同龄伙伴

彤彤奶奶把彤彤视作掌上明珠,疼爱有加,这是毋庸置疑的。可是彤彤奶奶经常把彤彤带到一群老太太中间,边和老姐妹们聊天,边照看孩子。2岁多的孩子其实并不喜欢与老人们在一起,他们更愿意和别的同龄伙伴或者稍大一些的孩子们一起玩。像彤彤一见到稍大些的孩子,就会乐颠颠地跑上前去,边跑边喊“哥哥、哥哥”。可彤彤奶奶总是说“哥哥要上幼儿园”,或者是“姐姐要去上学”,不让彤彤去跟。后来就经常看到这样的画面:彤彤奶奶与一群老人围坐在一起谈笑风生,彤彤蹲在一旁独自玩耍。一到冬天,彤彤奶奶怕彤彤感冒,很少带彤彤下楼,彤彤就更感到无聊了。

不少专家认为,孩子吮吸手指的主要原因是周围环境太单调,没有玩具、没有同龄伙伴。尤其现在的孩子大多是独生子女,每天独自一个人玩玩具、看电视,当孩子感到孤独、乏味、无聊的时候,就会不自觉地去吮吸手指。有时候幼儿虽然有成人陪伴,但是成人对幼儿的关心往往更多地从饮食、起居等方面考虑。如果幼儿吃饱了、穿暖了,成人就会觉得万事大吉,就不再为孩子操心,让孩子自己去玩。这样的陪伴方式,肯定比不上幼儿与同龄伙伴间的交往对孩子的发展有利。

(三)对幼儿园新环境适应困难,产生了紧张、焦虑的情绪

像其他独生子女一样,彤彤自小生活在以她为中心的家庭环境中。虽然有伯父、姑姑家的孩子和她玩,但那些孩子的年龄都比她大得多,做什么事情都要让着她,彤彤也就形成了唯我独尊的自我中心意识。到了幼儿园,别的小朋友在家里也都是“小太阳”“小公主”,根本不会让着她。加上幼儿园老师同时要照看许多孩子,对于孩子们中间发生的矛盾和纠纷,可能一时也照顾不过来。彤彤在幼儿园里受了委屈,产生了对幼儿园的恐惧和焦虑。彤彤奶奶虽然也为此操了不少心,但也无计可施。有时候彤彤早上起床以后,说“不想去幼儿园”,彤彤奶奶也就由着她了。可是幼儿园毕竟不能总是不去,因此,彤彤躲过几天不上幼儿园的日子以后,还是要去面对幼儿园的那些孩子们。

儿童在适应新环境感到困难的时候,也会出现吮吸手指的行为。如果心理压力过大,吮吸手指对儿童来说依然缓解不了心理压力,儿童就会开始啃指甲。有的孩子甚至整天把手指放在嘴里吮,只要手里没东西,嘴里没东西,就开始吮吸手指。有的孩子在入睡时嘴里也要含着手指。一般来说,孩子往往是固定地吮吸或者啃某一手指,长期吮吸和啃咬,导致手指受到口水浸泡而浮肿,并且会产生面颌变形、牙齿排列不整齐、牙齿闭合不良等问题。如果不勤于洗手,把带有细菌、病毒的手指放进嘴里吮吸、啃咬,还会引起消化道疾病。

三、矫正策略

(一)满足孩子被关注、被爱抚的心理需要

儿童吮吸手指、啃咬指甲的行为,虽然并不直接妨碍人的学习和工作,但是这种行为往往是人产生了妨碍正常学习和工作的消极情绪的信号。作为家长,尤其是母亲,在孩子处于婴儿期的时候,一定要坚持母乳喂养,帮助孩子顺利度过口唇期。在孩子稍大一些的时候,要审视自己的教养方式是否忽视了孩子的正常心理需要,看看自己有没有给孩子施加了太大的心理压力。父母应与孩子建立亲密、融洽的心理关系,创设温馨的家庭气氛,让孩子保持稳定的情绪,消除孩子的自卑感和畏惧心理,避免亲子间的情绪对立。

不少家长在管教孩子的时候,喜欢采取“一个唱黑脸、一个唱红脸”的教育方式,认为这种方式包含亲切的诱导和威严的训诫。其实这种方式并不合理,会使孩子感到无所适从。因此家庭教育当中,父母的态度应该尽量保持一致。

(二)提高幼儿的认识水平

家长发现孩子吮吸手指、啃咬指甲的时候,经常会用责怪、批评的方式对待孩子,有时候还会像彤彤奶奶一样,采用轻微的体罚方式。这些方式都是不合适的。作为家长,一方面要满足孩子被关注、被爱抚的心理需要;另一方面要提高幼儿的认识水平,心平气和地用通俗易懂的语言告诉孩子吮吸手指、啃咬指甲的害处。一般来说,女孩爱美,一听到吮吸手指会使牙齿长得不好看、脸长得不好看,就会努力放弃这种坏习惯;男孩相对来说对于自身形象不像女孩那么关注,必要的时候可以采取“唤起恐惧”的劝说策略,比如告诉他手上病菌数目极多、牙齿排列不整齐要戴金属做的牙箍矫正等等,令他感到一定的恐惧,就可以收到良好的效果。在提高孩子认识水平的过程中,家长要及时肯定孩子取得的每一点进步,不断鼓励孩子,以增强孩子

的自信心，提高自我控制能力。

（三）采用必要的行为疗法

幼儿吮吸手指和啃咬指甲，本意是为缓解内心的压力，满足心理需要，因此不建议采用厌恶疗法。家长可以采用一些积极的行为疗法。如果孩子在入睡前喜欢含着手指，家长可以轻轻拉着孩子的小手，轻声给孩子讲童话故事或者哼唱催眠曲，使孩子不吮吸手指就可以安然入睡，这样睡前吮吸手指的行为就会逐渐减少乃至消失了。

（四）丰富孩子的生活，转移孩子对手指的注意力

孩子在无事可做时容易不知不觉地吮吸手指，因此，家长要丰富孩子的生活，提供条件，让孩子多与同龄伙伴一起玩耍。孩子无事可做时，家长可以拿出图书、积木、玩具等给孩子玩耍，占住孩子的手。家长如有空闲，最好与孩子一起玩游戏，既建立了亲情，又转移了孩子对手指的注意力。

家长在处理孩子吮吸手指、啃咬指甲的行为问题时，切记不要着急，更不要打孩子的小手。轻轻地打孩子的小手，会使孩子更加关注自己的手。如果孩子的这种行为一时难以改正，家长要注意经常为孩子洗干净小手，先避免发生疾病，然后再去寻找切实可行的解决办法。

第五节　床单上的“地图”
——遗尿症（尿床）的分析与矫正

一、案例简介

5岁的浩浩时常尿床，幼儿园的老师也没少向浩浩的妈妈告状。原来浩浩午睡时总是比别的小朋友入睡慢，也常因为在床上折腾来折腾去睡不着而受到老师批评，有时候睡着了又比别人醒得晚，开始上课了他还在呼呼大睡，老师把他叫起来的时候总发现他尿床了。有时候上着课老师看到浩浩在座位上扭来扭去，老师不愿影响教学进度也就没有搭理他，结果他就尿裤子了。时间长了，妈妈发现了规律，孩子午饭如果是米饭或者饺子、卤面等比较干的食物，晚上不容易尿床；如果午饭吃的是面条或者馄饨，晚上就可能尿床。爸爸妈妈觉得孩子这么大了，应该不是生理上的问题，肯定是太懒了，懒到半夜起床上卫生间都不愿去。为此浩浩父母对浩浩好言安慰过，厉声呵斥过，有时还把浩浩的褥子挂在楼下晾晒，以为这样就可以让浩浩感到害臊，浩浩就不会再懒惰了，半夜就会自己起床上洗手间了。谁知道浩浩还是照旧。这下，浩浩的爸爸妈妈彻底没辙了。

点评：婴幼儿控制排尿的能力是一个渐进式的发展过程。由人的意识控制的排尿机制，需要大脑皮层的发育作为生理基础。三四岁前的幼儿大脑皮层发育还不完善，因此常常出现缺乏控制的排尿。当然，这个阶段的婴幼儿经常性的尿床行为能够为家人所理解，家长认为这是正常现象，并不为此感到担忧。但是如果在儿童四五岁之后，还经常性地发生缺乏控制的排尿现象,家长就会感到这是不正常的现象,也就开始忧心忡忡了。

所谓遗尿症,是指婴幼儿5岁以后仍然不能控制排尿的现象。根据国际上的统一标准,遗尿症的诊断依据是:5—6岁的儿童每月至少尿床2次,再大些的儿童每月至少尿床1次,就可以认为是遗尿症。

本案例中的浩浩年龄已经达到5周岁,从尿床频率来看每月超过2次,因此可以断定为遗尿症。遗尿症又可以分为夜间遗尿(尿床)、昼遗尿(尿裤)和昼夜遗尿三种表现,其中以夜间遗尿(尿床)居多。研究发现,5—10岁的儿童遗尿现象较多,随着年龄的增长,发病率逐渐降低,10岁左右时,只有约3%的男孩和约2%的女孩仍有遗尿症;青少年期(14岁以后)仍有遗尿症的男孩约为1%,女孩不足1%。也就是说,遗尿症主要发生在幼儿期,青春发育期之后基本绝迹。但即便如此,曾经有过遗尿症的孩子也会产生强烈的自卑感。他们的尿床史一旦被别人得知,绝大多数少不了被别人嘲笑、侮辱,有的还会被别人起一个极其富有伤害性的外号。尽管遗尿症是一种身体问题,但一般均会伴随强烈的心理痛苦和极度的焦虑。

二、案例分析

儿童出现遗尿症的原因主要有哪些呢?

(一)遗传因素和生理病变

不少研究结果表明,遗尿症与遗传因素有关,如果父母都曾经有过遗尿症,孩子遗尿的可能性约为77%;如果父母中只有一方幼年时有遗尿症的病史,孩子遗尿的可能性约为44%;如果父母双方都没有过遗尿症,孩子遗尿的可能性约为15%。当然这一点在浩浩身上很难证实,因为无法向其父母打听。另外,一些生理病变比如包皮过长、龟头炎、膀胱结石、尿道感染等病情也会引起遗尿症。

遗尿和遗尿症并不是一回事。比如说,一个孩子早餐喝了很多粥,上午在幼儿园被老师批评造成心理过分紧张,结果尿湿了裤子,这种现象叫做遗尿,而不能称之为遗尿症。遗尿表现出偶然性和情境性,往往是由于摄入水分过多、心理高度紧张造成的;遗尿症表现出稳定性和反复性,像案例中的浩浩反复尿床,就是遗尿症的典型表现。当然遗尿和遗尿症有相互关联的地方,了解遗尿症的成因与预防办法,对于减少孩子的遗尿现象也有帮助。

(二)不当的教育方式造成的心理因素影响

浩浩的爸爸妈妈认为浩浩尿床的原因是太懒了,懒到半夜起床上卫生间都不愿去,这种看法是不对的。而且他们采取了不正确的教育方式,对浩浩好言安慰过,厉声呵斥过,有时还把浩浩的褥子挂在楼下晾晒,以为这样就可以让浩浩感到害臊,就可以解决问题了。这种做法的效果适得其反。

从广泛的角度来说,引起遗尿症的因素很多,但心理因素是主要因素。浩浩的遗尿行为,与家长和幼儿园老师的教育教养方式给浩浩带来的心理压力有密切关系。我们看到,浩浩尿床之后,妈妈的习惯做法是晾晒被褥,这样做肯定会给孩子心理上带来压力。浩浩的遗尿行为演变成了遗尿症，主要的原因就是妈妈的做法。另外，浩浩性格内向，不敢和老师沟通，在午睡和上课的时候有了便意不敢报告老师，也导致了尿裤子。

幼儿的遗尿症主要是由精神方面的影响造成的，例如受到强烈惊吓，不能顺利适应新的环境等导致的紧张不安等。当然幼儿睡眠过深，有尿意但不能醒来，以及没有养成良好的控制排尿的习惯也是幼儿遗尿的重要原因。幼儿从家庭到幼儿园，是生活环境发生巨变的时候，也往往是幼儿遗尿的高发期。有了一次、两次的遗尿行为，幼儿会产生强烈的羞愧和恐惧感，精神负担过重，睡觉前感到高度紧张，反而会加重遗尿行为。

三、矫正策略

（一）及时为孩子体检，确定遗尿原因

当发现孩子患有遗尿症以后，家长应带孩子到医院进行全面、详细的身体检查，以确定究竟是生理方面的器质性躯体疾病还是心理因素、教养方式等导致了孩子遗尿，进行身体检查之后，才能有针对性地进行治疗。

（二）正确对待遗尿症患儿

引起幼儿遗尿的重要因素是心理压力过大，因此家长和幼儿园的老师要正确对待遗尿症患儿，避免给孩子造成过大的心理压力而使遗尿症加重。幼儿尿床或者尿湿裤子之后，家长和老师都要理解和关心孩子，要走进孩子的内心世界，用灵活巧妙的方式帮助尿湿裤子的孩子打掩护，解除孩子的尴尬，保护孩子的自尊心，要给孩子更多的关心，帮助患儿树立克服遗尿症的信心，用积极的态度去克服遗尿症。家长千万不能去责怪、耻笑孩子，更不能像案例中的浩浩妈妈一样向别人宣扬浩浩的尿床行为，让孩子在别人面前丢脸，也不能像爸爸一样去训斥孩子，这种做法会伤害孩子的自尊心，不但不能消除幼儿的遗尿现象，反而会使幼儿更加焦虑不安，幼儿对遗尿的担心和紧张会使尿床、尿裤子更容易发生。

（三）合理安排孩子的饮食和生活习惯

有的孩子发生遗尿，是因为白天摄入水分太多造成的尿频、尿急，有的则是白天太兴奋，导致夜里睡觉特别死，有了便意醒不过来。所以家长要注意合理安排孩子的饮食和生活习惯，使幼儿生活有规律。白天适当午睡，活动量要适合儿童的年龄特点和身体条件，避免孩子过度疲劳。家长和幼儿园的管理人员应根据季节、天气因素，合理确定孩子的食谱，干稀搭配，避免孩子摄入太多水分。不管是午睡还是晚上睡觉，睡觉前要督促幼儿排尿。如果孩子已经有了遗尿症，家长要根据孩子白天的活动量和膳食情况，在夜间及时叫醒孩子上厕所。白天孩子玩耍的时候，家长也要提醒孩子上厕所，不要让孩子因为贪玩而导致便意强烈的时候来不及上厕所。

有的家长为了避免孩子尿床，采取了矫枉过正的办法：他们生怕孩子尿湿裤子或者床单，就频繁地要求孩子小便，在孩子没有便意的时候也要强迫孩子挤出几滴尿，否则就训斥孩子。这种错误做法，使孩子感到排尿不是自己的需要，而是爸爸妈妈的需要；排尿过程不是减轻负

担的过程,而是爸爸妈妈给自己增加负担的过程。这种做法不能培养孩子良好的排尿习惯。

(四)科学选用治疗方法

1.尿床报警铃。 在孩子床垫的内层与外层各接一条导线,外加导电布,将床垫与一个电铃相连接。当孩子尿床把床垫弄湿时,电路就接通了,铃声会把孩子惊醒。经过多次铃声与膀胱憋尿程度感觉的结合,幼儿膀胱内的压力就会成为一种报警信号把孩子惊醒,这种方式的实质是运用了条件反射的原理。国外常采用这种方法。也可以把电铃改成闹钟,先了解孩子平时尿床的大概时间,把闹钟的响铃时间确定在孩子最有可能尿床的时间,通过闹钟响铃与孩子膀胱压力感觉的结合来减少孩子的遗尿。

2.憋尿训练法。 有的遗尿症儿童的膀胱容量可能偏小,经常产生便意但实际上没有多少尿量。对这些孩子可以适当进行憋尿训练:先鼓励孩子大量喝水,当孩子想小便时让他憋住,训练开始阶段要求他憋 5 分钟,然后逐渐递增到憋 10 分钟、15 分钟、20 分钟等。这种训练可以每天进行一次或几次。训练结束之后,遗尿症儿童一般都能学会控制膀胱的收缩,克服遗尿。

第六节 屁股上的"刺儿"
——多动症的分析与矫正

一、案例简介

一天,咨询室里来了一对母子。母亲因为孩子多动、做事不专心、爱拆卸东西前来咨询。孩子 6 岁多,上幼儿园大班,9 月份将入小学。据这位母亲介绍,孩子在班里属于"屁股上长刺儿"的人,根本坐不住。老师开始上课没有几分钟,孩子就开始做小动作、东张西望、挑逗同学,有时候忽然离开座位走到教室另一头。老师布置了家庭作业,孩子在家也是边做边玩,外边一点小动静就要出去看,家长只好在旁边监督。作业本子又脏又乱,家长一批评,孩子就把刚写好的一页撕掉,他的作业本明显比别人的本子薄。

我一边和这位母亲交谈,一边关注着孩子的举动。我发现,自从进来之后,孩子就时刻动个不停。他先是坐在妈妈旁边,然后坐在沙发扶手上,后来又挤到我的单人沙发上。他不断插话,让谈话很难进行,我就打开电脑让他上网看动画片。哪知道这孩子连动画片也没有耐心看完,他拿着鼠标用力往桌子上摔,想把鼠标摔裂看看里面到底有没有"老鼠"。再往后他又坐回到我身边,要往我的后背上爬,他妈妈的厉声斥责对他也不起作用。从他的行为表现和他妈妈的陈述看,我初步判断他是多动症患儿。正当我犹豫不决,考虑是否把这个判断告诉这位家长的时候,他妈妈拿出了前不久在某医院所做检查的病历本,果然是多动症。

点评:幼儿多动症,又叫注意缺陷障碍,是指幼儿表现出与其实际年龄和身心发育阶段明显不相称的,以活动过多为主要特征,以注意缺陷为最突出表现的幼儿行为障碍。其症状一般在学龄前出现,9 岁左右是症状最突出的表现阶段。一般男孩多于女孩。

当然幼儿多动并不都是多动症,应注意区分多动与多动症。假如一个幼儿在课堂上不认真听课,动作很多,但是对于感兴趣的活动表现出来注意力的高度集中,这个幼儿就不是多动症而是多动。一般来说,判断一个孩子是否属于多动症,主要依据下列表现:

(1)活动过度:这是多动症儿童的主要特征之一。有多动症的孩子不分场合地过多活动,甚至晚上睡觉也不安稳,来回翻动。

(2)注意障碍:这是多动症儿童的另一个主要症状。与同龄儿童相比,多动症患儿的注意力很不容易集中,极易受到外部刺激的干扰,做事情有头无尾、丢三落四。

(3)情绪不稳:多动症患儿的自控能力明显低于同龄儿童,冲动任性、不服从管教、倔强、爱发脾气。

(4)适应困难:大多数多动症患儿都有各种不良的行为表现,比如好打架、纪律性差等,有的还有说谎、偷拿等品德不良行为。

(5)神经系统功能失调:大多数多动症患儿都有各种神经系统功能失调的表现,比如感知缺陷、记忆困难、思维和想象力差、动作不协调等。

二、案例分析

幼儿多动症的病因复杂,发病机制现在还未完全搞清楚。一般认为,幼儿多动症的病因与下列因素有关:

(一)遗传因素

家族调查的研究表明,部分多动症患儿的发病与遗传因素有关。在多动症患儿的一级亲属中,往往可以发现在童年患有多动症;母亲或者双亲童年患有多动症的,其子女患有同样疾病的可能性较大。

(二)神经生理学因素

国内外研究表明,中枢神经递质代谢缺陷导致自控能力不足,会引起多动症。临床上使用中枢神经振奋剂治疗儿童多动症,取得了较好的疗效,这说明生化代谢障碍导致的觉醒不足是幼儿多动症的一个重要因素。大脑皮层额叶功能失调也是导致多动症的原因之一。大脑皮层额叶在抑制干扰因素方面起着重要作用,额叶的损伤导致注意力很容易分散,对无关刺激缺乏有效控制,造成了患有多动症幼儿的注意缺陷。

(三)轻微脑损伤因素

产前、围产期以及出生以后各种原因所导致的轻微的脑损伤,能影响神经系统的功能,可能导致幼儿注意力不集中和活动过度,并对脑电生理发育成熟水平造成影响。但是也有研究表明,有许多多动症患儿并未发现有脑损伤的证实。因此,轻微脑损伤对幼儿多动症的影响并未得到充分的证实。

（四）心理社会因素

家庭环境和教育方式的不得当，对幼儿多动可能产生一定的影响。如家庭不和、家庭气氛紧张、父母感情破裂、父母对孩子过分溺爱，均能增加幼儿发生多动症的可能性。

三、矫正策略

（一）心理治疗

面对多动症患儿，家长和幼儿园教师应以正确、积极的态度予以对待，帮助他们树立战胜多动症的信心。家长应努力建立良好的家庭关系，改善教育方式和方法，多以表扬、鼓励为主，使患儿提高自觉性，尽量少用批评、惩罚等方式，以免加重其心理负担。

家长在教育多动症患儿的时候，一是应当切合实际，不要像对待正常孩子那样严格。二是创设机会，释放他们的能量。让孩子多参加各种体育活动，如跑步、拍球、骑车等。三是加强注意力训练。从孩子感兴趣的事情做起，如讲故事、看动画片等，逐渐延长其集中注意力的时间。四是把他们安排在教室的前排座位上，便于上课时能随时得到教师的监督和指导。五是对他们的行为及时奖惩。当多动症患儿有了进步，比如上课的小动作比过去少了，或者没有离开座位乱跑，家长和老师要给予表扬，贴小红花；如果有出现了扰乱课堂秩序的行为，要给予适当的批评，画一个黑圈，并且明确告诉他每增加一个黑圈，就去掉一朵小红花，积攒够一定数量的小红花，家长可带孩子去公园玩耍等作为奖励。用这样的方式可以培养孩子的自制力，使多动现象得到一定改善。

（二）参加一些康复训练

近年来在对多动症患儿的治疗实践当中，总结出了一些行之有效的训练方式，简要介绍如下：

第一，注意力训练。主要包括：（1）视觉注意力训练，即通过让幼儿凭借视觉来感知信息以达到训练注意力的目的，例如让幼儿数珠子等。（2）听觉注意力训练，即通过让幼儿用听觉感知信息，从而达到训练注意力的目的，如给幼儿讲童话故事，要求幼儿数出故事中某个词语的出现频率等。（3）动作注意力训练，即通过幼儿完成动作以达到训练注意力的目的，例如要求幼儿把 15 个乒乓球丢进 1 米远的小水桶中。（4）混合注意力训练，即通过多种感觉器官共同参与达到训练注意力的目的，例如教师念到动物名称，由幼儿模仿该动物的动作特征或外形特征等。

第二，自控训练。这一训练的主要任务是通过一些简单的、固定的自我命令让患儿学会自我行为控制，例如出一道简单的题目让幼儿解答，要求幼儿在解答之前做到：停——停止其他动作，保持安静；看——看清题目；听——听清要求；然后才开口回答。这一方法还可以用来控制幼儿的一些冲动行为。一旦形成固定的行为方式，可以有效减少幼儿的多余动作。

（三）药物治疗

多动症患儿有必要使用一定的药物辅助治疗。关于这一点，如果咨询师没有处方权，建议可以转介到其他有处方权的咨询师那里或者是医院的神经科。用药必须在医生指导下进行，严禁家长自己给孩子开方抓药。

总之，对于多动症幼儿，建议家长带着孩子寻求专业的心理咨询和心理治疗。教师和家长要有耐心，反复地进行教育和帮助，培养他们的自信心，协助他们提高自控能力。同时家长应和心理治疗师、医生保持联系，三方合作，共同做好教育工作。

第四章

※

学前儿童常见交往问题

※

孩子总是喜欢结伴的。有的孩子能和小伙伴建立良好的关系，有的孩子却没有好人缘。在和同伴交往的时候，有的孩子总不能处理好人际关系，在小伙伴中落得个形只影单。本章将介绍学前儿童常见的交往问题，如攻击、自私、退缩、孤僻、自闭、说脏话，并提出切实可行的对策。

※

第一节 人见人怕的“小刺猬”
——攻击性行为的分析与矫正

一、案例简介

小宇是个不满5岁的男孩，别看他年龄不大，但在小区里可是个“知名人物”呢！有的孩子家长说话含蓄一些，说小宇这孩子“从来不吃亏”；有的家长说话难听些，说小宇“手狂、霸道”。到底是怎么一回事呢？原来，小宇在小区的孩子堆里以爱打人闻名，经常把比他大一两岁、个子比他高的孩子打得哇哇直哭，更不用说比他小的孩子了。有一次小宇的妈妈和邻居同时接孩子回来，上楼梯的时候两个大人正聊着天，忽听“啪”的一声脆响，两个大人回头一看，小宇得意地笑着，另一个孩子捂着脸开始撕心裂肺地哭。孩子中间的矛盾大人不好插手，挨打孩子的妈妈虽然生气，却也不好说什么。奇怪的是，虽然小宇打了那个孩子一记耳光，但是小宇的妈妈却像没事人一样带着孩子进屋了。时间久了，小区里再没有孩子愿意和小宇玩了。有时候一群孩子正在院子里玩得起劲，忽听有人喊道：“小宇来了！”一群孩子立马消失得无影无踪。虽说小宇厉害，连他的父母也不怕，但是毕竟卤水点豆腐——一物降一物，小宇也有“天敌”。他只要一见到4岁半的莎莎，也会吓得扭头就跑。原来，莎莎的指甲很厉害，曾经在小宇的脸上抓过好几道血印呢！

点评：攻击性行为，又称侵犯行为，是对他人进行的伤害或破坏性行为，包括身体的侵犯和言语的侵犯（骂人）。攻击性行为是孩子交往中经常可以看到的。比如幼儿园的孩子们有些时候为抢夺玩具而打得不可开交，或者有时候因为一时言语不合就扭打在一起。当然孩子的脸变得很快，刚刚打得鼻青脸肿，马上就可能又搂着肩膀表示亲热了。在儿童的成长过程当中,攻击性行为都是不可避免的。但是成人要防止儿童的习惯性攻击行为,一旦儿童的攻击性行为形成了习惯,不仅对于人际交往不利,而且长大之后可能还会走上违法犯罪的道路。

二、案例分析

儿童攻击性行为的起因会随着儿童年龄的增长而不断变化。学前早期儿童的攻击行为大多是因为争夺物品,而学前期儿童攻击行为的引发原因往往是具有社会意义的,比如帮助自己的同伴一起攻击一个和自己关系不好的孩子等等。当然,我们在这里主要讨论的是习惯性的攻击行为形成的原因。一般来说,儿童习惯性的攻击行为产生的原因主要如下。

(一)家庭教育因素

我们发现案例中小宇的攻击性行为受到了家长的默许。从交谈中了解到,小宇是家里的第三代单传,因为这种特殊的地位,全家人都对他关爱有加,真正是"万千宠爱在一身"。就连他犯了错误,也没有人给他指出来。这种放任型的教养方式,实际上使得孩子认为攻击别人的行为是理所当然、天经地义的。而一旦孩子形成了这种观念,良好的道德认识、道德判断也就无从谈起了。

在交谈中我还了解到这样一件事情:一天,小宇的父母与同事聚餐,小宇在饭桌上不知道为什么大发脾气。他拍着桌子骂爸爸妈妈,骂完了似乎还不解气,抓起妈妈的棉手套用力摔向饭桌。手套被摔进了火锅里,汤汁溅得到处都是。几个同事赶紧擦着身上的油污,而小宇的父母依然笑眯眯地看着自己的孩子,一句指责的话也没有。我听了之后,惊愕之余,问道:"你们为什么要以这样的方式对待孩子呢?"小宇的妈妈只说了一句:"我们的育儿方针是——永远不对孩子说不!"

儿童的攻击性行为与教育不当有极其密切的关系,或者说就是教育不当的恶果。本案例中的小宇父母,采取的是典型的放任型教育方式。所谓的"永远不对孩子说不",无非是溺爱孩子的一种借口,这种教育方式其实是放弃了社会所要求的基本道德准则,凡事均以孩子的喜好为出发点。采用这种放任型教育方式的家长,不去制约孩子的攻击性行为,实际上使得孩子的攻击性行为合法化了。加上邻里之间一般不愿当面指责别人家的孩子,造成了小宇这样的孩子胆子越来越大。生活当中不少家长鼓励自己的孩子和别人打架,认为不敢和别人打架的孩子是"窝囊废",这其实助长了孩子的攻击性行为。

(二)模仿学习的结果

儿童模仿能力强,而辨别是非的能力又比较差。他们的许多攻击性行为是从父母、同伴那里或者是从电视、网络、电影中模仿学习来的。有的家长习惯用打骂的方式对孩子进行管教,或者是在处理人际关系问题的时候采用过打骂等方式,孩子在头脑中留下了关于这种解决问题方式的印象,一遇到令他不高兴的事情,他也会学着家长的样子,用拳头来解决问题,这样攻击性行为也就日渐形成习惯了。有些家庭里,父母双方经常相互谩骂乃至殴打,孩子看到这些行为,头脑当中可能留下一种印象"原来问题可以用这种方法解决"。有时孩子调皮,家长不是心平气和地和孩子沟通，向孩子讲道理，而是对孩子劈头盖脸地一顿暴揍，孩子面对属于“强势群体”的家长，受了责打也无法报复。但这种暴力行为很可能在他内心复制下来，一旦遇到“弱势群体”，立即就会表现出来。

美国著名心理学家班杜拉认为，电影、电视中的暴力内容，是人类攻击性行为的导火索。幼儿由于人格发展不成熟，自我约束力差，缺乏良好的道德认知和道德判断能力，容易受到电影、电视、网络等大众媒体的不良影响，这些大众媒体当中所宣传的暴力内容很容易成为幼儿学习的榜样。如果成人不加以合理的引导，不及时批评孩子的暴力行为，必然会助长孩子的攻击性倾向，从而增加幼儿攻击性行为的发生。就像案例中的小宇，他的攻击性行为不但没有受到家长的抑制，反而得到了家长的默许，他的攻击性行为因此就逐渐形成习惯了。

（三）心理因素的作用

一般来说，有情绪问题和行为障碍的儿童容易产生攻击性行为，比如多动症患儿由于冲动任性、自我控制能力差，情绪容易激动，比较容易与人发生争吵和打斗。研究发现，容易产生攻击性行为的人，往往具有下列特征：

（1）情绪不稳定，易冲动；

（2）脾气暴躁，自制力差；

（3）好胜心强，喜欢和人争辩；

（4）偏激，爱钻牛角尖。

这些不良的心理因素特点，会使人倾向于采取攻击性行为。

三、矫正策略

（一）改善家庭环境，改变教育方式

在和小宇的家长沟通的过程中，我告诉他们，对于孩子的攻击性行为，千万不可抱着无所谓的态度，更不能带着赞赏的态度。虽然像小宇这样富于攻击性的孩子在人际交往中可能“不吃亏”，但是会造成人际关系紧张、交往困难等问题，必然会影响到他一生的健康发展。小宇这样的“厉害”孩子一旦遇到比他还“厉害”的，他的性格最容易发生扭曲。因此在家庭教育中，家长切忌采取放任型的教育方式，对于攻击性行为，必须采取行之有效的方式予以矫正。

（二）学会换位思考，体验受害者的心情

其实小宇的家长对此已经有认识了。当小宇脸上带着莎莎的尖指甲“赐予”的血印时，小宇父母别提多心疼了。我趁机问他们，当小宇欺负别的小朋友的时候，别的家长心里做何感想呢？“己所不欲，勿施于人。”为什么还要沉迷于自己的孩子“打遍小区无敌手”的喜悦中呢？小宇的攻击性性格如果一直不能改变，那么走上社会后极其容易成为“公敌”，以一己之力去对抗全体，结果又会如何呢？

（三）控制环境因素，消除不良影响

儿童的攻击性行为大多是从社会环境中通过模仿获得的，因此，首先应该从社会环境中寻

找可能导致儿童攻击性行为的因素并予以消除。比如家长可以禁止孩子观看暴力、血腥的电视节目、电影,禁止玩带有暴力内容的网络游戏。孩子稍大一些的时候,可以帮助孩子进行分析,提高其辨别是非的能力。如果孩子的攻击性行为是从家长那里学到的,家长要认真自我检查并改正,为孩子树立良好的榜样。

(四)采用代币方式,进行行为矫正

像小宇这样把打人行为当做家常便饭的孩子,可以采取行为矫正的方法帮助他减少打人的行为。我建议小宇的家长首先记录下小宇每天、每星期打人的次数,然后对他进行批评教育,使他认识到自己的打人行为是错误的并下决心改正,再与小宇进行约定。假如原来每星期打人行为发生5次,那么现在如果每星期打人次数不超过3次,家长可以给小宇奖励小红花1朵;第二星期如果仍不超过3次,可以奖励小红花2朵;第三星期、第四星期如果打人行为为0次,则各奖励小红花3朵。假如某一星期打人次数太多,则扣除上周奖励的小红花。获得小红花15朵,可以奖励一次附近景点的旅游机会等。

代币强化法是一种比较好的行为矫正方式,切记不能用现金的方式代替。

第二节　不让你吃我的东西
——自私行为的分析与矫正

一、案例简介

案例一:有一次在家里吃苹果,吃完自己的苹果后,为了试探小胖会不会和他人分享苹果,妈妈故意装出很馋的样子要他分一点,小胖笑着躲开了,小声说:“我很自私,妈妈很贪心,外婆很善良!”

妈妈觉得有趣,问他为什么。

小胖说:“因为妈妈要我分苹果,我不分,所以我很自私!因为妈妈吃完了自己的苹果,还馋,要吃我的,所以说妈妈很贪心!因为外婆有好吃的东西都分给我们吃(苹果是外婆削好给我们吃的),而且不抢我的东西,所以说外婆很善良!”

案例二:妈妈经常带着5岁的盈盈去邻居家串门,邻居家有好吃的、好玩的总是会拿给盈盈,这时盈盈往往会很开心。但是,当盈盈手里拿着好吃的东西时,大人逗她:“盈盈,让奶奶吃点好不好?”盈盈就会赶紧藏到妈妈后面,怕别人把自己爱吃的抢走。

点评:独生子女没有兄长伴他玩耍,没有弟妹要他照顾,在家里有什么好吃的、好玩的东西都尽他一人享用,他有什么要求家长就尽量满足,若父母不想办法补救、加以引导,只能使他们独占的意识膨胀,更加以自我为中心;加上缺乏集体生活的体验,不会处理自己和他人的关系,久而久之,自然而然养成自私的毛病。如果放任幼儿自私心理的发展,那将会对他们以后的成长造成不利的影响。

二、案例分析

有人说,儿童的自私心理是天生的。然而许多调查研究发现,孩子的自私心理及自私行为并不是生来就有的,它的产生是儿童心理的发展、环境和教育等综合作用的结果。概括起来,主要有以下几点。

(一)儿童天生具有的利己倾向

儿童自私行为的产生与儿童自我意识的发展进程存在着密切的关系。1岁前的婴儿,还没有出现自我意识。此后,随着儿童动作和语言的发展,1岁半左右的孩子已经能区分出主体和客体,2岁以后,已能正确区分"我"和"非我",懂得了"我的"和"你的"的区别,并开始出现了占有欲,出现了自私心理与行为。在幼儿期,儿童自我意识发展的典型特点就是其思维是一种"自我思维",即"以自我为中心"。处于自我思维下的儿童只会从自身的利益出发看待问题、思考问题,所以容易产生自私心理与行为。从这个意义上讲,儿童天生具有利己倾向。

儿童自私虽然和后天的教育有很大的关系,但和儿童心理的发展也有很大的关系,儿童能分辨"你的"和"我的"之前,就知道把好东西据为己有,不让别人玩,而此时,家长千万不要以为孩子是"聪明",以后和人交往"不会吃亏"什么的。如果家长顺着孩子的意愿,那么在儿童以后的发展中,便会常常以自我为中心,养成任性、自私的个性,不利于与人交往。

(二)以孩子为中心的家庭生活方式造成了孩子的自私心理

案例一中的小胖就生活在典型的独生子女家庭,父母都是独生子女,爷爷、奶奶、外公、外婆都宠着这个宝贝孙子,有什么好玩的、好吃的、好穿的都给小胖。小胖做错事情的时候,爸爸妈妈想批评他,爷爷、奶奶、外公、外婆就赶紧护着,生怕宝贝孙子(外孙)受了委屈,父母就拿他没了办法。渐渐地,小胖发现爷爷、奶奶、外公、外婆是自己的"保护神",而且对自己的要求有求必应,不如意的时候就去找爷爷、奶奶、外公、外婆,四位老人都一概满足他,渐渐地,小胖养成了任性、自私、不善于为他人着想的个性。

现在,独生子女越来越多,他们在家庭中处于"独特"的地位,扮演"独一无二"的角色,家中缺少能与之分享物质和情感的兄弟姐妹。有些孩子一生下来,就生活在"一切以自我为中心"的家庭环境中,一家人围着他转,家里什么好吃的、好玩的、好穿的都由他一个人所有,要什么给什么,喜欢什么买什么,逐渐就会产生一种"优越感",自私、任性,只知道索取,不知道付出,心目中只有自己而没有他人。

(三)父母、长辈及社会上一些自私观念与现象的影响

案例二中的盈盈妈妈带盈盈去邻居家串门时,看到邻居给自己女儿吃的或玩具时,都来者不拒,也不教孩子对邻居说声"谢谢"。如果邻居带小孩去盈盈家串门时,盈盈妈妈总是会让盈盈把桌子上放的零食收起来,还说"别的小孩儿吃了你就不能吃了"。所以邻里间都知道盈盈很"聪明",知道吃别人的,玩别人的,但决不会和小朋友分享自己所拥有的。

有些家庭中,父母之间、父母与长辈之间、家人与邻里之间,经常为一些生活小事斤斤计

较;也有的家长在孩子与小伙伴发生冲突时,不管有没有道理,一味护着孩子;有的家长带孩子外出乘车时,鼓励孩子抢占座位;社会上一些人"私"字当头,爱贪小便宜等等。这一切无形中都在向孩子灌输自私的观念,久而久之,耳濡目染也会使孩子产生自私的心理。

三、矫正策略

(一)帮助孩子增加"有价值"的观念

预防孩子自私的直接办法是使儿童感到有价值。每一个人都喜欢得到别人的认可,儿童也一样。如果孩子得到同伴和父母的接受,那他的感觉是很好的,因为他感到他能在别人心里占有一定位置,所以当孩子有自私的行为时,他的父母可表示不接受他,同时告诫其同伴也远离他,孩子为使自身价值得到承认,会减少其自私行为。这样教育多次,孩子的利他意识增强了,他自然地就会去关心别人。

(二)摆正孩子在家庭中的位置,树立正确的家教观念

虽然是独生子女,孩子年龄较小,父母对孩子进行一定的照顾是应该的,也是合乎情理的,但必须是适度的,不能一家人围着孩子转。在满足孩子基本吃、穿、玩、学习等需要的同时,还应鼓励孩子干些力所能及的家务活,使孩子明白自己也是家庭中的普通一员,也应为家人尽点义务。

(三)父母进行言传身教

独生子女没有兄弟姐妹,父母及长辈是他们效仿的对象,是孩子的榜样。因此,父母在平时的言行中,对社会持有一种热心、关心的态度,对他人的不幸表现出同情并给予帮助,这些行为会感染孩子,使他也关心别人。在家里,成人间要关系融洽,对老人要尊重,有好吃的要先让给老人,谁有病就给予谁特别的照顾,与邻里要和睦相处;带孩子外出乘车时,不要蜂拥而上、抢占座位,要主动将座位让给老人。家长的这些言行举动,无疑为孩子做出了良好的榜样,在耳濡目染中,久而久之,孩子自然会学会关心别人,克服自私的心理。

(四)有意识地训练、强化孩子的良好行为

防止和矫正孩子的自私光靠说教是不够的,必须对孩子的良好行为反复训练强化。如:吃饭时,先让孩子去请老人;家里有了好吃的,引导孩子将东西分给大家;当孩子将自己心爱的玩具拿给小伙伴玩,当外出乘车孩子将座位让给老爷爷、老奶奶时,家长都要及时表扬孩子的行为,让孩子知道这样做是对的,激发他们继续行动的动力。

第三节　不敢走上前
——退缩行为的分析与矫正

一、案例简介

明明今年6岁,幼儿园学前班儿童,独生子,发育正常。4岁前随祖父母生活。入幼儿园

时2岁，因不听老师的话乱跑，被老师重点看管，之后胆子越来越小，一人不敢在家。4岁时随母亲生活（父亲在外地）。其母亲工作忙，对孩子经常发脾气，过后又后悔，倍加宠爱。该患儿对老师亦有恐惧感，平时不主动与小朋友玩，玩的时候经常和小朋友争夺、打斗。近两个月发现孩子眨眼、歪头，制止时可以控制，但过后仍改不掉。最近不但挤眼、歪头，而且喉咙还发出一种怪声音。于是，其母亲带其前来求助。

点评：有退缩行为的儿童，平时表现为孤独、退缩、胆小、害怕。他们从不主动与其他小朋友交往，沉默寡言，宁愿一个人在家中与布娃娃为伴；来了客人通常会赶快躲藏起来，怕见外人，但在自己熟悉的环境中，与自己熟悉的人在一起，还是能高高兴兴地谈笑与玩耍。这类儿童年龄较小时，父母除发现他们性格比较安静、不大愿意与小伙伴玩耍外，常常不易发现其退缩行为。而入幼儿园或小学时，退缩行为就会明显暴露出来，表现为紧张、害怕、拒绝上学，不过逐渐熟悉环境以后，孩子退缩行为的症状会逐渐减轻。

一般来讲，儿童退缩行为多见于5—7岁的儿童，女孩显著多于男孩。随着时间的推移，一般儿童会对所处的环境逐渐适应，并在做游戏等活动中，主动发展自己适应环境的能力，但是有退缩行为的儿童却很难适应新环境。童年时代的退缩行为如果不注意矫正，不仅有可能延续至成年，而且，有可能持久地影响到他们成年后的社交能力、职业选择及教育子女的方式等。

二、案例分析

儿童产生退缩行为的原因如下。

（一）先天适应能力差

部分儿童从小适应能力差，对新环境感到特别拘谨，不愿意接触人，若勉强去适应，适应过程艰难而缓慢，平时也不爱活动，对新鲜的事情不感兴趣、缺乏热情和好奇心，从不与陌生人交往。

儿童的气质类型是先天神经类型决定的，有些小孩儿生下来，神经类型就比较弱，对外界很敏感，不愿意与其他小伙伴玩，而喜欢独处一隅，这些特点使其行为表现为退缩。

（二）后天抚养教育不当

有的家长整天把孩子关在家中让他独自玩耍，不让他与其他孩子交往；有的家长对孩子过于溺爱，过分地照顾与迁就，使孩子难以适应新的环境，以致其采取逃避的方式，如拒绝上幼儿园或走出家门等。

后天的教育对儿童的影响也非常大，家长应从小让儿童多与人交往。只有在与同龄儿童的正常交往中，儿童的各个方面才能得到很好的发展，才能更好地适应社会。

（三）童年不良刺激的影响

明明4岁前随祖父母生活，缺乏父爱、母爱。从其母陈述可以发现，祖父母对患儿过分保护。此间幼儿园老师采取了看管的方式，没有给患儿友爱，使其个性受到压抑。4岁后虽然随母亲生活，但其父母自身均有一些问题，且其父亲长期在外。母亲缺乏安全感，看问题有显著的两极性,又过分追求完美,总认为孩子的性格不健康,过分关心孩子的个性,对孩子经常指指点点,而对自己的观点又不能保持一贯性。再加上她把自己的不安全感转移到孩子身上,时刻为孩子的安全健康忧虑,从而过分保护,使患儿缺乏安全感,没有自信,不会与小朋友交往。患儿的眨眼、歪头、喉咙发出怪音等行为障碍是在大脑皮层功能发育尚不完善的基础上由惊吓引起的。成人的制止非但无效,反而是一种强化。

强烈的刺激,如父母离异、亲人去世、见到血腥残酷的场面、突然离开亲人、惊吓过度等,都会使精神受到刺激,产生退缩行为。

三、矫正策略

(一)培养儿童的独立能力

家长应培养儿童独立自主的能力,让孩子学会自己管理自己,培养孩子的勇敢精神,让孩子抛开处处依赖别人的"心理拐杖",独立行走。其实家长的过分关心容易助长儿童的退缩行为。

(二)鼓励孩子参加活动

家长应鼓励孩子参加各种社会活动,多创造条件,使孩子能和其他小朋友一起玩耍,一起做游戏,并多陪孩子一起参加社交活动,让孩子适应公共场所的活动。对已经出现退缩行为的孩子,父母和教师应帮助他们克服孤独感,在小伙伴之间建立和睦的人际关系,以适应外界环境。在活动中家长要对孩子采取鼓励态度,只要发现他有进步,就给予鼓励和表扬,以使孩子的行为得到强化,逐步培养自信心。

(三)避免对孩子溺爱

家长对孩子不要溺爱,以免养成过分的依赖性;也不可粗暴对待,以免使孩子恐惧不安,害怕与人接触;要鼓励孩子从小热爱集体,主动与其他小朋友一起活动,培养开朗的性格。家长和教师的爱心和信心,有利于孩子克服性格上的弱点,塑造其开朗的性格。

(四)及时鼓励孩子的合群行为

家长应对孩子在社交中出现的合群现象给予奖励,逐渐增加他们的社会活动,克服退缩行为。经过多次社交实践和家长的正确心理诱导,绝大多数有退缩行为的孩子都可成为性格开朗的人。

第四节　关起门来自己玩
——孤僻行为的分析与矫正

一、案例简介

案例一:欣欣今年5岁了,据欣欣妈妈诉说,欣欣好单独玩,不与别的小孩儿玩,不爱上幼儿园,别人问话时不理睬,不按别人的要求做事。对生字特别感兴趣,能写一些复杂的生字,有些是根本没有学过的。遇到不顺心的事就哭或者惊慌失措。

案例二：文文6岁了，他从其他幼儿园转入一个新的幼儿园，开学头两天他不愿意与老师打招呼。由于从小由老人带，他个性孤僻，行为自由散漫，生活习惯比较差。生活上有较强的依赖性，与同伴的交往能力欠缺，常在自由活动中自顾自游戏。不过，文文比较聪明，也比较乐意学。

案例三：豆豆妈妈口述，豆豆今年6岁，上幼儿园的时候哭了整整一个月才好转。现在虽然不哭了，可就是不愿意与其他小朋友交往，一个人独来独往。老师教小朋友们做操、跳舞时，其他小朋友都在参与，就她一个人站在一旁一动不动。家里来了陌生人，便躲在房间里不愿出门。家长忧心忡忡地说："现在的社会竞争如此激烈，像这样的孩子，长大以后怎么去适应？我真担心，这样下去，他以后还有什么用？我该怎么办？"

点评：孤僻就是我们常说的不合群，指不能与人保持正常关系，经常离群索居的心理状态。孤僻的人一般为内向型的性格，除了沉默寡言、表情平淡外，主要表现在喜欢封闭自己的内心，常常独来独往，不愿与他人接触，待人冷漠。对周围的人常有厌烦、鄙视或戒备的心理。在对一些事情的处理上显得胆小、退缩、懦弱。具有这种个性缺陷的人猜疑心较强，容易神经过敏，办事喜欢独来独往，但也免不了为孤独、寂寞和空虚所困扰。因此，孤僻对儿童的身心健康十分有害。孤僻的人缺乏同学、朋友之间的欢乐与友谊，交往需要得不到满足，内心很苦闷、压抑、沮丧，感受不到人世间的温暖，看不到生活的美好，容易消沉、颓废、不合群，缺乏群体的支持，整天提心吊胆地过日子，忧心忡忡，易出现恐怖心理。长期受这种消极情绪的困扰不仅会损伤身体，而且对今后一生的发展都会产生不良的后果。

二、案例分析

幼儿孤僻行为的表现影响幼儿自身交往和性格的健康发展，让父母们很着急，必须采取行之有效的方法，尽量使幼儿避免产生或改变这样的性格。首先，我们需要分析造成儿童性格孤僻的原因，只有在这个基础上才能做到对症下药。一般造成性格孤僻的主要原因如下。

（一）先天气质因素

据案例一中欣欣妈妈诉说，欣欣从小就爱哭，几个月大的时候只要不舒服就会哭，而且很不好哄。长大点后胆子比较小，一般小朋友见到小动物都会很开心，想上前抚摸，而欣欣总是躲在妈妈后面看别的小朋友兴奋地围着小动物玩，自己想去又不敢去，妈妈推她上前玩的时候，欣欣还会因害怕而哭泣。

有些幼儿先天适应能力差，主要与遗传因素有关。幼儿和成人一样，也有不同的气质类型，有些幼儿脾气暴躁，有些幼儿热情活泼，有些幼儿安静沉默，有些幼儿胆小退缩，这些幼儿的不同表现既有后天的环境影响，也有先天的神经类型差异。父母应该针对幼儿不同的情况改善幼儿的性格和与人交往的能力。

（二）幼年不幸经历的影响

据了解，案例三中的豆豆属于单亲家庭，父母一年前离异。离婚那段日子夫妻俩吵得很凶，因为怕吓着孩子，两人尽量不在孩子面前吵架，但无意中还是被豆豆撞见过很多次。矛盾升级后两人无法克制时也在孩子面前吵，甚至大打出手，豆豆先前还吓得大哭，后来干脆一个人躲在自己的小屋里不出来，自己和布娃娃玩。

研究表明，父母离婚是威胁当代儿童心理健康的重要因素之一。这种遭遇使孩子享受不到家庭的温暖，过早接受了人世间烦恼、郁闷、焦虑的不良体验，给幼小的心灵上留下一道很深的伤痕。他们只好通过封闭自己，给自己创造一个较为安宁的空间。此外，在某些特殊的环境里，例如在陌生的环境里，或亲人突然离去，或父母吵架、不和睦，或经常遭受训斥，孩子的心理承受不了这种压力，也会使孩子变得不愿与人接触，出现退缩、孤僻等现象。

（三）缺乏交际能力和方法

案例三中豆豆妈妈在离异后，单独抚养豆豆，因为平时工作比较忙，所以请了位50多岁的保姆来帮忙照看豆豆，保姆很少带豆豆出来玩，上街买菜也是把豆豆一个人锁在家里让豆豆看电视。豆豆妈妈因为自己的婚姻不幸福，平时下班也很少出门，偶尔周末带豆豆出去玩，也是带着去公园玩，豆豆很少有和同龄小朋友接触的机会。

美国华盛顿大学的心理学家菲利普斯认为，许多儿童不能与他人正常交往，是因为他们在生命的早期没有学会基本的社会交往技能，从而不能以正常的方式和别人交往。这使得他们在人际交往中遭到拒绝或打击，如耻笑、埋怨、训斥，使他们的自主性受到伤害，随着这种失败次数的增多，逐渐变得惧怕，对交往失去信心，与别人产生隔膜，在团体中找不到归属感，便把自己封闭起来。他们越不与人接触，社会交往能力就越得不到锻炼，结果就越孤僻。最后他们经常处于压抑、孤独和冷漠之中，性格变得喜怒无常，难以自制，并且无法与他人进行沟通和协调。

（四）抚养教育不当

案例二中的文文父母都是大学学历，工作很忙，所以把文文送到乡下由奶奶抚养，家长不在身边。老人对孩子非常宠爱，与小朋友有矛盾了老人也常常“护短”，批评别的小朋友。最近为使文文接受良好的教育，夫妻俩虽然忙，但还是把文文接到城里接受教育。刚接回来时，夫妻俩对文文也是宠爱得不得了，尽管发现文文有些地方做得不对，但夫妻俩更多时候还是原谅了孩子，想着日子长着呢，慢慢教育吧。直到幼儿园反映文文在园里的表现时，夫妻俩才意识到问题的严重性。

家长对孩子过分宠爱与迁就往往会导致孩子孤僻行为的产生。当孩子哭闹不愿去幼儿园时，父母就顺从孩子的要求，使孩子得不到集体生活的锻炼。有的家长怕孩子与其他小朋友玩时吃亏，就整天把孩子关在家中，让他独自玩耍。此外，父母的粗暴对待，伙伴欺负、嘲讽等不良刺激，使儿童过早地接受了烦恼、忧虑、焦虑不安的不良体验，这样会使他们产生消极的心境甚至诱发心理疾病。缺乏母爱或过于严厉、粗暴的教育方式，也会使子女得不到家庭的温暖，子女会变得畏畏缩缩、自卑冷漠、过分敏感、不相信任何人，最终形成孤僻的性格。

三、矫正策略

（一）正确进行家庭教育

儿童与人交往的技能首先是在与家人的情感交流过程中形成的。儿童会在与父母的情感交流中学会获得爱和表达爱的方式，学到基本的说话方式、手势、表情和交往方式。父母在教育孩子的方法上，既不能溺爱，也不能要求过严。过多指责会捆住孩子的手脚，使其成为谨小慎微的人；溺爱易使孩子产生依赖心理，缺乏积极主动的进取精神。

所以，要改变孩子孤僻的性格，使孩子合群，家长首先要以身作则，为孩子创造一个良好的家庭环境。这主要表现在全家人和睦相处上，大人关心小孩，子女关心长辈，切忌以孩子为中心，处处围着孩子转，让孩子凌驾于父母之上。同时，家长也要尊重孩子，切忌随意训斥、打骂，要让孩子在互敬互爱的家庭气氛中形成合群的性格。

（二）创设机会让孩子交往

家长平时多带孩子到其他小朋友家玩，或者邀请小朋友到自己家里玩。让孩子参与小朋友交往，有助于纠正孤僻性格。

（三）让孩子多参加集体活动

从小生活在同龄人的群体中，孩子们会逐步学会怎么生活、怎么相处、怎么玩耍。有许多家长生怕自己的孩子会在集体生活中“吃亏”，便要求孩子自顾自，不要与其他小朋友来往，这样做表面上似乎是爱孩子，实际上，使孩子无法得到群体生活的锻炼，势必会影响孩子的健康成长。

第五节　这个小孩儿有点怪
——自闭症的分析与矫正

一、案例简介

超超是一个3岁半的男孩，身材敦实，长着一双大大的眼睛。母亲抱着他沿着走廊走向我们这些测试人员。超超看了我们一眼，没有笑也没有问好。我们一起走进一间游戏室。超超的母亲把他放下来，他就坐在地毯上，面前摆着几个玩具。他捡起两块积木，互相敲了一下，然后开始搭积木块儿，一块接着一块地向上垒，直到搭完了全部的积木，他才停下手来。无论在超超玩的时候还是在积木搭完之后，他都没有看过我们一眼。他始终一声不吭。我曾要求超超给我一块红色积木，但他没有做出任何反应。

点评：超超的行为表现为典型的儿童自闭症。自闭症，又称孤独症，是一种较为严重的发育障碍性疾病。该病男女发病率差异显著，在我国男女患病率比例为6∶1—9∶1。其主要症状为:(1)社会交流障碍。一般表现为缺乏与他人的交流或交流技巧,与父母亲之间缺乏安全依恋关系等。(2)语言交流障碍。语言发育落后,或者在正常语言发育后出现语言倒退,或语言缺乏交流性质。(3)重复刻板行为。(4)智力异常。70%左右的自闭症儿童智力落后,但这些儿童可能在某些方面具有较强能力,20%智力在正常范围,约10%智力超常,多数患儿记忆力较好,尤其是在机械记忆方面。(5)感觉异常。表现为痛觉迟钝,对某些声音或图像特别恐惧或喜好等。(6)其他常见行为。包括多动、注意力分散、发脾气、攻击、自伤等。这类行为可能与父母教育中较多使用打骂或惩罚有一定关系。自闭症的详细表现:(1)孤独离群,不会与人建立正常的联系。(2)言语障碍十分突出。(3)兴趣狭窄,行为刻板重复,强烈要求环境维持不变。(4)大多智力发育落后及不均衡。

二、案例分析

自闭症的病因尚未明确,近年来的研究认为可能与多种因素有关,主要有以下几个方面。

(一)遗传因素

有研究显示,易患本症的重要因素取决于遗传基因。单卵双生儿自闭症的一致性为90%以上,双卵一致性为24%。自闭症患儿的同胞患自闭症的可能性较正常人高3—4倍,说明自闭症与遗传因素相关,但具体的遗传方式尚不明了。

(二)其他因素

许多学者从不同的角度探讨自闭症的原因,但导致自闭症病因的性质,目前还不大清楚,有待研究阐明。

三、矫正策略

(一)教育训练法

教育的重点是教会他们有用的社会技能,如模仿能力训练,感知能力训练,粗大动作训练,手眼协调训练,非口语认知训练,口语认知训练,生活自理技能训练,社会交往技能训练,行为矫正等。开始训练的年龄越小越好,获得后也越容易固定下来,训练中要特别注意父母所起的作用。教育训练还应做到坚持和长期性,教师和父母要懂得不能期望在短期的训练中改变儿童的行为或一定能学会一项技能。这样的训练通常在专门的机构,在专家的指导下进行。

(二)行为疗法

治疗重点应放在促进自闭症儿童的社会化和语言发育上,尽量减少那些干扰患儿各项功能和与学习不协调的病态行为,如刻板、自伤、侵犯性行为。行为治疗的原则:(1)治疗方案应个别化。(2)帮助儿童尽量能把在医院及学校习得的技巧运用到家里或其他场合。另外,治疗的主要目的是促进儿童的社会化发育,故不宜长期住院。

第六节 带“尾巴”的语言
——说脏话的分析与矫正

一、案例简介

案例一：乐乐一直像只快乐的小八哥，唧唧喳喳地围着妈妈又说又唱，妈妈感到所有的辛苦好像都在这天籁般的声音中消散了。突然，一句“妈了个屁”让妈妈的头嗡嗡的——这个小家伙居然会说脏话了！

案例二：贝贝妈说她家的贝贝3岁多了，脾气很急，动不动就说“我用棍子把你们打得稀巴烂”“你这个笨蛋”“把你打得乱七八糟”等等，贝贝妈气得不知该如何是好。

案例三：涵涵6岁了，由于爸爸妈妈工作比较忙，就把他送到乡下让奶奶帮忙照顾，每逢周末就把涵涵接回家，带他去公园玩。这周末带涵涵出去玩的时候，涵涵居然说了脏话，而且还是在大庭广众之下随口而出，这让涵涵的爸爸妈妈很难为情，也很生气。

点评：从发展心理学来说，7岁以下孩子的说脏话行为，其实颇为无心，一方面源自他的认知能力尚很有限；另一方面则是因为那多半是一种情绪宣泄而已，没有太多的意义。但是，如果父母对孩子说脏话问题处理不当，其意义对孩子来说可能就会不同。孩子说脏话的行为可能逐渐减少，也有可能把说脏话当成威胁大人、博取注意的工具，利用说脏话来保护自己，甚至养成说脏话的习惯而影响与他人之间的交往。因此，对于孩子说脏话问题，家长必须谨慎、正确处理。

二、案例分析

以上三个案例中儿童说脏话（骂人）行为的形成原因各不相同，但总的来说，儿童说脏话（骂人）主要有以下几种原因。

（一）无意模仿

案例一中的乐乐说的脏话其实并不能按成人的概念来理解，因为他尚处在语言模仿期。他说“妈了个屁”跟“小白兔”的意义没有两样。他绝对是无意识的，没有什么是非观念。别人骂，他也跟着骂，作为父母，要分清孩子说的脏话是从哪里学的，然后进行有针对性的教育。

一般来说，孩子的模仿可能是以下几种情况造成的：

第一，好奇心理。大部分孩子刚学说话时，好奇心都比较强，有一种情不自禁的模仿本能，偶尔听见别人说一句脏话，他以为学到了新的语言，一遍一遍地重复。就像案例一中的乐乐，他只是偶然听大人说了句脏话“妈了个屁”，他并不明白这句话是什么意思，但好奇心还是促使他跟别人学了。

第二，父母的不良言行。有的父母平时不太注意自己的言行，孩子受其影响，也学会了说粗话。如案例二中贝贝的爸爸脾气就比较暴躁，遇到不顺心的事情容易发火，激动之下还会说脏话来发泄自己的情绪。贝贝经常性地受到耳濡目染,所以形成了不良的表达情绪的方法。

第三,生活中的消极影响。孩子生活在社会的大环境中,难免受到不良言行的影响,说粗话也是如此。案例三中的涵涵父母平时工作比较忙,就把他寄养在乡下奶奶家。奶奶常常领着涵涵去邻居家串门,有时候也带他去和别的孩子一起玩。孩子们在一起玩的时候,有时候会发生争吵,有的孩子生气了就骂人,大人们往往觉得小孩子吵吵闹闹是正常的,也就不加以干涉。涵涵因此也认为骂人只是表达情绪的一种正常的方法而已,没什么不对,才有了让爸爸妈妈感到难为情的一幕。

幼儿正处于学习和掌握语言的关键时期,而且模仿能力极强,家庭和周边生活环境中的人往往成为幼儿模仿的主要对象,幼儿对成人所说自己又从未接触过的字词非常敏感,并认为说这类语言是大人的专利,自己学会了就意味着自己"长大了"。家长在幼儿面前一定要审视自己的言行是否给幼儿带来了不良的影响,要避免让幼儿接触不良的语言或行为刺激。

(二)被迫骂人

这种情况一般发生在小伙伴之间,孩子间发生了矛盾,以牙还牙,受了欺负,借骂人来发泄自己的不满……如案例三中的涵涵,在乡下奶奶家和小朋友们玩的时候难免会发生矛盾,有的小朋友一生气就会骂人,而大人们往往会认为孩子们一起玩,闹别扭是正常的,说了脏话大人们也是"睁只眼,闭只眼",一笑而过,而被骂的小朋友就会学对方的样子还骂回去以发泄自己的不满。涵涵在乡下偶尔也会和小朋友起冲突,由于爸爸妈妈不在身边,奶奶对自己被欺负了也不太当回事,涵涵就学会了通过骂人来保护自己的心灵,发泄自己的不满。

幼儿的自我意识得到了一定的发展,能够分辨他人对自己的语言或行为是好意还是坏意,虽然他并不一定明白对方是什么意思,当他感受到自己受到了伤害后,他会维护自己、保护自己而以语言或行动攻击他人。

(三)习惯骂人

"冰冻三尺,非一日之寒。"出口成"脏"的孩子虽为数不多,但影响不好。如案例二中的贝贝,由于爸爸脾气暴躁,容易发火,有什么不顺心的事情常常以骂人来发泄心中不满。这让贝贝耳濡目染,学会了骂人,骂人时大多数时间爸爸妈妈忙于自己的事情,顾不着理他,而意识到贝贝说脏话的时候又会非常严厉地批评他,甚至打他,但这种管教方法并不见效,贝贝反而骂得更经常了,爸爸妈妈拿他没办法,也只好顺其自然了。

在学前期阶段,幼儿好奇心强,学习模仿能力也很强,同时,他们也在形成一定的是非善恶观念,父母一定要在这个时期注意给幼儿提供良好的、健康的、和谐的语言和生活环境,"孟母三迁"的故事正说明了环境影响的重要性。如果在此阶段父母只忙于各自的事业,忽略了幼儿的教育问题,或者父母关系不融洽,天天争吵,则会无形中让幼儿形成不正确的是非善恶观念,养成不良的情绪表达方式,久而久之会形成一定的反应模式,形成习惯,不易改变。

三、矫正策略

孩子说脏话,家长一般有两种做法:一是放任不管,或轻描淡写地批评几句;二是严厉训斥,令行禁止。这都不能从根本上解决问题,比较科学的做法如下。

(一)冷静应对

孩子说脏话时,家长无须大惊失色或勃然大怒。因为过度的反应对于尚不了解脏话真正意义的孩子来讲,只会刺激他重复说脏话的行为,所以冷静应对才是最重要的处理原则。家长不妨心平气和地问孩子:“这些脏话是什么意思?你真正想表达的又是什么?为什么这样说?”若小孩子天真地告诉你他的想法,那正表示小孩并不太清楚脏话的意义,否则,他一定会非常尴尬,而逐渐减少说脏话的行为。同时也让孩子知道,父母很愿意和他讨论“说话艺术”。

(二)净化语言环境

孩子的脏话主要是模仿来的,家长要及时找到模仿的对象,净化语言环境。如果孩子是从家长那里学来的,那家长一定要当着孩子的面自我反省,告诉孩子:“刚才是由于不高兴,说出了那句话,我们是不对的,你也不要学,今后我们谁都不说这种话了,好吗?”让孩子看到大人的诚意和决心。如果孩子的脏话是从幼儿园的伙伴那里学的,家长要尽快与老师沟通,共同解决;如果是从父母的同事或亲戚那里模仿的,父母要委婉地向同事或亲戚说明情况并尽量少带孩子去单位;如果是从影视作品中学来的,家长就要充当影视与孩子之间的“过滤器”,慎重地为幼儿选择合适的影视节目。

(三)运用故事和游戏解释说明

由于认知水平发展有限,所以单纯用讲道理的方式教育孩子不讲脏话,往往达不到最好的效果。家长不妨让孩子多看些关于文明的公益广告和一些模范人物的优秀事迹。另外家长也不妨选择一些能起到教育作用的道德故事,和孩子一起来看看故事中的人物是怎样说话的,利用榜样的力量使幼儿产生说脏话不好的心灵体验,再通过一些亲子游戏来强化这种感情,达到寓教于乐的目的。

(四)正面引导

很多孩子会通过骂人来表示愤怒,家长要悉心引导孩子,和孩子谈谈,让他知道在生气的时候可以说些什么,教他如何来表达自己的愤怒之情。家长可以教他一些既能表示愤怒又尊重对方的话。家长还可以和他聊聊,看看是不是能有一些其他的处理方式,比如可以说“你住口”“请你走开”“你不讲道理,我很不高兴”,或自己立刻走开;同时还要告诉他,相对于骂人来说,这些方法会有哪些好处。

第五章

※

学前儿童常见个性问题

※

人们常说:“三岁看小,七岁看老。”这一谚语说明,孩子个性形成关键期在2—7岁期间。也就是说,学前期是个性开始形成的时期,它将为人的一生个性的形成和发展奠定良好的基础。学前儿童在与父母、同龄儿童交往的过程中,按照社会所要求的方向不断发展,逐渐形成了独特的个性。良好的个性有利于孩子迅速适应环境,积极调整心态,促进儿童健康发展。在学前儿童的成长当中,如果家长不注意培养孩子的良好个性,孩子就可能出现一些问题。本章介绍了学前儿童比较容易出现的不良个性问题,如分离性焦虑障碍、恐怖症、任性、自我中心、胆小、哭闹等,并提出了矫正策略。

※

第一节　爸爸妈妈的“影子”
——分离性焦虑障碍的分析与矫正

一、案例简介

一天,一位咨询师接待了一位年轻的母亲与她4岁多的女儿。这位母亲非常烦恼,因为她的女儿莹莹每天都缠着爸爸妈妈,怎么都不愿意离开父母,连幼儿园也不去了。这位母亲回忆自己女儿3岁时第一天到幼儿园的情景,说女儿一进幼儿园的大门就号啕大哭,哭得上气不接下气。有丰富育儿经验的老园长安慰她说:“别担心,谁家的孩子第一天到幼儿园会不哭?”下午,忐忑不安的夫妻俩赶到幼儿园来接孩子,阿姨说:“你家姑娘真厉害,直哭了一天,嗓子都哑了。”莹莹见到父母,又是一阵伤心,但回家路上就有说有笑了。第二天早上,莹莹一看还要去幼儿园,又开始放声痛哭。见到园长后,园长说:“有的孩子可能会哭一个星期,一个星期以后就好了。”没想到莹莹被送到幼儿园两个星期,一直哭了两个星期,连园长也说:“我从来没见过这么倔的丫头!”莹莹后来就一直是这样一种表现,在家很快乐,玩得也很疯,但一说要和父母分开,马上就大哭不止,后来连幼儿园也几乎不去了。为数不多的送到幼儿园的日子里,每一次父母在幼儿园门口和莹莹道别时,莹莹的表情被幼儿园园长用了四个字来描述:“生离死别。”

点评:儿童分离性焦虑障碍也叫做离别焦虑,是指发生在6岁之前,与所依恋的人离别时所产生的过度的、反复发作的苦恼和焦虑。这种心理障碍在儿童期比较常见,发病率约为10%,女孩常多见于男孩。

焦虑是人的基本情绪。婴儿在6个月左右时所表现出来的"认生"现象,其实就是对于自己不熟悉的人所产生的一种焦虑情绪。幼儿刚进入幼儿园时连续多天的哭闹,也是分离焦虑的表现。这种焦虑是正常的,而且大多数幼儿可以克服。但是有些孩子的分离焦虑明显超过正常孩子的水平,这些孩子与亲人分离时表现出来的焦虑强度大、时间长,他们经常毫无根据地担心家人或者自己在分离的时间里发生意外。这种焦虑现象被称作儿童分离性焦虑障碍,会严重影响儿童的心理发展。

儿童分离性焦虑有以下主要表现:

(1)没有依恋对象的陪同绝不外出,宁愿待在家里;因不愿离开依恋对象而不想上学或拒绝上学。

(2)没有依恋对象在身边时不愿意或拒绝上床就寝;单独入睡后反复做噩梦,内容与离别有关,以致夜间多次惊醒。

(3)与依恋对象分离前过分担心,分离时或分离后出现过度的情绪反应,如烦躁不安、哭喊、发脾气、痛苦、淡漠或社会性退缩。

(4)与依恋对象分离时反复出现头痛、恶心、呕吐等躯体症状,但无相应躯体疾病。

二、案例分析

导致幼儿分离性焦虑障碍的主要因素有:

(一)遗传因素

患有焦虑症的父母所生的子女患焦虑症的比例比未患焦虑症的父母所生的子女高;家庭中有焦虑症病史,也会对后代产生一定影响,有焦虑症病史家庭的父母应对幼儿密切观察,及早预防。

(二)家庭教养方式因素

通过进一步的交流,咨询师了解到,莹莹是个早产儿,未足月就出生了,出生后在重症监护室住了好多天,加上后来出现了黄疸,更让父母为她担心。孩子出院后,莹莹妈妈生怕宝贝女儿有什么意外,每天几乎和孩子形影不离,修完产假后甚至辞去了工作,专职在家带孩子。女儿白天由妈妈照看,晚上和父母睡在一起。莹莹3岁后,爸爸买了小床,准备让女儿单独睡,可是莹莹死活不同意,结果还是一家三口人挤在一张床上。莹莹每晚上床后看到左边是爸爸、右边是妈妈,感到特别幸福,觉也睡得特别香。有几次爸爸等她睡熟后悄悄把她抱到了小床上,莹莹醒来后大哭大闹,父母只好由着她了。莹莹长到4岁多了,还从来没有单独在奶奶或姥姥家住过。春节时有几天要住在奶奶家,莹莹会不断地问:"爸爸住不住?妈妈住不住?"如果爸爸妈妈都在奶奶家住,她才会放心地住下来;如果爸爸妈妈不住,她无论如何也要随父母回到自己家。莹莹满3岁时，父母把她送到了幼儿园，可是她两个星期大哭不止，既让父母揪心，也让幼儿园担心，因此一年多来断断续续地也没正经去过几天幼儿园。

父母不恰当的教养方式是幼儿产生分离性焦虑障碍的最主要因素。莹莹父母关心孩子，这是可以理解的，但是做母亲的为了孩子而舍弃自己的一切，对孩子过分宠爱，生怕孩子受一点委屈，久而久之，孩子就会对父母产生强烈的依赖心理。孩子长期生活在有父母关注的环境中，一旦离开父母或者看不到父母，就会感觉到强烈的不适应，面对生人就会特别困难。因此，作为家长，应该为孩子提供一个温暖、舒适的家庭环境，但是又要避免过分关心导致孩子的心理异常。父母过分关心和爱护孩子，不给孩子提供锻炼的机会，孩子就会成为温室里的花朵，不能见到一点风雨，独立性的培养也就无从谈起了。

（三）消极生活事件的影响

莹莹3岁那年的冬天，爸爸出差到东北，因为不适应当地的严寒气候，回来以后持续高烧，住院治疗了一个星期。从此以后，莹莹对爸爸出差特别担心。后来有一次爸爸要出差了，莹莹泪汪汪地说："爸爸，你不要出差，你要是生病了就没人陪我玩了。"妈妈听了很生气，说："小孩子不要说不吉利的话。"莹莹心里害怕，但不敢再说了。爸爸走后，莹莹每天愁眉苦脸，情绪不安，晚上睡觉总是做噩梦。一星期以后爸爸回来了，莹莹这才放心，但还是对爸爸说："爸爸以后再也别出差了，我害怕。"

分离性焦虑障碍除在不良教养方式下慢性形成外，还有急性发病的可能。急性发病通常出现在儿童面对较大心理压力的情况下，比如在入幼儿园、家人生病等情况下发生。国外有关儿童分离性焦虑的研究报告曾介绍一个8岁的男孩因为父亲酗酒和经常离家不归而出现了严重的症状。分离性焦虑障碍作为儿童对生活压力和变化的应对方式之一，其症状会发生波动。

三、矫正策略

（一）调整家庭教养方式

因为父母不恰当的教养方式是导致幼儿产生分离性焦虑障碍的重要因素，所以家长应首先分析自己的个性特征、行为方式和情绪反应对患儿可能产生的影响。比如是否有溺爱现象，是否对孩子的关心表达过度。因为这些都会使孩子产生不正常的依恋。有分离性焦虑障碍患儿的家庭应努力改善家庭教养方式，建立正常的亲子依恋，对儿童不溺爱，关心孩子的同时注意培养孩子的独立性，为孩子提供较多的户外活动和游戏，使孩子有机会接触到家庭以外的社会成员。家庭成员要努力维护家庭的和谐稳定，因为破裂家庭容易导致子女出现分离性焦虑障碍。

（二）减少孩子对父母的过分关注

家长要创造良好的条件，让孩子感受到家庭以外的广阔世界，用外部世界吸引孩子。比如我曾经遇到过一个4岁的有分离性焦虑障碍的男孩，这个孩子每天晚上必须和自己的爸爸或者妈妈在一起才能睡觉，否则就哭闹不止。我先拿一些关于北京的照片和图片吸引他，让他感受到北京的美丽风景,然后问他想不想亲自去观赏,孩子对美丽的北京早已心驰神往了,回答说想去,恨不得现在就去。我说:“这可不好办了,爸爸妈妈要上班挣钱。你没有钱怎么出去旅游呀?”孩子的姥姥趁机说道:“姥姥退休了,姥姥可以带你去。”我告诉孩子:“要想去北京,看来只能由姥姥带着去了。可是你如果晚上睡觉时哭着喊着要爸爸妈妈,我们可是听不到的。你想不想让姥姥带着去北京,自己考虑好啊。”后来孩子想了又想,下定决心要去北京,当天晚上就和父母分开睡觉了。过了一个月,姥姥带他从北京回来后还特地打电话告诉我,孩子的分离性焦虑障碍基本消除了。

家长要创造机会让孩子与其他同龄孩子接触,让孩子参加社会生活,使其在交流中减少对父母或其他人的依恋;在生活中选择一个勇敢的孩子作为学习的榜样,同时大人们对孩子的每一个微小进步也要不失时机地进行表扬和鼓励。

(三)采取必要的心理疗法

对于有分离性焦虑障碍的幼儿,一般可以采用疏导疗法和放松疗法。

疏导疗法又称言语疗法,是对患儿的病态心理进行疏通引导,使之畅通无阻,从而促进心理健康的心理治疗方法。比如莹莹因为爸爸出差而担心,爸爸可以告诉她:出差是工作需要,虽然需要分开一段时间,但还是要回来的;出差回来得病是自己不小心,不是每一次出差都会得病;爸爸是大人了,会自己照顾自己;莹莹也长大了,应该支持爸爸工作;等等。家长向孩子说明了这些,大多数孩子会明白道理的。

放松疗法是通过训练,有意识地控制自身的心理和生理活动、降低唤醒水平、改善机体紊乱功能的心理治疗方法。当分离性焦虑障碍患儿处于焦虑状态时,采取放松疗法不但可以帮助患儿放松躯体肌肉,而且可以缓解情绪方面的紧张不安。

(四)配合使用药物治疗

对分离性焦虑障碍患儿,一般应以教育和心理治疗为主。如果患儿躯体化反应强烈,可以考虑使用抗焦虑类药物进行治疗,但必须在医生指导下进行,药物治疗只是一种辅助手段,不可滥用。

最后要劝诫家长一点,家长要有决心改变自己的教育方式,每天适当减少与孩子的接触,见不到孩子也不要不停地打电话,要逐渐减少与孩子的联系次数,并持之以恒。当然下这种决心是要有勇气的,但只有这样做才能改变孩子的焦虑状态。

第二节 战战兢兢的“胆小鬼”
——恐怖症的分析与矫正

一、案例简介

案例一:美国心理学家华生曾经做过这样的实验:一个小孩儿看到一只可爱的小白兔,正想伸出手去抚摸,突然听到一声巨响,被吓得哇哇大哭;每次见到白兔都会听到让他害怕的声音,后来孩子见到白兔就会被吓哭,以致对任何带毛的东西都感到害怕,包括老鼠、动物标本,甚至是满脸络腮胡的人。

案例二:贝贝5岁多了,虽然已经和父母分床睡觉了,但晚上睡觉时必须有亮光,没有亮光他会感到很恐惧,所以要求爸爸妈妈一定要等他睡着了才能关灯。有时候该上床了,他会很担心地问爸爸:“爸爸晚上看不看书?看不看电视?”如果得到肯定的答复,他会因为爸爸在客厅看书或者看电视能给他带来亮光而放心地睡觉;如果爸爸说不看,他就会因为家里没有亮光而好长时间睡不着。有一次爸爸妈妈睡得早,贝贝因为家里黑咕隆咚而吓得满头大汗,生怕有怪物从黑暗中冒出来。

案例三:5岁的小玉一见到生人就紧张。有时候家里来了她不熟悉的亲戚,她会赶忙躲到自己的小房间里,爸爸妈妈叫她,她也不出来。父母以为她内向、害羞,也就没太当一回事。后来,妈妈让小玉到楼下小卖部买一袋醋,小玉不敢去,妈妈才觉得事态严重。找老师询问小玉在幼儿园的表现,老师说小玉上课从不主动发言,连举手也不敢,在走廊上遇到老师,只要老师的眼光没有和小玉的眼光对接上,小玉就不和老师说话。有一次小玉来幼儿园迟到了,她不敢敲门或者喊报告,结果就在门外整整站了一节课。

点评:幼儿恐怖症是指儿童对某一特定物体、人际交往或某一处境,产生异乎寻常的、难以自控的强烈恐惧感或紧张不安的内心体验,从而表现出回避倾向。当面对这些物体、处境的时候,会感到心跳加速、极度恐慌,比较容易出现发抖、脸红、出汗、哭叫求助、呼吸困难、头痛、腹痛、恶心、行动不能有效控制等表现,有时候甚至可能晕厥、休克。

幼儿恐怖症和一般的恐怖(恐惧)不同。恐惧是人的心理发展过程中普遍存在的心理体验,是人对周围客观事物正常的心理反应,比如对于蛇,绝大多数人都是心存恐惧的,这是正常的情绪体验。人在成长过程中,在不同的阶段会对不同的事物产生恐惧,例如9个月大的婴儿怕大的声音和生人,这种恐惧经过一定的时间会消失。而恐怖症则是对本不应该产生恐惧的对象产生过度的恐惧感,并且出现回避倾向,比如被蛇咬过之后,对于本不至于引起恐惧的井绳也产生了恐惧感,这是异常的情绪体验。恐怖症产生之后,持续的时间比较长,一般不容易随着年龄的增长而消失,而且对患者进行的劝慰、说服、解释都基本是无效的,严重影响着患者的正常生活和学习,也影响其健康成长。

根据恐怖的对象不同，可以把恐怖症分为动物恐怖症、社交恐怖症、物体恐怖症、疾病恐怖症、广场恐怖症、特异处境恐怖症等。案例一中的小孩儿属于动物恐怖症，案例二中的贝贝属于特异处境恐怖症，案例三中的小玉属于社交恐怖症。

二、案例分析

儿童出现恐怖症的原因主要有：

（一）幼儿消极的直接经验

幼儿消极的直接经验，是引起恐怖症的主要原因。比如案例一中的孩子，在看到小白兔时听到了一声巨响，后来每次见到白兔就听到巨响，于是在头脑中形成了白兔与巨响的必然联系，认为白兔出现后必然有巨响，从而产生了对白兔的极度恐惧。这其实是符合巴甫洛夫经典性条件反射理论的。案例二中，贝贝对于黑暗产生了恐怖，是因为在乡下居住的奶奶怕他不好好睡觉，就吓唬他说："天黑了就不能出去了，黑夜里鬼从坟墓里面爬出来找替身，你要是晚上在外面跑会被鬼抓走的。"有些成人害怕黑暗，也可能是幼年时曾经被关进黑屋子作为惩罚，以致产生了对黑暗的恐怖而长时间不能消除。

在生活中我们可以发现，恐怖症产生的重要原因，是消极的直接经验。一个人遇到一种挫折，就会竭尽全力去逃避相似的情境，而不去思考自己这种逃避本身的合理性。有些孩子出现的学校（幼儿园）恐怖症，也常常是因为在学校（幼儿园）的不愉快经历引起的。有的孩子在幼儿园里受了同伴的欺负、被老师无缘无故地批评、遇到意外伤害等，都会导致孩子出现学校（幼儿园）恐怖症。

（二）儿童的认识水平

儿童由于欠缺知识经验，对很多事物都是陌生的、不能理解的。因为不能理解，因此容易产生恐惧。比如没有到过农村的儿童第一次见到马、牛等大型家畜，内心产生恐惧是很正常的。案例二中的贝贝如果有了知识经验，知道了天体运行的规律，了解了黑夜产生的原理，也就不会对黑夜产生那么强烈的恐惧感了。

儿童的认识水平不高，而想象力又比较丰富，他们的想象经常与现实相混淆。如果他们在头脑中想象出了一幅恐怖画面，就会令自己十分恐惧。不少孩子对"鬼"的恐惧其实就是自己吓自己。有的孩子看了日本电视连续剧《奥特曼》，晚上会梦见怪兽来到了自己家里，而电视中人类的救星——奥特曼偏偏不在现场，于是孩子的噩梦就不可避免了。夏季见到雷鸣电闪，成人了解雷电产生的原因，因此很少害怕，而儿童可能就会把雷鸣电闪与神话传说中的雷公电母结合起来，结果就开始害怕雷电了。

（三）家长不妥当的教育方式

案例三中的小玉对陌生人的恐惧，其实就来自她妈妈不妥当的教育方式。小玉妈妈有一次带小玉上公园玩，小玉险些被一个陌生人用一支冰棒骗走，妈妈后怕之余，告诉小玉："别和不认识的人说话，不认识的人给的食物不能吃。"又有一次妈妈带小玉坐公交车，公交车上一位慈眉善目的老奶奶看小玉聪明可爱的样子，给了小玉一块点心，小玉虽然很想吃，但是妈妈手里紧紧握着点心就是不给她。下了公交车，妈妈小心翼翼地掰下一小块放在自己嘴里，品味了好半天，确信没有生命危险才把剩下的半块点心给小玉吃。妈妈对陌生人极其谨慎的做法使小玉意识到，陌生人是很危险的，他们有坏心。

还有的家长在孩子吵闹时告诉孩子："再瞎闹就让老虎来把你叼走！"有的家长把不听话的孩子关进小黑屋里，还警告孩子："小黑屋里有鬼，你在里面如果还不老实，鬼就会出来把你抓走！"有的孩子喜欢爬树，家长看到了大喊："别爬上去！摔下来会摔死的！"有的孩子看到妈妈买的青菜里有条菜青虫就好奇地去摸，妈妈大叫："千万别摸，会咬你的！"这些不妥当的教育方式，很容易使孩子患上恐怖症。

许多家长在教育孩子的时候，为了制止孩子的某些不良行为，他们可能会选择使用恐吓的手段。有的是纯粹吓唬孩子，有的则付诸实施，这就使得幼儿的恐惧感更加强烈。成人的恐吓和案例中小玉妈妈对他人的高度警惕，让幼儿感到现实世界中到处充满了危险，什么都不敢去尝试，不敢去接触，很容易就出现了恐怖症。有的家长使孩子感到，离开家长就处处有危险，孩子就容易出现分离性焦虑障碍；有的家长使孩子感到家长也不可靠，父母也会遗弃他们，他们不但会出现恐怖症，严重的还会出现孤独症和抑郁症。

（四）学习负担过重

学习负担过重是儿童出现学校恐怖症的主要原因。虽然幼儿园的学习任务相对小学要轻松一些，但是目前的幼儿园教育当中有一种不好的倾向，就是幼儿教育小学化。幼儿园教育应该以游戏作为基本活动，但现在由于不少的小学开展了小学入学考试，形成幼儿园教育尤其是大班的教育活动以语文和数学教学为主，导致幼儿的学习负担过重，加上孩子们都承载着各自家长的殷切期望，很容易出现学校恐怖症。

三、矫正策略

（一）提高幼儿的认识水平

幼儿的恐怖有时候是由于对事物不熟悉、不了解，因此提高幼儿的认识水平是降低恐怖程度、消除恐怖症的有效途径。教师或家长应该在日常生活当中教给孩子科学的知识，帮助他们正确认识自然现象，学会与人交往。儿童如果能够以科学的道理解释他所看到的现象，恐怖症就很容易消失。

有这样一个故事：深夜，一位动物学家在房间里睡觉，他的一个学生搞了个恶作剧，身上披着一件兽皮、脸上蒙着动物的面具、头上装了一对尖尖的角，大声咆哮着闯进老师的房间。突如其来的怪兽把这位动物学家吓坏了，可当他看清了这位不速之客的面目后，镇定自若地躺在床上继续睡觉。学生摘下身上的装扮，诧异地问："老师，您怎么不害怕？"老师微笑着说道："根据我的经验，凡是头上长角的动物，都是食草动物。"这个故事也说明，拥有相关的知识，在面对自然界中的种种现象时，就不会无缘无故地产生恐惧感了。

（二）采用正确的教育方式

如果孩子犯了什么错误，家长可以和孩子摆事实、讲道理，决不能用恐吓的方法吓唬孩子，更不能用关黑屋子、讲鬼故事等方式对待孩子。有的家长为了训练孩子的“胆量”，带着孩子看恐怖电影，这也是不可取的。儿童不宜观看恐怖电影和电视节目，否则会出现问题。

家长要努力培养孩子的积极情感体验，培养孩子良好的性格特点。家长要在孩子面前树立良好的榜样。有的家长尤其是当妈妈的，可能对某些事物心存恐惧，这很正常，但是不要在孩子面前表现出来。有的妈妈被青菜里的虫子吓得高声尖叫，这种情绪很容易影响到孩子；有的妈妈虽然见到青菜里的虫子也被吓得头皮发麻，但从不在孩子面前表现出来，她还会很认真地向孩子讲解虫子的生活习性，这样的妈妈是优秀的妈妈，肯定能培养出勇敢的孩子。

（三）采用心理治疗方法

对于恐怖症，可以采用系统脱敏法来治疗。比如对一位乘车出过交通事故、产生了对汽车的恐惧的孩子，可以首先对他进行放松训练，让他的躯体和情绪都逐渐舒缓下来，然后让他想象汽车停在路边的样子，接着再想象汽车高速奔驰的样子，接下来依次是观看汽车图片、从远处观察汽车、近距离观察汽车、由家人陪同乘车、独自乘车等，直到对汽车的恐惧完全消除。

采用心理疗法治疗儿童的恐怖症，一般需对其主要家庭成员进行观察、分析和判断，如果孩子的恐怖症是由家长的恐怖症“传染”而来的，“传染者”必须先于孩子接受治疗。

（四）对于幼儿园恐怖症的治疗

首先，家长应该主动与老师沟通，及时了解孩子在幼儿园的表现和孩子产生恐怖症的原因；对于教师来说，应该关心和爱护幼儿，严禁恐吓和体罚幼儿。其次，降低对子女在学习方面的要求，减轻孩子在学习方面的压力。幼儿园要端正教育观念，提倡和贯彻愉快教育、成功教育的理念，促进幼儿和谐发展。

第三节　满地打滚的“泼猴”
——任性问题的分析与矫正

一、案例简介

案例一：彬彬是个聪明伶俐的小男孩，平时表现很好，就是性格倔强，说一不二。有一次妈妈带他逛商场，彬彬喜欢上一个汽车玩具，说什么也不走，非要妈妈买下来。妈妈说：“家里已经有十几辆玩具汽车了，再买家里就放不下了。再说这个玩具汽车这么贵，妈妈没有带这么多钱。”彬彬说什么也不行，必须得买。妈妈一生气，说：“你不走我就走了，你自己留在这里好了。”彬彬一听，立即号啕大哭，还在商场的地上满地打滚。妈妈没有办法，只好给彬彬爸爸打电话，让他赶紧带钱到商场买下了这个玩具汽车。

案例二：蓉蓉是个爱美的小姑娘，自己的什么东西都要最好的，认为这样才显得漂亮。一次，爸爸妈妈带蓉蓉去给表妹静静过生日，路上给静静买了一件花衬衫，这让蓉蓉羡慕得不得了。蓉蓉一路上缠着妈妈给她也买一件，妈妈说你已经有不少漂亮衣服了，不能再买了。蓉蓉缠磨了一路，爸爸看蓉蓉的小可怜样，就忍不住说："再给孩子买一件又怎么了？女孩子爱漂亮嘛！"妈妈坚持说不行，蓉蓉虽然没有大哭大闹，但是小嘴噘得老高。到了静静家，大家都祝静静生日快乐，只有蓉蓉哼哼唧唧地不愿吭声。该吃饭了，别人都忙着分生日蛋糕，哪知蓉蓉拿出了撒手锏——她宣布不买花衬衫就不吃饭！这下子家里人慌了手脚，一大堆人赶紧围过来劝，蓉蓉的姥姥马上命令蓉蓉的妈妈，下午必须去买，不买的话不许妈妈吃晚饭。蓉蓉的妈妈无可奈何地答应了，蓉蓉这才露出笑脸，开始吃饭。

点评：任性的孩子往往表现出强烈的以自我为中心的倾向，不管别人的处境和感受，只求自己的愿望得到实现，不能实现就要泼使赖。一般来说，儿童由于心理发展还不成熟，对许多事情缺乏认识和判断能力，多少都有点任性。从心理学角度分析，任性是一种性格弱点，缺乏自我约束能力的表现。孩子的任性发展到一定程度，就有必要从心理上加以纠正。如果儿童的任性心理得不到纠正的话，会妨碍孩子心理的正常发展。因为任性会导致无法正确认识和判断事物，个性固执，不明事理，妨碍生活能力的发展，不善与人交往，难以适应环境，不被别人接受而陷入孤独，经不起生活的考验和挫折。这些对孩子健康成长不利，严重的还会由于易冲动而犯罪。

二、案例分析

孩子任性的原因主要有：

（一）家长的溺爱与妥协

像彬彬和蓉蓉这样闹腾人的事件，每一位家长可能都遇到过。孩子因为有家人的宠爱，一旦有需要就必须得到满足，不能得到满足就采取哭、闹等方式。孩子都是聪明的，在与家长长期的互动中，他们也在不断学习，不断掌握家长教育方式和性格当中的弱点。他们如果发现自己的某一招对付家长特别有效、屡试不爽，就会把这种方法当做自己的撒手锏。彬彬对付家长的撒手锏是满地打滚，他知道只要自己一打滚，玩具汽车就可以买到；蓉蓉对付家长的撒手锏是不吃饭，她知道只要自己不吃饭，就会有人心疼她，就会来满足她的需要。家庭成员的溺爱，让孩子产生了"唯我独尊"的感觉，需要得不到满足，自然就会不依不饶。而家长面对孩子的撒手锏，以妥协来息事宁人，又会进一步强化孩子的任性。案例中我们还可以看到，当孩子任性、耍脾气时，如果遇到家长的反对，孩子的内心可能已经动摇，准备放弃自己的不合理要求，而这时如果家庭成员的意见不统一，孩子就会非常聪明地坚持下去。像蓉蓉的姥姥对待蓉蓉的纵容态度，必然会使蓉蓉越来越任性。

不少家长也知道，孩子任性不是好事情，必须想方设法改变孩子的任性性格，但就是面对孩子的耍性子、发脾气，不知道该如何处理。心软的家长看到孩子哭得鼻涕一把泪一把的，总是狠不下心来。就像彬彬的妈妈本来是认真和孩子讲道理的，但是面对孩子满地打滚，她就不知道该怎么办了,最后的结果是打电话通知家里人带钱来买。

孩子的任性不是天生的,是家长放任型教育方式的必然结果。不少家庭里的孩子都被摆到一个不恰当的位置上,孩子成了家里的"小太阳",家里的一切人、一切事都要以孩子为中心,什么事情都听孩子的。久而久之,孩子发现了自己的特殊地位,则慢慢养成了任性的性格。

(二)缺乏与同龄儿童的正常交往机会

除了家长的溺爱、妥协、无原则的让步以外,孩子缺乏与同龄儿童交往的机会也是导致儿童任性的重要原因。在与成人的交往中,大人总是想方设法满足孩子,总会尽力体谅孩子的想法和行为,总是尽可能地满足孩子的各种愿望。比如在很多家庭中我们可以看到这样的情景:一家三口人看电视发生了分歧,爸爸想看体育比赛,妈妈想看连续剧,孩子想看动画片。最终的结果往往是孩子手里拿着遥控器,把频道调到动画片,看得津津有味。而与同龄儿童的交往则不同,由于都是孩子,在家里都是"小皇帝","小皇帝" 遇到了"小皇帝",也就没有了"皇帝"的特权。谁任性就会没有朋友,谁任性就会碰钉子,因此这种与同龄儿童的正常交往,有助于解决孩子的任性问题。

家长对孩子往往比较宠爱,家里的老人由于"隔代亲",对孩子的宠爱程度往往更甚。一个孩子在家里称王称霸,但是和其他孩子们在一起时,他就很难享受什么特权了。现在的孩子尤其是城市里的独生子女,平时玩耍的同龄儿童少,居住在同一小区里的人们也都很陌生,孩子很难找到同伴一起玩。即使有表兄弟、表姐妹,但家长们总是嘱咐他们"要让着弟弟妹妹",这样的交往也就不那么正常了。缺乏与同龄儿童的正常交往机会,也是目前许多儿童过于任性的原因。

三、矫正策略

由于孩子任性的表现千差万别,因此解决任性的方法也要因人因时因事加以实施,宗旨在于给孩子提供适当的约束,增强其心理自控能力。家长可以采取以下几种方法:

(一)教育要有爱有严,不能无原则地迁就孩子

在教育孩子的过程当中,家长要注意对孩子既要有爱,也要讲原则,不能无原则地溺爱,对于孩子的不合理要求,要给孩子讲清楚道理,决不能姑息迁就。有的家长很早制定了"教育原则",而遇到孩子任性时,却自我安慰:"罗马不是一天建成的,孩子不是一天就可以教育好的,今天先不管他,船到桥头自然直。"这种放弃自己的教育原则、由着孩子性子的做法,必然导致孩子的任性。

有时候孩子不讲道理、胡搅蛮缠,甚至以发脾气、哭闹来要挟,家长一定要注意:不管是在家里还是在公共场所,一定不能让步,要显示出不怕孩子哭闹的姿态。当孩子发现自己的撒手锏突然失灵,他们就不会再任性了。

家长要注意,所谓不能迁就孩子,并不是对孩子来硬的,而是说家长对孩子可以在情绪上表示理解,但在行为上要坚持对他的约束。如吃饭的时候,孩子忽然想起今天没有爱吃的菜,就生气地拒绝吃饭。即使冰箱里有原料，母亲也不应该迁就孩子给他做，应明确表示，饭菜准备好了就不应该随便更换。如果孩子继续闹，可以让他饿一顿，等他感到饥饿时，自然会找食物吃。

（二）家庭成员要统一认识，统一态度

案例二中，蓉蓉纠缠了一路，想要买一件花衬衫，爸爸于心不忍，表达了一些与妈妈不同的意见；而当蓉蓉以绝食相要挟时，姥姥以长辈的身份宣布，下午必须去买，否则蓉蓉妈妈不能吃晚饭。几位家庭成员的态度不一致，使蓉蓉感到有机可乘。因此，统一家庭成员对孩子的教养态度十分重要。如果不同的成员有不同的意见，甚至因此而公开争吵，教育效果肯定不理想。

如果家庭成员态度一样，案例二可能会出现下面的结果：

该吃饭了，别人都忙着分生日蛋糕，哪知道蓉蓉拿出了撒手锏——她宣布不买花衬衫就不吃饭！姥姥告诉蓉蓉："蛋糕可好吃了，不赶紧来就没了。"蓉蓉依然赌气道："我偏不吃！"姥姥离开蓉蓉，和大家一起有说有笑地吃着蛋糕。蓉蓉感到受了冷落，大哭起来。姥姥问："想不想吃？想吃赶紧来！"蓉蓉既想吃蛋糕，又怕丢面子，正在犹豫不决，静静喊道："姐姐快点了，我给你留了一大块。"蓉蓉磨磨蹭蹭地走过去，慢慢地也有说有笑了。从此以后，蓉蓉知道，宣布绝食没有用，她也就不再任性了。

（三）分析孩子的任性心理，讲究教育艺术

对任性孩子的行为矫正，要从分析孩子的任性心理入手。孩子任性可能是多种动机引起的，要冷静地分析孩子任性的心理原因，然后采取合理有效的对待方式。当孩子出现任性行为的时候，家长可以采取以下方式：注意转移法，即以新的刺激吸引孩子的注意力；冷却回避法，即不去搭理他，忙自己的事情，让孩子自己觉得没趣，找不到任性胡闹的宣泄对象（比如上文所述蓉蓉家人对待蓉蓉的方法）；心理暗示法，即家长经常表扬孩子通情达理，不会胡闹，孩子得到这样的表扬多了，想任性胡闹也不好意思了。

（四）向孩子讲明道理

有时候孩子可能并不是任性，而是家长的做法有问题。比如有位家长告诉孩子："等攒够了钱给你买一架钢琴。"结果攒够了钱，家里有老人住院了，急需用钱，这位家长就拿这些钱给老人治病了。这本来无可非议，可是当孩子问到为什么不买钢琴时，心情不好的家长把孩子训斥了一通，说孩子只顾考虑自己，老人住院也不体谅等，把孩子训得大哭了一场。其实，只要对孩子讲清道理，孩子是可以理解这样的做法的。

解决孩子任性的方法还很多，不论采取什么方法，关键在于让孩子认识到，合情合理的要求，不用哭闹也可以满足；不合理的要求，再哭闹也没有用。

第四节　我的眼里只有我自己
——自我中心性格的分析与矫正

一、案例简介

一位母亲向我介绍了她6岁儿子的一些表现：家里买回一只烤鸡，还没等到摆上餐桌，儿子就撕下两只鸡腿津津有味地啃了起来，边啃边说："好吃，好吃。"吃完之后，还意犹未尽地问："妈妈，鸡为什么不长四条腿呢？我还没吃过瘾呢！"他根本没有注意到，其他人还一口没吃呢！春节时候，亲戚们给了孩子不少压岁钱，孩子乐呵呵地收下了，还让爸爸给他在银行开了一个自己的账户，把压岁钱都存在里面。后来家里急需用钱，想拿孩子的压岁钱救急，孩子立即说道："没门！这些钱都是我赚的，为什么要让你们用？"开学后一天下午，孩子想画画，要求爸爸晚上去超市买一盒油画棒，爸爸答应了。没想到晚饭后下雨了，寒气袭人，爸爸跟孩子商量能否以后再买，反正也不是急用的。没想到孩子立刻翻了脸，坚持今天晚上必须拿到油画棒，还说爸爸说话不算数，答应过的事情也不愿意去做。爸爸一生气，数落了他几句，这孩子立即拍桌子摔东西，大闹不止……

点评：自我中心是指只考虑自己而不考虑别人，凡事只顾自己的观点和感受，只对与自己相关的事情感兴趣，生活在自我的小圈子当中，事不关己高高挂起，只要某些事情与自己无关，就做一个旁观者，从不去操心。一般来说，我们每一个人都有一定程度的自我中心，只有那些自我中心达到一定程度，已经影响了正常的人际交往，才被心理学定义为自我中心。

自我中心的主要表现是：过分关注自身，也认为别人都时时处处关注着自己，眼光无法超越自己去关注他人和外部世界；总是从自我的角度来思考问题，通常的逻辑是："我认为……""他应该……"等。与人相处，只考虑自己的需求。

自我中心的个性必须克服，自我倾向过于严重的儿童容易与同伴分裂，容易产生争吵和攻击行为，情绪波动强烈，比较容易产生不愉快的心理体验，容易赌气、被孤立，性格畸形扭曲，并造成人际关系紧张，很难与人和谐相处，影响正常的人际交往。

二、案例分析

儿童自我中心产生的原因主要有：

（一）家长的溺爱

案例中的男孩之所以形成了自我中心的性格特点，跟家人的溺爱有密切关系。我们看到，男孩吃完两只鸡腿仍意犹未尽，还为鸡没有长四条腿而惋惜；男孩得到了一些压岁钱，把钱存在自己的账户上，家里有急用也不给；男孩要求爸爸去买油画棒，他根本不管天气恶劣，反正自己晚上必须得拿到。这个时候家长的教育呢？男孩的妈妈虽然感到儿子的行为表现不太好，但并没有直接对孩子进行教育，正是家长对孩子的溺爱和对已经表现出来的自我中心行为的纵容,导致了孩子的自我中心越来越严重。

在生活当中我们还经常看到,有的家长对孩子提出的要求简直是百依百顺,甚至有的家长自己省吃俭用,但对于孩子则特别大方,花钱时眉头也不皱一下,觉得只要孩子吃得好、玩得好,自己再艰苦也值得。孩子久而久之会觉得所有好吃的、好玩的自己都应该有,如果没有的话就是家长没有尽到责任,认为家长为自己所做的一切都是理所当然的。这样的孩子必然形成自我中心的性格特点,他们只知道被人关心,而不知道关心他人。

现在的孩子大多数都是独生子女,在家庭中处于中心地位,其他一切家庭成员都围着他转。家庭关注过多,长大后孩子的思维和行为已经形成一种定式,认为所有人都应该为自己服务,对于家庭成员以外的人也按照这样的思维定式来对待,即任何事情只考虑自己,从来不顾及他人的感受。在关爱与呵护中,大人不断认可和迁就儿童的自我中心行为,有时,大人也知道不应该让孩子这样,但总认为树大自然直,不忍心纠正孩子的坏习惯。这样,孩子的行为更放纵,他们以自我为中心的表现在一次又一次的被满足中更加稳固。

(二)教养缺失

案例中的孩子之所以出现自我中心倾向,跟家长在教育过程中忽视培养儿童的道德判断和道德认识有关。据家长陈述,家里买什么好吃的东西,往往对孩子说:“吃吧,这都是给你买的。”从未让孩子考虑其他家庭成员,更谈不上和别人分享了。有时买回来好吃的东西,让孩子给其他家庭成员分,分到最后没有了,看到孩子哭丧的小脸,家长会心疼地说:“别不高兴了,我的不吃了,全给你。”结果造成孩子认为家里的一切东西都是自己主宰的,别人没有参与的机会。自己心情好,给别人分一些;自己心情不好,或是东西特别好吃,孩子舍不得给别人分,家人也不觉得孩子有什么不对的。

许多家长和老师对幼儿“转型”期的教育不细心,感觉不到儿童的自我意识发生了异样的变化,只是认为孩子长大后就自然会变好的,对孩子缺乏道德意识的表现视而不见;有的家长虽然觉得也应该培养孩子的道德认识,但只是轻描淡写地说一下孩子的自我中心行为。大人的忽视使孩子的占有欲越来越强。孩子总生活在一种人人让我、人人为我、我说了算、我是家庭的中心的环境中,怎能不逐渐养成“以自我为中心”的心理特点呢?

三、矫正策略

(一)帮助孩子形成正确的自我认识

要改变孩子的自我中心行为,首先要取消孩子在家中的“特殊”地位,让孩子知道自己在家庭中与其他成员是平等的。如果孩子从小在家庭中处于中心地位,家庭给予太多的关注,那么这个孩子长大以后就会只考虑自己而不考虑他人,只关心自己的个人利益,对其他事则根本不去关心。父母可以通过各种方式使孩子懂得世界上的一切事物都需要分担、共享,而不能让孩子的自我中心行为放任自流。比如家里买回来好吃的东西,家长可以让孩子根据食物的数量和家庭成员的数量合理进行分配;如果孩子的那份吃完了,其他家庭成员还有剩余,也不能把自己的那份食物分给孩子。这样可以消除其以自我为中心的意识,使孩子自我中心的行为逐渐减少。合理满足孩子的需求,不能对孩子的任何需求都无条件地给予满足,对孩子不合理的要求,要坚决拒绝。

(二)教孩子学会关心他人

父母、老师首先要教会孩子时常为别人做些事情,教孩子学会关心他人。比如当家庭成员生病时,由孩子给生病的家庭成员端水拿药、测量体温等。家长自己要做好表率,在孩子面前表现出对长辈的关心,这样就会潜移默化地影响孩子。有的家长觉得孩子行为能力有限,让他们做这些事情等于给自己添乱,其实让孩子从小适当地做些家务,对于培养他关心别人的意识很有好处。加拿大笑星大山在孩子两三岁时,就让他适当地分担家务,如饭后洗碗等。大山说:虽然孩子每次洗过的碗因为洗得不干净,家长还要再洗一遍,但是孩子很小就有了一种分担家务的意识和关心别人的意识。在家庭中,对孩子不要过分关注,特别是不能对孩子有求必应,否则会慢慢地强化孩子的自我中心意识,造成孩子日后在生活中缺乏独立性和通情达理的能力,以致不会关心别人,不会较好地处理人际关系。

(三)让孩子融入同龄群体

孩子之所以会产生自我中心的意识,一个重要原因是孩子和家长的交往其实是不平等的交往,因为孩子往往在家庭中居于中心地位。而当孩子和其他同龄儿童交往时,他们的地位是完全平等的,不存在谁让着谁的问题。因此孩子只有在同龄群体中,才会真正摆脱以自我为中心的意识。虽然有的孩子自我中心意识很强,但只要在同龄群体中多经历几次成功的合作,或者因为自我中心遇到过几次碰壁,他们心中的群体意识就会渐渐形成,并会慢慢摆脱自我中心意识的束缚。

另外,生活当中有这样一种现象:家长每逢自己生日时,总是很低调,不愿给自己过生日,而当孩子生日时总是非常隆重,不但要去饭店,而且必须要买生日蛋糕,叫上亲朋好友,热热闹闹地给孩子庆祝一番。这种做法,会强化孩子以自我为中心的意识。比较好的方法是孩子生日时,给孩子买些玩具或添件新衣服或者全家一起到郊外旅游,既表示了家长对孩子的祝福,又不至于强化孩子的自我中心意识。

第五节　妈妈，我怕
——胆小性格的分析与矫正

一、案例简介

案例一:小波的爸爸是个海员,常年在海上。小波从小跟着妈妈长大。妈妈很爱他,生活上对他照顾得无微不至。妈妈怕他有什么闪失,所以从小就给他定下了不少规矩,如上下楼梯不能蹦蹦跳跳,不准游泳,不准踢球,不准骑自行车,春游时不准爬山……小波逐渐变成了一个循规蹈矩、沉默寡言的孩子。别的孩子玩“冲锋打仗”的游戏,他只是默默地在一旁观看;和同学们一起玩时,一条小虫子会吓得他哭起来;他最害怕上体育课;做功课时,稍有一点儿困难就不做了,甚至有次去妈妈单位,见办公室里人多,他怎么也不敢进去。

案例二:晓玲原是一个很活泼的孩子,但上幼儿园之后,就变得特别胆小怕事了。在学校,她见到老师和同学都怯生生的,上课不敢发言,回答问题也是低着头,声音小得只有她自己才能听见;课间总是一个人躲在角落里;有时调皮捣蛋的学生故意去招惹她,她也不敢反抗,也不敢告诉老师,只是悄悄地躲开。

案例三:一个6岁小朋友,天性胆小,晚上睡觉不让关灯,即使关灯也必须有人陪在身边;一有什么声响,就会吓得连连后退,过年的时候别的小朋友都抢着放烟花爆竹,他总躲在屋子里,用手把耳朵捂上,一脸害怕的表情;妈妈从外面买了一束腊梅花,他很好奇,想摸又不敢摸;遇到不太熟悉的人,总是低着头不说话。

点评:研究表明,2—9岁的儿童中,90%的儿童都有特殊的具体的恐惧感,10—11岁儿童中有严重恐惧感的只有7%,这就是说,随着孩子年龄的增长和社会性的发展,孩子胆小怕事的现象可能会自动消失。孩子由于自身的弱小,难免会对自己能力范围之外的事情有所害怕,有些时候孩子害怕是一种很正常的现象,家长也不要给孩子直接冠以“胆小”之名。通过家长的培养,孩子会慢慢变得胆大的。

另外,孩子从小与父亲接触就少,加上母亲保护太多,限制太多,久而久之,孩子就感觉到自己生活在大人的羽翼之下,本来通过自己的努力就可以完成的很多事情,由于从未尝试过,也就树立不起做事的自信心,所以他做什么事情都怕,怕危险、怕人,更经不起挫折和打击。

二、案例分析

孩子胆小的原因主要有:

(一)孩子自身气质类型的影响

孩子的气质类型是天生的,有一定的遗传性,而且相对比较稳定。有些孩子天生不爱说话,害怕生人,他可能从小遇到陌生人时或在不熟悉的环境中就会退缩,躲在家长身后。胆小的孩子或多或少地存在自卑心理,总是怕自己做得不好或做得不对而不敢去做。这样的孩子不一定没有能力,他只是不愿意表露或不敢表露而已。

(二)在所经历的事情中受到挫折的消极经验

当孩子对外界没有什么了解时,他会经历一些危险,如划破手、摔伤腿等,这会使他变得越来越小心。有个小孩子从小并不害怕狗,但是一天去邻居家玩的时候,旁边有只大狗突然猛叫,一下子把孩子吓哭了,从此之后就开始害怕狗,只要看到狗,哪怕离很远,她也会哭着抱住妈妈说:“有狗,有狗,怕,怕!”

在孩子经历了这些令其恐惧的事情之后,如果家长给予的不是安慰和鼓励,而是责骂或者不屑,就会让孩子感到无助,而更害怕这些事情的出现。时间久了,这种害怕就会慢慢地加剧,甚至泛化，变得对很多事情都胆小。

（三）家长不恰当的教育方式

如果家长总是不停地告诉孩子“这里危险”“那里不安全”或拿某些恐怖的事来吓唬他，他就会变得胆小。家长不恰当的教育方式主要有：

1.**恐吓。** 孩子总有不听话的时候，不想刷牙，不想睡觉，不想吃饭，等等，有些家长不是晓之以理，而是用虎狼鬼怪来吓唬孩子。“你不听话是吧？大灰狼就专爱吃不听话的孩子，大灰狼要来了，我可不管了。”“你再不听话，我就把你关在门外。”“你不听话，我就不要你。”常常生活在这样的恐吓中，孩子能胆大吗？

俗话说：初生牛犊不怕虎。可是从“狼外婆”“大灰狼”的故事中，孩子学到的是什么？晚上黑咕隆咚的时候，就是这些“狼外婆”“大灰狼”要吃小孩子的时候，孩子听得多了，自然就会信了，所以也就愈加胆小了。

2.**不适当的暗示。** 有时，父母无意中的一些行为和语言也会让孩子感到害怕和恐惧，这是由于父母的行为暗示了某些事情的可怕，从而造成孩子的胆小。比如一个雷电交加的晚上，孩子正安静地睡在自己的小房间里。突然妈妈惊慌失措地跑进小房间紧紧地把孩子抱在怀里，并一个劲儿地安慰孩子“别怕别怕”。孩子从妈妈惊恐的动作中感到了雷电的可怕，从此之后再不敢一个人睡在小房间了。

生活中更有家长使出撒手锏：“你要是不听话，我就把你送幼儿园。”“我让幼儿园的老师收拾你！”这些话对于孩子来说意味着什么？幼儿园是个可怕的地方，幼儿园的老师是很可怕的。孩子上了幼儿园，还能开心、快乐吗？还不得整天寻思老师什么时候收拾他啊？因此家长的态度和行为对于孩子来说，有着很大影响。父母检点自己，才能帮助孩子。

3.**过分的保护。** 孩子要爬滑梯，家长说：“不行，那么高要是摔下来怎么办？”孩子要独自一人上幼儿园，虽然只有很近的一段路，家长还是会说：“不行，路上遇到坏人怎么办？”如此等等，不一而足。每个孩子都需要得到家长的关心与爱护，但过分的关照与保护，只会使孩子畏首畏尾，不敢越雷池一步。

凡事包办，把孩子当成弱者看待，孩子怎么能不胆小？胆量是在实践中锻炼出来的，一次次成功的实践，会使孩子产生继续实践的愿望；一次次失败的尝试，能增强孩子承受挫折的能力。没有任何的实践，就会让孩子的手脚都束缚起来，真正遇到事情的时候，能力也就难以施展出来了。

家长的安全意识过强，总是吓唬孩子，孩子无论做什么事情都说危险，久而久之，孩子就会总结出一条经验，最可靠的办法就是什么也别碰、什么也别动、什么也别做。但当孩子什么都不做时，家长就看到了孩子的胆小。

三、矫正策略

每个家长都希望自己的孩子聪明、勇敢，但有些家长却失望地发现，自己的孩子这也怕、那也怕,不敢看小虫子,不敢听见打雷,不敢滑滑梯,不敢见到陌生人……有些家长看到这样的孩子,就有一种"恨铁不成钢"的怒火和焦虑。在面对孩子的这些胆小性格时,作为父母,我们除了要多问几个为什么之外,还应该通过以下途径予以矫正:

(一)给孩子足够健康的爱

也许每个父母都会说自己爱孩子,但面对孩子的胆小怕事,很多家长还会用"胆小怕事""胆小鬼"等话语刺激孩子,这些话让孩子感受到的不是爱,而是生气、指责。这种负面的评价可能会加剧孩子的恐惧、受惊心理,并且会让孩子体验到羞耻、不安感,进一步增强对恐惧对象的刺激性。孩子虽然小,但也是有自尊心的,过分的指责和批评会让孩子认识到自己的缺点和不足是无法更改的。这种认识,会让孩子在成长的过程中更加畏缩与胆小。因此,面对胆小的孩子,给予其更多的宽容和爱显得尤其重要。

给孩子一份健康的爱,就是要接受孩子的现状,不管孩子怕的是什么,怕的程度有多大,作为父母,都要毫无保留地接受自己的孩子,宽容孩子的不足。并且,作为父母,应该经常告诉孩子父母喜欢他(她),让孩子体验到父母的肯定和支持,这是培养孩子胆量的一个前提。

另外,父母应该和孩子建立一种朋友式的关系,和孩子一起玩要,一起做游戏,还可以一起做家务,让孩子充分感受到父母所给予的爱。作为家长,千万不能在孩子退缩的时候当面责骂孩子没有出息,否则孩子会变得更加怯懦。

(二)放手让孩子去做

有人看见一个已裂开一条缝的蛹壳,里面的幼蝶正在痛苦地挣扎,他于心不忍,便拿剪子把蛹壳剪开,幼蝶顺利地脱蛹而出。可是这只早产的蝴蝶却因身体软弱,翅膀干瘪,根本飞不起来,不久便死去了。原来,幼蝶在蛹壳中的挣扎是在锻炼自己,让身体更加结实,翅膀更加有力,使自己脱蛹后能够飞翔。但恰恰是那颗充满同情的"爱心"害死了这只本可翩翩起舞的蝴蝶。

很多孩子在最初的时候对事物没有恐惧感,可是在成长的过程中,有些孩子慢慢地开始对某些事物感到害怕甚至恐惧。这时家长如果一味地保护孩子,就会让孩子难以独立面对,一有什么动静就喊爸爸妈妈。因此,要想让孩子健康成长,父母所应该做的,不是给他一个没有任何风吹雨打的怀抱,而是一条适当的坎坷之道,这就是近些年来社会一直强调的"磨难教育"。例如,看到孩子受欺负,家长不要有太大的情绪反应,而要教会他如何应对。如告诉他不要以哭相对,要学会镇定自若,对别人的捉弄要不加理睬,对别人的欺负要勇敢面对,必要时还可向老师求助。

放手让孩子去做一些力所能及的事情,有助于培养孩子的独立意识,对于胆小怕事的孩子来说,更是锻炼胆量的最好方法。比如帮母亲拿筷子、整理衣物,帮父亲搬凳子、捶背等;或者让稍大一点的孩子去买酱油、盐等;到超市购物,让他自己挑选物品,或者帮助家长决定买什么等。通过这些事情,孩子体会到自己也可以把事情做好,认识到自己的能力,这样在做事情时,胆子也就慢慢变大了。应当注意的是,在这些活动之中,家长切忌说“别给我添乱了”之类的话来打击孩子的积极性,而应该不管孩子做得好与不好,都对其加以称赞。

因此,无论家庭教育还是学校教育,教育者都应做到:多一些旁观,少一些干预;多一些鼓励,少一些代劳。通过“一分管、三分导、六分放”,为孩子们营造一个自由探索的宽松氛围。

(三)培养孩子的自信心

鼓励孩子经常和小朋友一起游戏、交往,交给他一些与同龄孩子交往的技巧和方法。即使孩子有一丁点儿的进步,家长也应该及时夸奖孩子,给一些口头奖励或者物质奖励,让孩子体验到自己进步后的满足感和成就感。

经常鼓励孩子,让孩子觉得父母永远都是支持自己、相信自己的。当孩子遇到问题,寻求父母的帮助时,父母应该认真对待,不能说一些“这都不会”“你怎么这么笨”之类责怪孩子的话,而应该和孩子一起讨论、商量,了解孩子的想法,再给予适当的指导。对孩子的每一点进步加以赞扬和欣赏,是使胆小怕事的孩子健康成长的一个有效方法。

家长也可在暗中帮助孩子,使他体验到成功的喜悦,从而对自己充满信心。成功的机会越多,孩子就会越有自信心,他也就不会再胆小懦弱了。

(四)让孩子多长见识

多带孩子到商场、菜场、娱乐场所等人群比较集中的地方,或者多与亲戚朋友交往,逐步扩大孩子的交往范围。家里来客人了,可以让孩子出来帮忙招呼客人,同时应该注意营造比较和谐的交往氛围,这样孩子会感到安全、舒服而愿意待在那些地方。孩子看到别人交往的模式,以及对陌生环境的适应,有助于孩子适应性的发展。另外,应该多鼓励孩子和同伴交往,而不能因为怕孩子受到别的小朋友的欺负,或者不愿意让别的小朋友分享孩子的玩具而让孩子一个人待在家中,这样的做法只会加重孩子胆小的心理。

(五)快乐链接

有人做过这样的实验:把一个幼儿放在一个房间的地板上,然后从一个墙洞里放进一只猫。开始时幼儿对猫并不害怕,甚至要用手去抓它。实验开始了,在猫出现时,实验者在幼儿背后猛击一下地板,使幼儿受到惊吓。这样重复多次,幼儿便形成了一种条件反射,一旦猫出现,幼儿便表现出恐惧的情绪。

过了一段时间,还是把幼儿放到那个房间去,当猫出现的时候,幼儿自然很恐惧,这时,实验者给幼儿送去他平时最爱吃的食物和玩具。一旦猫被拖回去,食物和玩具也被收回;当猫再次出现时,食物和玩具又被送来。这样,猫的出现伴随着幼儿喜悦、愉快和满足的情绪,反复强化多次之后,当猫单独出现时,幼儿也不再害怕了。

因此,如果想克服孩子的胆小、恐惧心理,可以设法在孩子做一些他不敢做的事情时,让孩子获得一些非常高兴的体验,如父母的称赞、表扬、物质奖励(获得一些意外的礼物、得到最喜欢的玩具、吃到最喜欢吃的食物)等,可减弱孩子的恐惧心理,害怕感也会慢慢消失。特别是孩子主动表现出勇敢和其他正常的、大胆的行为时，更应该及时予以奖励。这样，通过反复的强化训练，孩子的胆小行为就一定能矫正过来。值得注意的是，训练一定要一步一步地进行，严格掌握分寸，避免急躁。

第六节 我家有个夜哭郎
——哭闹的分析与矫正

一、案例简介

案例一："天皇皇地皇皇，我家有个夜哭郎。"涛涛的爸爸妈妈、爷爷奶奶对这首儿歌的感触可真是太深了。涛涛一生下来，哭声就比别的孩子响亮得多。他妈妈说："孩子生下来，我第一眼看到他时吓了一大跳——孩子哭的时候，整个脸上没别的，就剩下一张咧开的大嘴了。"这话虽然夸张，可是也清楚地反映了涛涛哭时声嘶力竭的样子。可现在涛涛4岁了，还是表现得爱哭爱闹。一天晚饭后，一家人到外面散步，忽然涛涛看到不少孩子正在气垫床上玩得起劲。涛涛也兴高采烈地想要上去玩，妈妈觉得刚吃完饭，剧烈活动不好，就告诉涛涛："先去散步，散步回来时可以玩一会儿。"涛涛的小脸一下子拉长了，执拗地说："我不散步，我现在就玩！"妈妈听了，说了涛涛几句，没想到涛涛"哇"的一声号啕大哭起来。妈妈生气了，提高了嗓门训斥涛涛，涛涛也毫不示弱，不断提高自己的音量，用更加尖厉的哭声回敬妈妈。尴尬地站在旁边的爸爸实在没有心情欣赏这"二重奏"，他先是制止了妈妈的训斥，然后交了钱，把涛涛抱到了气垫床上。涛涛的哭声戛然而止，欢快地玩了起来。

案例二：雯雯是个聪明乖巧的小女孩，非常讨人喜欢，就是有个缺点：爱掉"金豆豆"，按她奶奶的说法是"眼窝子浅，存不住泪"。爸爸妈妈别说批评她了，有时说话的语气重了些，雯雯就会受不了。有一天回奶奶家，奶奶给雯雯盛饭稍多了一些，雯雯吃了好半天没有吃完，明明吃不下又不敢说，就开始眼泪汪汪的了。奶奶慌了神，忙把雯雯剩下的饭菜端走，雯雯脸上就又"多云转晴"了。雯雯平时和妈妈一起睡。一天晚上妈妈在单位加班，爸爸让雯雯先睡觉，自己忙别的事去了。过了好久，爸爸过来看她睡着没有，一开灯吓了一跳——原来雯雯正躺在床上流眼泪呢！枕头已经湿了好大一片。问她为什么哭，她说："我以为你们都不要我了。"

点评：一般来说，当一个人遇到挫折、不如意的时候，产生愤怒、悲伤等消极情绪是很正常的。有人认为哭是孩子的一种手段，其实哭是人的情绪状态的正常表现。心理学把人的基本情绪状态分为快乐、悲哀、愤怒、恐惧，因此哭是儿童与成人面对挫折时的正常反应。像案例二中的雯雯，就爱以哭表达自己的情绪。生活中有人说这些孩子"眼窝子浅，存不住泪"，但这种孩子往往属于乖巧型的，很少闯祸、惹事，也让家长比较放心。而案例一中的涛涛则以哭闹作为制服家长的武器，很多父母面对孩子这样的哭闹手足无措，从而使孩子达到自己想要的结果。

二、案例分析

儿童哭闹的原因主要有：

（一）气质类型的影响

通过观察可以大致判断，涛涛的气质类型属于胆汁质，这种气质类型的显著特点是神经兴奋性高，不平衡，情绪爆发性强；而雯雯的气质类型基本属于抑郁质，这种气质类型的显著特征是情绪发生慢，内心体验深刻，内向，反应迟缓。不同气质类型的孩子，在哭闹方面也会表现出明显的区别，抑郁质气质类型的孩子比其他气质类型的孩子哭的频率要明显高得多。从涛涛和雯雯哭的过程来看，涛涛的哭更多带有“闹”的成分，而雯雯的哭则是发自内心的。

气质类型往往会给人的个性、行为涂上某种色彩，是一种显露在外部的动力活动特点。抑郁质气质类型的人，比其他气质类型的人爱哭。案例二中的雯雯应该是属于抑郁质的，因此比较容易以哭来表现自己的情绪。

（二）孩子以哭闹来制服家长

我们经常看到这种场景：有时孩子想买一个玩具而家长不给买，或者是孩子想要玩耍家长不同意，孩子的要求没有得到满足，于是就大哭大闹，甚至撒泼、满地打滚。开始时，父母还能耐得住性子，不予理会；等到孩子哭声越来越大时，家长沉不住气了，或者觉得孩子的大哭大闹让自己没有面子了，就会大声呵斥孩子；随着孩子的哭声不断提高，家长觉得自己拗不过孩子，就只好顺从孩子，满足孩子的要求。于是孩子就在这种情况下懂得了一个制服父母的秘诀——哭闹。下次当他有要求时，他就会使出这个撒手锏。这种以哭闹作为武器来制服家长的“战争”逐步升级，而父母也只有举手投降了。

任何孩子都是非常聪明的“小小心理学家”，他们会经常根据家长的反应来决定自己下一步的行为。如果孩子发现，无论自己怎么哭闹，家长总是坚持原则、毫不让步（当然这样的家长并不太多），孩子就只有乖乖地擦干眼泪，停止哭闹；如果孩子发现，家长貌似严厉，实则对自己的哭闹手足无措，孩子就会利用自己的哭闹，达到自己想要的结果。孩子以哭闹制服家长、战胜家长的做法屡试不爽，就会把哭闹当做对付家长的法宝。

三、矫正策略

（一）耐心讲道理

面对孩子的哭闹甚至胡搅蛮缠，家长可能会很着急、气愤甚至火冒三丈，但必须先要心平气和地向他讲道理。比如案例一中涛涛要玩气垫床，家长首先要告诉他饭后剧烈运动的害处，必要时可以采取一定的劝说策略。比如告诉他：“饭后剧烈运动会让你肚子疼，可能会得阑尾炎，弄不好还要去医院动手术呢！”这样带有一定恐惧性的劝说方式，能够收到较好的效果。有时候孩子过分纠缠，家长不要太过于注重口头语言的劝告，可以采取不予理睬的方法。

（二）冷处理法

《居里夫人传》里有这样一段描述：居里夫人正在为研究镭而日夜操劳，而她的第二个女儿艾芙却因为一件小事对她大哭大闹。居里夫人决定采取“冷处理”,不理睬孩子的哭闹,掉头就走。孩子见妈妈走了,再哭也没有用,就不哭了。等晚上回到家,居里夫人也是冷冷地对女儿说话, 这时女儿感到惶惑了,感到不妙:妈妈不爱我了,平常妈妈不是这样的呀。终于,孩子受不了这种冷淡的场面,向妈妈承认了自己的错误,居里夫人这才改变态度,认真地对女儿说:“孩子,你大哭大闹,妈妈很生气。你只要不哭闹了,妈妈还是爱你的!”于是一切恢复了常态。这件事让艾芙知道:哭闹无用,这次无用,今后也无用。

家长在对待孩子哭闹的时候不要大吵大叫,家长的嗓门再大,也总有安静下来的时候。孩子虽然一开始会被家长的大嗓门吓住,但时间长了就会发现家长无非大嚷几声,也没有什么可怕的。如果因为大吵大叫让孩子感到丢了面子,孩子还会和家长“斗智斗勇”,在其他地方找回自己的尊严。

素质培养篇 >>

导读要点：

你了解如何开发学前儿童的智慧潜能吗？
你懂得如何激发学前儿童的积极情感吗？
你知道如何培养学前儿童的良好习惯吗？
你掌握如何塑造学前儿童的良好个性吗？

“素质培养篇”将从学前儿童的观察力、想象力、操作能力、语言表达能力的培养来说明学前儿童智慧潜能的开发；从积极情绪、同情心、好奇心、自信心的培养来呈现儿童情感潜能的发掘；提供学前儿童独立性、规则意识、分享、交往能力的培养措施，帮助你把握儿童行为习惯内化的规律；提供学前儿童良好个性的培养措施，让你懂得如何提高儿童适应环境的能力、促进儿童性心理的健康发展，使儿童成为一个性格开朗、品行高尚的人。

第六章

※

开发智慧潜能

※

幼儿期是开发智慧潜能的关键期，智力是人的最一般的潜能和智慧行为，主要包括注意力、观察力、记忆力、思维力、想象力、创造力等。潜能和智慧行为，意指智力具有潜在能量，具有发展的潜在可能性，可以预测其发展水平。通常说开发智力就是发掘智慧的潜在能量。

※

第一节　学会察“颜”观“色”

一、观察力是智慧的门户

案例：1975 年出生的任寰，从小患过敏性哮喘，多次住院、打吊针、输氧，小时候不爱说话。她 7 岁写诗，9 岁发表作品，10 岁出版第一本诗集，12 岁加入河北省作家协会，18 岁考入北京大学中文系。至今已出版诗集、文集 7 部，发表各类文章近 500 篇，多次获国际、国内文学奖。任寰为什么会取得这么好的成绩呢？

点评：任寰取得的成绩和她善于观察有密切的关系。任寰小时候好奇心强，求知欲旺盛，父亲经常领着她到大自然中尽情地玩耍，观察万物的变化。父母在平时也注意指导她观察。通过观察，任寰的眼界开阔了，兴趣浓厚了，爱思考了，作品也多了。

观察是人们认识世界、增长知识的主要手段，它在人们的实践活动中具有非常重要的作用。科学研究告诉我们，人的大脑所获得的信息，有 80%—90%是通过眼睛和耳朵吸收进来的。一个人，如果没有较强的观察力，他的智力就很难达到高水平。什么是观察？观察是一种有目的、有计划、比较持久的知觉过程，在这一过程中所表现出来的稳定的品质和能力就是通常所说的观察力。观察力强的儿童能全面、深入、准确、迅速地把握事物的特征。观察事物时，不仅要用眼睛看，用耳朵听，用手触摸，用鼻子闻，用舌头尝，更重要的是用大脑去思考。观察力是构成智力的主要成分之一，没有观察，智力发展就好像树木生长没有了土壤，失去了根本。

从生理学和心理学的角度来看，一个人如果长期生活在单调枯燥、缺乏刺激的环境中，观察的机会少，就会使脑细胞比较多地处于抑制状态，大脑皮层发育较缓慢，影响智力的发展。相反，如果一个人长期生活在丰富多彩、充满刺激的环境中，经常到户外去观察各种事物和现象,大脑皮层比较多地处于兴奋状态,大脑的发育就相对较好,智力也比较发达。

由此可见,观察是一切知识的门户,是孩子认识世界的重要途径,是人类智慧的窗口,是创造力的源泉。儿童的观察能力,是成功地完成学习任务的保证。伟大的生物学家达尔文曾说过:"我既没有突出的理解力,也没有过人的机智,只是在觉察那些稍纵即逝的事物并对其进行精细观察的能力上,我可能在众人之上。"因此,在人一生成长的关键时期——儿童期,成人应当重视儿童观察力的培养。观察力是智力的重要组成部分,抓好儿童观察力的培养,有利于儿童智力的增长和智力水平的提高。

二、如何培养观察力

培养孩子的观察力,基本要求是细致,基本原则是全面,准确是观察的根本,发现特点是观察的目的。具体措施主要有以下几个方面:

(一)明确观察目的

孩子对观察任务的了解直接影响观察的效果。观察目的越明确,孩子的注意力就越集中,观察也就越细致,观察的效果也就越好。任寰的父亲带她到公园玩,出家门时父亲就告诉她:你要注意观察事物的特点,越细越好,回来写篇日记。到了公园里,任寰就非常注意观察:看看公园里的花都是什么颜色和形状的;有哪些鸟,小鸟是怎么唱歌的。这样孩子就能有的放矢地去观察,从而获得更多的观察收获,逐步丰富自己的知识经验。

(二)多种感官参与,培养观察兴趣

兴趣是观察的起点,有了浓厚的兴趣,就会主动去认识事物。只有抓住孩子感兴趣的事物,他们才能乐于观察。父母可以引导孩子观察他熟悉的、喜爱的、特征比较明显的、容易辨认的事物,激发孩子积极观察的强烈愿望。在引导儿童观察时,力求让儿童的多种感觉器官参与。如观察水果时,可以让儿童用眼睛看、用手摸、用口尝、用鼻子闻,从而获得对水果颜色、形状和味道的感性认识;也可以带儿童到大自然中去认识大千世界,亲眼看看绿油油的小草,亲耳听听优美动听的鸟叫,亲手摸摸落下的树叶,亲口尝尝飘落的雪花,从而认识春、夏、秋、冬四季。成人还可用自己的情感和语言来感染儿童,使他产生看的愿望。当儿童有了兴趣后,注意力就会集中,就会投入地观察。

(三)教给儿童正确的观察方法

儿童对某一事物的观察往往是片面的、不准确的,他们的观察不系统、没有条理,因此,要教给他们正确的观察方法。掌握了这些方法,儿童的观察水平就会得到很大的提高。观察的方法主要有:

1.综合观察法。 即先局部后整体或先整体后局部的观察方法,以达到对观察对象全面正确的认识。比如观察鱼缸里的金鱼,先看一下有几条金鱼,分别是什么颜色,大小的情况;然后再进行具体观察:金鱼的眼睛、尾巴、游动的姿势等,这样的观察才比较全面。

2.对比观察法。 通过比较,可以使儿童在观察的过程中发现两种以上现象的不同以及其

中的奥秘。比如让孩子观察春季和秋季的异同，可以引导孩子观察不同季节人们穿的衣服、树叶的颜色等差异，这样可以深化儿童对季节的理解。

3.顺序观察法。 事物的发生发展一般都有一个先后顺序，如植物的生长、昼夜的更替等。让孩子有顺序地观察，不仅能使他们有条理地思考，而且可以让孩子认识某一事物发展的全部过程，使孩子养成按顺序观察的好习惯。比如春天到了，让儿童观察小树苗什么时候发芽，叶子的颜色是怎么变化的，让儿童理解四季的更替。一般来说，观察是由近及远或由远及近，从上而下或从下而上，从左到右或从右到左，先中间后四周或先四周后中间，由表及里或由里及表等。

4.重点观察法。 在事物完整的发展过程中，必定有一个环节是主要的，这个环节就是重点观察的对象。这些训练对培养孩子抓中心环节，掌握大局有好处。比如带孩子去公园游玩，公园里的景物多种多样，在有限的时间内不可能观察到所有的事物，应该挑选有代表性的景观让孩子进行观察。

（四）鼓励儿童多提问，引导儿童在观察中思考

不同年龄的孩子常常会向父母和老师提出一串串精彩的问题，如："天冷时水为什么会结冰？""为什么会下雨？""爸爸妈妈，你们拍照片怎么不叫我？"孩子们的问题有许多是父母们想不到的，也有些是成人觉得荒唐可笑的。面对孩子的提问，有的父母会不耐烦地说："去！哪有这么多为什么？"还有的家长会说："别问了，你长大后就明白了。"有些家长误认为即使告诉孩子答案他们也听不懂，而有些问题家长自己也不太清楚，也有些家长认为这些问题不值得回答，还有的家长忙于自己的事情没有耐心回答问题。这样，往往会使孩子很扫兴，损伤孩子的自信心，打击孩子的积极性，甚至磨灭孩子对周围事物的敏感性与思考。应该明白，孩子有很大的发展潜力，当孩子提问时，正是孩子求知的好机会。所以，成人应鼓励孩子多提问，引导他们对周围事物进行观察与思考。

对孩子提出的问题，成人不要立即把问题的答案告诉孩子，可以先启发孩子思考，鼓励孩子勤观察，然后再寻求问题的答案。在孩子有了观察意识之后，还应该引导孩子将观察与思考结合起来，孩子观察后提出问题是思维的必然结果。如果孩子观察了事物，却对事物的一切无动于衷，这个观察就失去了意义。因此，成人要注意培养孩子的观察力，尤其是鼓励他们观察后思考。在孩子没有观察思考的习惯时，我们应主动向孩子提出问题，引导他们去思考刚刚观察过的事物，直到他们能够主动地从中提出问题。

（五）提供机会，让儿童扩充知识

观察力的高低与孩子视野是否开阔有关。孤陋寡闻的孩子，缺少实践的机会，观察力必然受到影响。看到同样一种现象，有的孩子能说出许多，有的孩子却说不上几句，这是为什么呢？这与孩子知识积累的情况有关。善于积累知识，将道理融会贯通，观察问题就会比较深刻。所以要给孩子提供各种各样观察的机会，丰富孩子的感性经验。任寰的父母经常引导她走进社

会、走入大自然，接触生活，观察世界，扩大眼界，鼓励她遇事多问几个为什么，启发她思考问题，这对任寰后来的成功有极大作用。任寰的父母在平时也注意指导她观察，比如让任寰观察家里养的花草、小鱼，看看天空中的云彩，晚上带任寰观察星空，讲讲简单的星系。

其实，日常生活中可以观察的事物多种多样。春暖花开时，让孩子到户外玩耍，带孩子郊游，引导孩子观察大自然景象；下雨时，让孩子看雨水落在地面上溅起的水花；秋天刮风时，让孩子看纷纷落下的树叶；冬天，让孩子看雪花是什么颜色和形状的。家长和老师应保持一颗童心，对孩子要善于发现和引导，让孩子在生活中学习知识，增长智慧。

总之，观察是儿童探索、认识世界的重要手段，成人要积极发展儿童的观察能力，通过观察活动促进儿童的发展。儿童要想拥有一个智慧的大脑，就应该勇敢地拓宽视野，善于观察，为自己的智力发展开启一扇明亮的“窗户”，为自己的大脑赋予一双聪明的“眼睛”！

第二节　展开想象的翅膀

一、想象力是创造的源泉

案例：星期天，妈妈带辰辰到公园玩，辰辰指着天上的朵朵白云，告诉妈妈：这朵云像小兔子，那朵云像棉花糖。妈妈指着旁边的云彩问他像什么，辰辰说像爷爷家的绵羊。看见路旁的柳树叶，辰辰说“弯弯的，像眉毛”。看见花坛里的花，辰辰说“圆圆的，像娃娃的脸”。妈妈看到辰辰的表现，欣慰地笑了。

点评：辰辰的表现说明他的想象力丰富。想象是人脑对已有表象进行加工改造，形成新形象的过程，是人类探索自然规律的一种重要思维形式。大家都见过天上飞的鸟、河里游的鱼，对小鸟和鱼的形象进行加工，形成飞机和船的新形象的过程就是想象。儿童在 1 岁之内是没有想象力的，1—2 岁出现想象的因素，2—3 岁想象力有所发展，但还是处在初级阶段，3 岁以后，有意性和创造性的想象初步发展。大胆和丰富的想象可以推动科学不断发展。爱因斯坦说过：想象力比知识更重要，因为知识是有限的，而想象力概括着世界上的一切，推动着进步，并且是知识进化的源泉。严格地说，想象力是科学研究中的实在因素。每个人都会看到苹果落地，但平常人却熟视无睹，而有着丰富想象力的牛顿却展开想象，受到启发，发现了万有引力定律；瓦特看到壶里的水开了，蒸汽能把壶盖掀开，于是发明了蒸汽机。由此可见，想象力是创造发明的基础，教师和家长应有意识地培养孩子的想象力。

对于想象力的发展来说，“自由”是最重要的因素。这种自由包括时间上、空间上、行为上、思想上等多方面的自由。如果成人总是告诉孩子，天是蓝的，树叶是绿的，那么儿童就没有想象，给孩子的自由越多，孩子想象的空间越大，想象力的发展就越有可能。儿童期是一个人的想象力迅速形成和发展的时期，想象力的培养应从婴幼儿开始。

二、如何培养想象力

(一)扩大视野,丰富儿童的感性知识和生活经验

想象需要原材料,知识和经验的积累是儿童想象力发展的基础。大自然是活教材,早晨的日出、夜晚的星空、多变的浮云、冬天的冰雪、植物的生长等,都是进行丰富想象的原始材料。教师和家长应经常带孩子到大自然中去,让大自然启发孩子的想象力,让孩子多接触自然、接触社会、接触人世间的万事万物,使孩子对尽可能多的事物产生基本的认识,在未来的想象活动中拥有更多的事物形象。家长可以带孩子参观动物园、公园、植物园、博物馆、美术馆,启发他们认识自然景色。只有让孩子亲自去感受,亲自去实践,才能丰富他们的想象力,提高智力。辰辰的父母经常带他出去玩,指导他去感知客观世界,并且让他多看、多听、多模仿、多观察。通过参观、旅游等活动,孩子的视野开阔了,生活经验丰富了,为孩子的想象增加了丰富的素材。

(二)合理而充分地利用玩具和游戏,激发儿童的想象力

每个孩子都喜欢游戏,在游戏中孩子的想象力能够得到很大的发展。玩具为儿童的想象活动提供了物质基础,玩具容易使儿童触景生情,从而展开各种联想,有时儿童可以长时间地沉浸于自己的玩具想象中。比如儿童抱着布娃娃做游戏时,会把自己想象成“妈妈”,还会自言自语地说“娃娃不哭,妈妈抱抱,娃娃睡觉”等。有趣的游戏,能够活跃儿童的想象,促进想象力的发展。

幼儿园应当经常开展游戏活动,家长也应该给孩子提供适当的玩具,让儿童在轻轻松松的游戏氛围中,想象力得到充分的发展。

(三)通过语言活动发展儿童的想象力

儿童想象力的发展离不开语言活动,故事对学前儿童有较强的吸引力,尤其是童话故事,更适合幼儿想象力的发展。孩子在听故事时,想象力特别活跃,头脑中不断出现故事中的人物、情景,并且想象以后的情节,在这一过程中孩子的想象力得到了发展。在讲故事时,家长对个别生动的情节不做细节性描述,而让孩子来补充描绘角色的神态、行为等。当孩子听故事、学诗歌的时候,家长也可以通过提问引导孩子想象。歌德的妈妈就很注重孩子想象力的培养。歌德小时候,妈妈给他讲故事时,讲一段总是停下来,让歌德自己去想象故事的发展,也许正是基于这种想象力的培养,歌德才最终成为世界上著名的大作家。

也可以让孩子续编故事或儿歌,成人把故事的前半部分讲给孩子听,让他们去编故事的结尾,通过续编活动发展儿童的想象力。此外,还可以通过“词语接龙”的游戏来发挥儿童的想象力,如天—天空—空气—气流—流动—动人—人名—名字—字母等。通过一问一答的方式,让儿童积极想象,促进想象力的发展。

(四)充分利用艺术活动发展儿童的想象力

1.通过美术活动放飞儿童的想象,让儿童插上想象的翅膀。

鼓励孩子从小学画画,通过绘画活动来激发儿童的想象力。画画,特别是意愿画,可以发

挥儿童的想象力，构思出奇特、新颖的作品。当孩子画画时，成人要激发儿童的灵感，鼓励儿童大胆作画，画出内心的真实感受，不要干涉孩子画什么、怎样画；在看孩子的画时，不要用成人的标准，更不能以“像不像”为标准，多让孩子介绍自己的画，孩子眼中的世界不同于成人，要允许孩子挑选自己喜欢的颜色。对于同一个题材，可以鼓励孩子从不同的角度思考，画出不同的画。除了让孩子画画外，还可以让他补画。如画一个人头，让孩子添上眼睛和嘴；画一个正方形，让孩子添加几笔，画成窗户；画一根树干，让孩子添枝加叶，或者添上果实。这些锻炼可以使孩子思路开阔，想象丰富。

通过泥工活动激发儿童的想象力。孩子很喜欢玩橡皮泥，可以通过玩橡皮泥来培养他们的想象力。在泥工活动中，儿童运用揉、搓、团圆、压扁等技能，塑造自己喜欢的物体，在玩橡皮泥过程中增加了同伴间的互动交流与合作，最大限度地发挥了儿童的想象力和创造力。比如小熊要过生日，先让幼儿讨论：怎样让小熊过一个愉快的生日？有的小朋友说为小熊准备许多好吃的东西，有的说多请几个小动物陪小熊玩。然后让孩子们为小熊做各种生日礼物。有的做蛋糕，有的做蔬菜，有的做香蕉、桃子、苹果、橘子、草莓、石榴、柿子等水果，有的为小熊做了许多可爱的小伙伴，如小兔、小鸟、小马等，还有的为小熊制作了沙发、餐桌和碗，为小熊布置了一个美丽的餐厅。

2.音乐和舞蹈活动也是培养儿童想象力的重要手段。

音乐能陶冶人的情操，调节人的情绪，特别是节奏明快的音乐，能使人变得振奋。当孩子欣赏音乐时，要引导他们去听、去想，鼓励孩子说出自己的感受。当听到情绪激昂的进行曲时，孩子们会雄赳赳气昂昂地大踏步前进，还说自己是解放军；当欣赏《龟兔赛跑》时，听到轻松跳跃的旋律，孩子们能想象出在草地上蹦蹦跳跳的小白兔，听到低沉缓慢的旋律，孩子们能想象出缓慢爬行的乌龟；跳蒙古舞时，可以让孩子想象自己骑马奔驰在草原上。在音乐声中，儿童的情绪兴奋愉快，想象力得到尽情的发挥。

（五）调动多种感官培养儿童的想象力

培养儿童的想象力要培养他们的具体感，就是要把头脑中的想象说出来、写出来、画出来。因此，教师在组织活动时，要充分调动孩子的各种感官系统。比如在认识水果时，引导孩子多观察。让孩子闭上眼睛闻气味，边闻边想象，刺激孩子的嗅觉系统；在一个不透明的袋子里放入不同的水果，让孩子摸一摸，刺激他们的触觉系统；然后通过交流，表达自己的感受，教师应鼓励儿童用不同的方式来表达感受。多种感官参与可以充分调动孩子们的好奇心、积极性、探索欲望，培养他们的想象力。

儿童想象力的培养很重要，想象力是创造的源泉。歌德说：“没有想象力的灵魂，就像没有望远镜的天文台。”有人形象地比喻说：客观实际是空气，想象力是翅膀，只有两方面紧密结合，才能飞得高、飞得快、飞得远。教师和家长要创造各种条件，采用多种形式，让儿童多观察、多思考、多联想，展开想象的翅膀，在知识的海洋中尽情遨游。

第三节　手指尖上的智慧

一、动手操作能力是展现儿童内心世界的载体

案例：乐乐是个心灵手巧的孩子，每当节日来临的时候她都会动手做贺卡，送给自己喜欢的人。新年快到了，乐乐拿出白卡片和不同颜色的彩色纸片，找来各种漂亮的图案、剪刀、胶水、彩笔等。她先画一幅漂亮的画送给爸爸妈妈，再画一幅送给老师，把漂亮的图案粘贴上去做装饰。看着自己做的卡片，乐乐高兴地笑了。

点评：现代生命科学的研究早已证明："手是思维的镜子，是思维的培育者，是智慧的创造者。"皮亚杰曾经说过："知识来源于动作，而非来源于物体。"常言道"心灵手巧"，手是儿童认知周围世界的重要器官。脑科学研究发现，大脑中有近 5 万个神经细胞控制着人体躯干，其中又有 40%的神经细胞控制着手的发展。发展训练手的精细动作，通过游戏活动来刺激脑部的发育，可以促进儿童潜能的发展与提高，开启他们智慧的大门。

美国哈佛大学的一些社会学家、行为学家和儿童教育专家，对波士顿地区 400 多名少年儿童做了长达 20 年的跟踪调查，发现动手能力强的孩子与不爱动手的孩子相比，长大后的失业率为 1∶15，犯罪率为 1∶10，平均收入要高出 20%左右。这似乎从一个方面证明了动手能力与孩子的成才有着相当密切的关系，也启发我们从更广泛的意义上去认识动手能力对孩子成长的作用。

培养儿童动手能力和动手习惯具有十分重要的意义。儿童期正是躯体动作和双手动作发展的最佳阶段，而手腕和手指等小肌肉群的运动，能促进大脑皮层机能的发展，大脑的完善发展又促进手的运动更加灵活精细，并对儿童的智力和创造才能的开发打下生理基础。操作能力的发展可以大大提高孩子实践活动的能力，发展智力和多方面的能力，特别是孩子的自学能力。著名的学前教育家张家麟先生曾说"要教一个孩子会动手做事"，就是指从小培养儿童动手做事的能力。

动手操作能力，是儿童百种语言之一，是展现儿童内心世界的载体。有目的地对孩子进行操作能力的训练，不仅有助于扩充孩子的知识，而且有助于孩子的身心健康。

二、如何培养动手操作能力

（一）多给儿童提供机会，培养他们的动手操作能力

让孩子做一些力所能及的家务活，是培养儿童动手操作能力的重要途径。儿童自己愿意动手做的事，成人不应包办代替，应耐心地在一旁指导，让儿童自己去做。如孩子想学吃饭时，就不要喂他，让他自己用勺子；该让孩子学会穿衣服时，就不要再替他穿衣服；孩子愿意握笔时，就给他纸和笔，让他画着玩。孩子刚开始学习这些动作时，可能做不好，这就需要反复地练习。练习的内容一定要符合儿童的年龄特征，如经常让儿童进行画图、剪贴、泥工、折纸、练习

使用筷子夹物等，这些活动能够促进儿童手的动作发展。家长可以和孩子一起玩，开展比赛，激发孩子动手的兴趣。

在培养孩子操作能力时，应考虑到孩子的个体差异，提出不同的要求。乐乐动手能力较强，在绘画和折纸时，可以对他提出更高的要求。比如在折飞机时，不仅要求乐乐折好，而且要加快速度，做到又快又好；对能力稍差的儿童，只要求在规定的时间内折出飞机。

（二）在大自然中培养儿童的动手能力

儿童好奇好动，酷爱大自然，大自然中有丰富的资源，可以培养孩子的动手能力。儿童喜欢玩水、玩沙、玩泥、捡石子、采野花、堆雪人、打雪仗、制作动物标本。成人要利用儿童的这一天性，带领他们搞一些小种植、插花、捡花瓣等活动。春天教幼儿学做风筝，进行放风筝比赛；夏天让幼儿玩水、玩沙；秋天到户外捡落叶，进行树叶粘贴；冬天可以让幼儿堆雪人。充分利用大自然，在一年四季内幼儿的动手能力都可以得到培养。

（三）指导儿童科学有序地开展实践活动，培养动手操作能力

教师可以有目的、有计划地对儿童进行动手操作能力的培养和训练，让孩子在区域活动中手部肌肉得到发展，促进动作的协调。如“小巧手”区，教师可以充分利用现成的玩具、材料，也可以自制玩具，让孩子进行练习。如用布娃娃，让小班幼儿练习系纽扣；用“大辫娃娃”，让中班幼儿练习编辫子；用“宝宝鞋”，让大班幼儿练习系鞋带。在开展活动时，可以鼓励儿童利用自己的劳动成果美化环境，如利用孩子们的手工作品，在教师的带领下共同布置“主题墙”。春天来了，先带领幼儿到大自然去观察，然后请孩子将眼中的春天画下来，最后把自己最满意的部分剪下来，互相协商，贴在主题墙的适当位置，要鼓励他们动脑动手，大胆设计。

另外，鼓励孩子自己做事情，如自己穿鞋、穿袜子、穿衣服、用勺吃饭、用杯子喝水等，在提高孩子动手能力的同时，也促进孩子自我服务能力的发展。

（四）教给儿童正确的操作方法，及时鼓励他们的进步

每个孩子的动作能力发展是不均衡的，这些精细游戏需要不断练习，在失败中逐渐获得成功，所以要及时鼓励孩子的进步。在鼓励儿童进行操作时，一开始就要教给儿童正确的操作方法，尽量杜绝不正确的操作方法。当发现儿童有不正确的操作时，应及时纠正。例如，要注意儿童端碗，拿匙子、筷子，握笔，握球拍，用剪刀以及拿其他工具时的方法是否正确，发现问题应及时予以指导。

（五）注意操作安全，促进儿童健康发展

要特别注意儿童操作时的安全和卫生。同一操作活动不应持续过久，以免孩子手部过度疲劳而失去控制力，对孩子造成伤害，并影响手的正常发展。儿童在使用剪子、刀子、铲子和榔头等有危险的工具之前，成人应教给孩子正确的操作方法，老师和家长要给孩子作示范，并嘱咐孩子注意安全。在孩子最初使用工具时，成人要在旁边保护，避免意外事件的发生。孩子使用的工具，也应有安全措施，如剪子最好是圆头的，刀子、铲子不要过于锋利。当完成手的操作活动后，还要提醒儿童及时洗手，以保持手部的清洁。

（六）家、园合作，共同培养儿童的动手操作能力

操作能力的培养是一个循序渐进的过程，教师应本着尊重、平等、合作的原则，争取家长的理解、支持和主动参与，并积极帮助家长提高教育能力。在培养儿童动手操作能力方面，教师要向家长宣传培养儿童动手操作能力的重要性，向家长介绍一些培养儿童动手能力的经验和方法。如让家长和孩子一起进行小制作，既培养孩子的动手能力，又增进亲子情感，同时提高了孩子的自我服务能力。及时进行家、园双向反馈，有的孩子依赖性较强，需要及时鼓励和家、园的密切配合，教师要定时向家长反馈儿童的进步情况。另外，让家长多给孩子提供锻炼的机会，保持教育的一致性。

幼儿园一日活动的每个环节，都是培养儿童动手能力的摇篮，无论是区域活动、各科教育活动，还是游戏活动，都是发展儿童动手能力的良好环境。培养儿童的动手能力不仅能使儿童获得一双巧手，更能促进其大脑的发育成熟，使儿童真正成为心灵手巧的人。俗话说：授人以鱼，不如授人以渔。知识的记忆是短暂的，方法的掌握是长远的，会使儿童受益终生。坚持在儿童的一日生活中不断培养儿童的动手能力，儿童才能在未来的发展中创造出新的事物、方法和思路，并不断丰富自身内在的精神世界，创造出新的生命历程。

第四节　让你能说会道

一、儿童期是语言发展的黄金阶段

案例：婷婷是个聪明的孩子，见多识广，她经常和小朋友讲她外出游玩的经历，也经常给小朋友讲她看到的故事，老师和小朋友都很喜欢她。星期一活动时，老师让小朋友们说说“美丽的秋天”。婷婷说：“炎热的夏天过去了，我们迎来了美丽的秋天。天气渐渐变冷了，路边的小草也变得枯黄了。秋天有五颜六色的花，有漂亮的菊花，有红彤彤的鸡冠花……”婷婷刚讲完，掌声就响起来了。

点评：婷婷的表现说明她的语言表达能力很强。儿童期是语言发展的关键期和最佳期，这一时期如果能给孩子正确的教育，就会为他们今后语言发展奠定良好的基础。著名的意大利儿童教育家玛利亚·蒙台梭利认为：一个人的智力发展和他形成概念的方法，在很大程度上取决于他的语言能力。因此，从小培养孩子的语言能力，对他智力的发展是至关重要的。儿童2—3岁时，语言模仿能力最强，词汇量迅速增加，说话的积极性很高。错过了这段时间，对孩子口语的发展就会产生极为不利的影响。家长应抓住关键期，采取措施，多让孩子接受丰富的语言刺激，满足他们表达的愿望，通过对孩子口头语言的培养与训练，促进他们语言表达能力的发展。婷婷的父母经常带婷婷外出游玩，扩大了她的视野，并且让她通过看书来积累词汇。丰富的词汇加上多练，使婷婷具有了较强的语言表达能力。

孩子只有真正学会了说话，把自己的愿望用正确的语句表达出来，才能自由地和人交往，更好地接受成人传授的知识和经验。一个人的道德修养、文化水平、社会身份往往可以从他说话用词、语调口气中看出。

二、培养语言表达能力的途径

（一）鼓励儿童多说话，创造良好的学习语言环境

爱尔维修说过：人刚生下来时都一样，仅仅由于环境特别是幼小时期所处的环境不同，有的人可能成为天才或英才，有的人则变成了凡夫俗子甚至蠢才，即使是普通的孩子，只要教育得法，也会成为不平凡的人。这充分说明了环境在儿童成长过程中的重要性。因此，家长应为儿童创造一个宽松、活泼的语言学习环境。宽松、和谐的语言环境是儿童学习与发展的基本前提，是调动儿童有话敢说的必要条件。它体现了父母与儿童关系上的平等，体现了父母对儿童人格的尊重。

成人在日常生活中应以儿童感兴趣的事物为切入点，引发儿童表达的愿望，给孩子提供畅所欲言的机会，让他们讲述自己的见闻。如与孩子谈话、讲故事、唱儿歌、看图说话、表演、在日常生活中同别人交谈等。锻炼的机会多，不仅可以丰富孩子的语言，而且可以锻炼孩子的胆量，增强孩子的自信心。

每个儿童的语言能力是有差异的，父母应从儿童的心理特点出发，选择适宜的谈话内容、方式和场合，选择他们感兴趣的内容引发话题，鼓励儿童的每一次表达，并让孩子通过语言表达体验到语言交流的意义、成功和快乐。当儿童词不达意或语句不太完整时，父母不要急于纠正，以免给孩子造成心理压力，使儿童害怕说话。对孩子说话中的缺点和错误，不要加以嘲笑，也不要重复他的错误，而要正确示范。鼓励儿童大胆表达自己的观点比儿童说得是否正确更为重要。有些孩子在家里或小伙伴面前比较爱说，可是一见到陌生人，却表现得缩手缩脚很不自然，这与孩子的年龄特点以及与外界接触少有关。因此对儿童所说的话成人不要横加干预，应多给一些有益的鼓励，让孩子愿意与人交往，愿意多说话，逐渐增强孩子的语言表达能力。

（二）丰富儿童的生活内容，培养语言表达能力

丰富的生活内容与经验是儿童语言表达的源泉与基础，只有具备了丰富的生活经验与体验，儿童才会乐于表达，才会有话可说。实践表明，很少接触外界事物以及很少与人交往的儿童，往往性格压抑、表达能力差，见到生人就害羞。因此，家长应给儿童创设条件，多带他们走出家门，参加一些有益的社交活动，让孩子在实践中认识世界，在观察周围事物中发展语言。

父母在做事时，尽量在孩子面前多说话，显示出自己的动作、表情，调动孩子参与对话的积极性，通过对话培养孩子的语言表达能力。比如："妈妈今天穿的衣服是什么颜色？""爸爸干什么去了？"练习多了，孩子的语言表达能力无形中就得到了增强。生活本身就是一本取之不尽的教科书，父母要做个有心人，关注儿童的想法，抓住生活中的各种表达机会，让儿童合理表达自己的要求，在争执中学习辩论，在聊天中学会交流，在交流中感受说的乐趣，这种快乐的情

感体验会促使儿童乐于交流与表达。

（三）通过故事培养儿童的语言表达能力

儿童教育家蒙台梭利说过："动听的故事、优秀的图书具有强烈的感染性和直观性。儿童在文学知识和精彩图片的耳濡目染下，可以充分发挥他们的想象力和逻辑思维，从而增强儿童表达思想、观察世界的能力。"故事是孩子探究未知世界的窗口，是训练儿童语言表达能力的有效方法。教师和家长要用心选择内容健康、生动有趣、富有教育意义的故事，讲故事时做到绘声绘色、声情并茂、适时提问，让孩子去思考、去补充，充分调动孩子的想象力和主动性。讲故事时，要采用多种形式，不能单纯由家长讲、孩子听，应该让孩子更多地参与其中，家长在讲故事之前，要明确地告诉孩子，不能光听故事，还应该记住故事的梗概，学会复述故事。这样，孩子在听故事时就会有意识地去记。孩子复述故事时，如果有不完整的地方，家长不要简单粗暴地打断孩子的复述，应该适时提醒、循循善诱，让孩子无拘无束地想说什么就说什么，这样孩子的语言表达能力和记忆力就会得到发展。

（四）激发阅读兴趣，丰富儿童的词汇

专家的研究表明，让孩子多读、多说、多背诵诗歌、儿歌、童话故事，是开发孩子智力，特别是开发他们语言能力的重要方式。儿童的书籍要以图文并茂为主，家长在给孩子选择书籍的时候，要根据孩子的年龄特点、兴趣爱好来选择不同题材和风格的图书。图书要反映孩子的生活，要有精美的图画，以吸引孩子的注意力，激发他们的阅读兴趣，让孩子把书当做自己的朋友，逐渐养成爱读书的习惯。家长要扮演好"领读人"的角色，养成爱读书的习惯，只有家庭中形成良好的读书氛围，创设一个良好的阅读环境，才会对孩子起到潜移默化的作用。

（五）教儿童礼貌用语，培养良好的语言习惯

礼貌是人与人相处的一种礼节规范，包括礼貌行为和礼貌语言。两者结合起来，才能给人一种谦逊文明的好感。一个人的说话用词、语调口气、举止态度可以反映出他的思想面貌和文化水平。礼貌教育要从小抓起，教师要为儿童创造使用礼貌用语的条件和环境，使孩子从小就会使用礼貌语言，有良好的语言习惯。

（六）提供与同伴交往的机会，促进儿童语言的发展

同伴之间的相互交流可以促进儿童语言的发展。孩子与小伙伴在一起时总有一种表达的欲望，总能简单地说一些自己的见闻感受。如两个儿童都想玩小汽车，互不相让，发生了矛盾，你一言我一语，千方百计想说服对方。在交往过程中，儿童会调动已有的经验，运用语言技巧去解决这一问题，儿童的语言也就在交往中逐渐发展起来。因此，父母应为儿童提供与同伴交流的机会，使儿童在交往中感受语言交流带来的乐趣，切实提高语言表达能力。

（七）做儿童的楷模，教给儿童正确的语音

父母作为儿童的第一任老师，在儿童的语言发展上起着至关重要的作用。父母要做好孩子的楷模，首先就要提高自身的语言水平。家长在平常说话时，应该做到发音正确，吐字清晰，用词恰当,声调自然而适中,态度大方,说话时面带笑容,柔和亲切,这样才能激发孩子学习语言的积极性,让孩子体会到语言表达的快乐。家长要给孩子示范,有意识地引导孩子模仿。年龄比较小的儿童,可让他模仿一些简短的生活用语;年龄大一点的,可以教他们学一些较复杂的语句。

在教给孩子正确发音的同时,要有意识地训练孩子语言的连贯性,让孩子把话说完,把意思表达清楚,让别人听明白。儿歌、绕口令以及迅速接话等方式,可以训练孩子舌头的灵活性;大人教孩子一句一句地朗诵一些内容浅显、语言优美的儿歌、诗歌,能使孩子学到优美、生动、规范化的语言。

第七章

※

激发积极情感

※

良好的情感素质是一个人获得成功的重要条件，有利于人的身心健康。学前儿童的世界是情绪和情感的世界，学前教育要以情感教育为基础。新西兰的研究表明：如今孩子的智商高于20世纪前半个世纪20个百分点，但情感和社会技能却在急剧下降。学前期是情感形成的关键期，重视儿童情感潜能的开发，有助于他们健康快乐地成长。

※

第一节　让心灵充满阳光

一、积极情绪是儿童智力发展的催化剂

案例：方方是个性格内向的小女孩，她从来不主动参与同伴的游戏，也很少和大家说话。每次和她说话时，她总以点头、摇头回答。一次在自由活动时，别的小朋友都在做游戏，方方一个人抱着布娃娃坐着，看别的小朋友玩。老师轻轻走过去，摸摸布娃娃的额头说："哎呀，娃娃的额头怎么那么烫，是不是发烧了？"方方听了赶紧摸摸布娃娃的额头说："发烧了，快送医院。"老师与她一块儿去了"医院"，方方越玩越开心，全身心地投入了游戏。从那以后，她经常与老师一起游戏，老师也有意识地鼓励她并介绍她的游戏，慢慢地小朋友都去找方方玩，她也越来越快乐。

点评：培养儿童的积极情绪是情感教育中的一项重要内容，在素质教育的今天，显得极为关键。做好这一步，能为孩子的健康成长奠定良好的基础。人的情绪生活是丰富多彩的，对于儿童来说，情绪体验更是无处不在。发展心理学家说："儿童的世界就是一个情绪的世界。"不同的情绪对人的身心健康、生活、学习有着不同的作用。什么是情绪？情绪是一个人对所接触到的世界和人的态度以及相应行为的反应。情绪可以分为积极情绪和消极情绪两种，人们将喜悦、轻松、愉快等情绪称为"积极情绪或良好情绪"，将生气、厌恶、伤心等情绪称为"消极情绪或不良情绪"。积极情绪体现了健康的心理状态，对儿童的成长发育有着积极的意义。积极情绪能提高人体的免疫力，促进儿童的身心健康；能激发儿童的求知欲，使他们主动地探究环境，并且努力去认识事物、解决问题，从而促进儿童智力的发展；另外，积极情绪对儿童良好

性格的形成与发展也起着重要的作用。

由此可见,注重对儿童积极情绪的培养是十分重要和必要的。如何培养儿童的积极情绪呢?

二、培养积极情绪的方法

(一)创设轻松、愉快的环境与氛围,让儿童处于积极的情绪之中

良好的生活环境,充满激励的氛围,可以使儿童感到安全和愉快。父母要用民主的家庭教养方式来教育孩子;教师也要给孩子创设良好的氛围,合理安排一日生活,使儿童在生活中感受到轻松和愉快;教师和家长还可以与儿童一起唱歌、跳舞、玩游戏,创设一个自由、平等、和谐的环境氛围。

成人要时刻把孩子视为一个独立的人,给予孩子足够的自由度,经常与孩子做朋友似的沟通。在教育儿童时,要尊重他们,进行正面教育。例如,“请你们去喝水”“请大家坐端正”“你画得真棒,如果再多选些颜色就更漂亮了”。要让孩子体验到积极情绪,在情感上把他们当做大人来尊重,在心理上把他们当做孩子来理解,这就是成人应该给予孩子的关注和呵护。

(二)成人以自身的积极情绪感染儿童,使他们形成和保持积极的情绪

儿童年龄小、情绪不稳定,且模仿性、受暗示性强。教师的一言一行,一举一动,对儿童都有影响。教师保持健康、积极的情绪,对儿童积极情绪的培养起着潜移默化的作用。教师自身要热爱生活,乐于奉献。如果每个教师都能沉浸在欢乐和幸福之中,这种美好的感受就会感染到身边的孩子。在活动中,教师精神饱满,情绪积极向上,儿童也会受到影响,表现出积极愉快的情绪,能够主动投入到活动中,使活动达到理想的效果。因此,教师要调整好自己的情绪,排除各种因素的干扰,用自己的微笑感染儿童,使儿童保持良好的状态。

父母也应该做好榜样,经常保持良好的状态,遇到事情要以积极的态度去解决,不要把工作中的烦恼带回家中。不要高兴时百依百顺,不高兴时拿孩子出气、吓唬甚至打骂,或者不理不睬。这种反复无常的态度,对培养儿童良好的情绪是极为不利的,所以家长要经常以愉快的情绪对待孩子,孩子受到感染,就会产生积极愉快的情绪。如告诉孩子:“妈妈要上班,你待在奶奶家和姐姐玩,妈妈晚上就会来接你。”给孩子十足的信心,这样孩子就不会过于伤心。

(三)通过丰富多彩的活动,促进儿童积极情绪的发展

1.开展游戏活动。

游戏是儿童最喜爱的活动,在游戏中儿童可以自由地表达自己的情绪和情感,从事自己向往的活动,从而获得心理上的满足,产生积极愉快的情绪。如绘画、玩泥、玩水、玩沙、唱歌、跳舞等都可以使儿童感到轻松愉快。儿童由于年龄小,还不能完全理解自己内心发生的事情,不可避免地会产生某种程度的焦虑或不满,而游戏正好可以使儿童从这些不愉快的情绪中得以释放和解脱,有利于积极情绪的发展。比如佳佳在游戏中因为自己想当“司机”而别人不愿意让她玩,一个人偷偷地在哭泣。这时,先稳定她的情绪,让她说出不高兴的原因;然后帮她分

析，让她知道遇到事情时生气、哭是没有用的，并引导她想出克服不良情绪、解决问题的方法；最后，她与别人商量先当“乘客”，然后再轮流当“司机”，这使得她顺利地参与到了同伴的游戏中，她也逐渐变得愉快起来。

2.开展主题系列活动。

如今的儿童都是独生子女，大部分儿童缺少与他人分享快乐的体验，比较任性，爱发脾气，缺乏自信和独立性，在交往和学习中容易产生不良的情绪。为了培养儿童积极愉快的情绪，养成热情、乐观、友爱等良好的性格，可以开展“找快乐”“我能行”“多样的情绪”“赶走烦恼”等主题活动。在活动中，儿童学会了与同伴友好交往，掌握了解决问题和矛盾的方法，增强了自信心和独立性，这样可以帮助儿童排除烦恼，保持愉快的情绪。

3.日常生活中的教育。

通过活动、游戏培养儿童积极情绪的同时，应重视在日常生活中进行引导和教育。成人应注意观察儿童的动作与表情，及时发现儿童的情绪变化，给予适当帮助，使儿童保持积极的情绪。如：有一段时间，龙龙不愿意上幼儿园，即使来到幼儿园情绪也不稳定，特别是到了吃饭时间，他更是没精打采，一副很苦恼的样子。老师发现了他的这一表现，便主动询问原因。原来，他吃饭速度比较慢，吃得也少，而老师每次给他盛的饭比较多，他吃不了，可又不敢说，这让他很焦虑。了解原因后，老师让他坐在前排，每次少盛一点，这样他就有时间把饭吃完。老师表扬了他的进步，他体验到了愉快的情绪。几天下来，他的情绪稳定了，也愿意上幼儿园了。教师和家长要做个有心人，抓住生活中的细节进行教育，促进儿童积极情绪的形成。

另外，可以让孩子经常做一些力所能及的事情，如整理图书、摆放桌椅等，让孩子充实生活，并在完成各种任务的过程中获得满足和愉快。

（四）正确对待儿童的不当行为

儿童有生理和社会心理的种种需求，合理的需求应当给予满足，这样可使儿童情绪稳定和愉快。家长首先要细心照料孩子的生活，让他的生活有规律。孩子在和他人的互动中，若出现不适当的行为，如耍脾气、打人、抢玩具等，父母应主动告知孩子，不要认为孩子还小，就任他为所欲为，最好能适时教育，从小就和孩子讲道理。儿童表达不清自己的需求时，教师必须细心体察、了解，然后正确对待。例如：有一天，在区域活动中，小苒把布娃娃上系的蝴蝶结拆成一条一条的。王老师没有发脾气，而是耐心地询问原因，原来她是想弄明白蝴蝶结是怎么打的。为了满足孩子的探索欲望，老师没有简单地批评她，而是问她：“你能把蝴蝶结再系好吗？”她点点头，拿着缎带去系了，弄了好大一会儿也没有系好，红着脸低下了头。王老师轻轻地告诉她：“不急，老师教你。”王老师边教边鼓励，小苒很快就学会了。王老师表扬小苒的同时，告诉她要爱护玩具，不会的时候可以问老师。这样既满足了孩子的好奇心，又告诉了孩子正确的做法。

（五）鼓励儿童多交朋友，在与人交往中体验快乐

在孩子们的心目中，朋友是最好的玩伴，是欢乐的源泉。每个人的成长都离不开从朋友那里获得温馨友爱的情感体验。孩子们正因为有了自己的朋友,才会生活得更愉快。教师和家长应为孩子创设条件,鼓励孩子与同伴交往,在交往中大家一起解决问题,体验成功的快乐,体验活动的乐趣。比如主动邀请小朋友到家中做客或到同伴家中玩,到广场、小区的绿地上散步等,让孩子有交友的机会,这样不仅让孩子多一份快乐,而且可以培养孩子与人交往的能力。

(六)教会儿童以乐观的态度面对生活

成人应教会孩子以乐观的态度看待生活中的一切,让孩子从挫折失败中总结经验,健康成长。比如在儿童书画大赛中,亮亮精心绘制的画作没被选中参加比赛,他有点难过。老师在安慰他的同时,把他的这幅画和以前的画进行比较,让他看到自己的绘画水平进步很大,虽然这次没入选,但今后还有机会,只要他继续提高绘画水平,就会取得成功。在老师的肯定下,亮亮看到了希望,心情也好了很多。其实,让孩子知道自己进步了就是一件值得高兴的事。引导孩子坦然、积极地面对生活,有助于良好个性的形成。

(七)发展儿童的语言,用语言来调节和控制情绪

语言具有调节作用。父母应发展孩子的语言,使语言起到调节情绪的作用。4 个月大的孩子就可听懂妈妈说的话"孩子好乖,不哭不闹",从而使他的情绪安定下来,即使尿布湿了,肚子饿了,也可暂时控制一下。当孩子不小心摔倒了,父母的鼓励"孩子勇敢,不哭"也会让孩子学会控制自己的情绪。当孩子会说话以后,可以说出自己的要求,得到适当满足后会感到满意,或经成人解释、安慰,也可以消除消极情绪。

苏联教育家赞可夫说过:了解儿童,了解他们的爱好和才能,了解他们的精神世界,了解他们的欢乐和忧愁。时代的发展要求教师和家长努力跟上时代的步伐,用全新的教育理念去塑造今天的孩子,让孩子在"快乐中学会快乐",快乐每一天。

第二节 送你一份爱

一、同情心是完美个性的要素之一

案例:一天上课,由于感冒、咽喉不适,张老师不禁咳嗽起来。她把头转向门外,想吸点新鲜空气,但是,咽喉的刺痒使咳嗽加剧,十分难受。就在她不停咳嗽时,教室里传来了一片"咳咳咳"的声音。张老师回过头看,原来是不懂事的小朋友在模仿老师咳嗽。

点评:这些孩子缺乏的是同情心。在日常生活中也会见到这样的例子,许多两三岁的孩子,看到妈妈伤心会跑到妈妈跟前,小声说:"妈妈,我听话。"虽然孩子不太理解母亲的伤心处,但孩子的举动让妈妈很安慰。什么是同情心?法国启蒙思想家孟德斯鸠说过:"同情是善良的心所启发的一种情感之反映。"同情心是对弱者和不幸者的同情和怜悯,并要设法帮助别人的心理,是一种对他人的不幸和困难产生共鸣及对其行为的关心、支持、援助的情感,是人的道德情感之一;同情心是一种非常重要的人格品质,有同情心的孩子,心地善良,能关心他人,爱自己周围的人。在生命与生命的互动中,没有同情,就没有爱,一切高尚的情操和观念都从幼小心灵的同情心开始。

为什么有些孩子缺乏同情心?

(一)社会变革带来交往的减少

现代社会经济迅速发展,生活节奏加快,成人往往忙于工作,忽视与儿童进行沟通;生活节奏加快,使儿童间相互交往的机会与时间相对减少,与他人沟通交流少,难以理解他人的环境;竞争的加剧,使得人们重视自身的发展,为了在竞争中取胜,人们排斥他人,这种现象也潜移默化地影响着儿童。

(二)家庭教育的误区

现在的孩子不少是独生子女,他们的家长重视智力投资,但忽视品行教育。有些家长怕孩子吃亏,受人欺负,对孩子进行消极教导,如"他打你,你就打他""想玩你就拿"等,在家庭教育中,父母自身就缺乏同情心,又何以给儿童树立一个好的榜样呢!有些家长只给孩子爱,却不教育孩子爱周围的人。这就使孩子从小养成了以我为中心的思想情感,养成了自私自利、不考虑他人感受的习惯,缺少必要的同情心。例如,在一次活动中,静静不小心摔了一跤,痛得哇哇大哭,可是别的小朋友不但没有去搀扶、帮助,反而围观取笑。这说明有些孩子缺少一颗同情心,这就需要成人重视孩子的情感教育,培养孩子的同情心。

二、如何培养同情心

苏联著名的教育家苏霍姆林斯基说得好:"一个人是否品行高尚,必须以他对别人的贡献大小来衡量,而这种贡献最重要的标志是他是否能以自己的善良去温暖他人的心。"有了一颗善良广博的爱心,步入社会后,他就会对工作充满热情,对社会具有强烈的责任感。

(一)扶植同情心的萌芽

美国《育儿》杂志网站曾刊发的一篇文章指出,孩子的同情心与生俱来,只是它还需要父母的呵护与培养。培养孩子的同情心要从小开始,悉心扶植同情心的萌芽,善于发现、保护儿童的同情心。

同情心强的儿童能够觉察别人的困难、需要,能产生同情的情感与帮助的行为,这正是孩子同情心的萌芽,应加以保护。当孩子要为朋友提供帮助时,要及时肯定他的行为,可以赞扬他说:"你是一个非常爱帮助他人的好孩子!"长此以往,他就会明白,做个对别人有帮助的人是很重要的一件事。要让孩子懂得,向善是值得夸奖的。

对弱者表示同情,对暂时有困难的人给予帮助,是一种健康的心理需求。捐资助学、为灾区捐款捐物、与贫困地区的小朋友"结对子"等活动,可让儿童知道还有一些小朋友的生活十分贫困,让儿童了解那里的生活环境,鼓励孩子伸出援助之手,捐出自己的压岁钱、零花钱,把自己的衣物、图书、学具无偿送给生活有困难的小朋友。让儿童明白别人有困难是需要帮助的,有能力就应帮助他们。

（二）进行移情训练，教给儿童助人的技巧

移情是设身处地为别人着想的能力，移情训练是培养儿童同情心的有效途径。孩子虽有同情心，但由于不懂得如何去行动，往往“好心办错事”。教师应通过主题教育活动或日常生活中发生的事进行同情心的随机教育，帮助儿童设身处地为他人着想，掌握正确表达同情心的技巧。

1.教给儿童助人的技巧。

首先，教给儿童关心、安慰他人的语言。可以通过欣赏文学作品、情景讲述及日常生活中教师良好的示范来获得。如平时小朋友身体不舒服，教师要关心地询问：“你觉得什么地方难受？”“现在感觉怎样了？”“有没有吃药？”其次，教给儿童一些助人的行为动作。如搀扶摔倒的儿童并为他拍拍灰、揉揉摔痛的地方；帮助出鼻血的同伴小心地擦鼻血；为呕吐的儿童拍拍背、递杯水等。这些行为都可以通过日常生活中教师的良好榜样及故事中的教育而获得。再次，启发孩子关心、体贴长辈。父母或者老人有了病痛，家长要启发孩子想象长辈的痛苦，并且做出相应的关心举动。比如问候一声，跟老人说说话解解闷，或者递个水果，拿拿药片。对于孩子富有同情心的行为和表现，要及时予以肯定，使孩子的同情心日益稳固和加强。

2.交流感受，引导儿童同情、关心他人。

随着儿童词汇量的增加，一个6岁大的儿童就能与人交流感受了，所以跟孩子讨论故事中主人公的动机是帮助他们设身处地为他人着想的有效方法之一。比如父母讲完“白雪公主”的故事，问一问：“你认为女巫为什么会嫉妒白雪公主？”让孩子去体会他人的感受，经过练习，孩子就逐渐能理解他人的想法了。

让儿童互相沟通思想，交流情感，使大家彼此之间有所了解，从而在某一方面产生共鸣。例如：静静不小心摔了一跤，小朋友在旁边笑，这时可以引导孩子们进行讨论。先让静静对小朋友讲讲自己摔跤后的感受，如自己摔得如何疼痛，希望别人帮助、关心等；再请以前摔过跤的儿童谈谈体验，从而产生共鸣；最后，让儿童讨论看到小朋友摔跤了我们应该怎么办。帮助孩子形成同情心，并诱导出良好的助人行为。

（三）在日常生活中注意培养儿童的同情心

1.帮助别人的习惯可以从做家务开始。

孩子喜欢展示自己的能力，父母可以让孩子做一些力所能及的家务活，比如布置餐桌、拿碗筷、扫地等，让孩子在劳动中体会父母的辛苦，体验自己劳动的辛苦与劳动后的快乐。父母可以制作一个进度表，让孩子知道自己每天需要完成的家务。当孩子问为什么自己要做家务时，家长可以回答说：“我们都是家庭成员，帮助家里做事，其实是在帮助自己。”

抓住生活中的每个机会，教育孩子关心、帮助他人，并告诉孩子正确的做法。比如给奶奶捶背，给爷爷拿眼镜；爸爸出差了，鼓励孩子给爸爸打个电话问声好；三八妇女节，为妈妈做一件事或给妈妈送一件礼物，以表达对母亲的感激之情；邻居来借东西，要让孩子热情地把东西拿出来;小朋友生病住院了,父母可带着孩子一起去看望等。从日常生活中的小事做起,培养孩子的同情心。

2.培养儿童对动植物的爱心。

利用生活中的事例,支持孩子对花草、小动物的关心和保护,孩子们对动植物的这种仁爱之心,会有助于他们同情心的形成。如有一次聪聪跟父母去公园玩,花坛中有一片盛开的杜鹃花,非常漂亮,聪聪很想摘几朵带回家。聪聪妈妈说:“你看一下花丛中有什么小动物?”聪聪瞪大眼睛仔细看,发现花丛中有小蜜蜂和蝴蝶。妈妈说:“蜜蜂在辛勤劳动,吸取花蜜,采集花粉,带回家酿造蜂蜜,喂养小宝宝。如果我们摘花,蜜蜂宝宝就没有花蜜吃,很可怜。”聪聪听后想了想说:“妈妈,我不摘花了。”爸爸接着说:“杜鹃花真漂亮,我们摘了,其他小朋友就看不到了,咱们照张像吧,这样你就能经常看到杜鹃花了。”聪聪很高兴地答应了。

3.在对比中受到教育。

现在的独生子女,在家中许多事情都被家长包办代替了,不少孩子在家“衣来伸手,饭来张口”。家长应在闲暇时带孩子去体验一下别人劳动的艰辛,如夏收季节,农民在烈日下收割水稻等;还可以陪孩子到大自然中,享受阳光、雨露,欣赏花草、虫鱼……在欣赏大自然绚丽风光的同时,让孩子看到由于人们不爱护大自然所带来的后果,如光秃秃的山岭、又黑又臭的河水等。同时告诉孩子,由于一些人不注意保护大自然,不爱惜动植物,一些地方的美丽风光已经不复存在,一些动植物已经消亡或正在消亡,例如藏羚羊,由于不法分子丧心病狂地捕杀,面临灭绝的危险;一些清澈见底的小溪,由于人们乱排放污水、乱扔垃圾,成了臭水沟……孩子体验到了大自然的美丽,也感受到了破坏大自然给人类带来的危害。在一正一反的对比中,孩子受到了深深的触动。

(四)巧用故事,培养儿童的爱心和同情心

故事是儿童最喜欢的,故事中的内容常常会对他们有很大的影响。利用孩子的这种心理,可以有意识地将包含此类教育意义的故事读给他们听,比如列夫·托尔斯泰的童话《七颗钻石》、安徒生的童话《卖火柴的小女孩》等,通过故事让他们在不知不觉中受到熏陶,得到教育。这样的方法,孩子很乐意接受,家长不费力气,同时又收到了很好的教育效果。如果家长有时间,和孩子一块儿读书是一种不错的方法。

(五)成人应以身作则,让礼貌成为习惯

富有同情心的家庭对子女同情心的形成具有重要的积极作用。老舍先生曾说过,他母亲的勤劳、善良、刚强给幼小的他以“生命的教育”,以至他的作品满含着对人民的同情和爱。孩子同情心的发展需要父母的言传身教。由于孩子年龄小,模仿性强,具有高度的可塑性,家长又是孩子最早模仿的对象,所以一方面家长要积极培养孩子文明礼貌的行为习惯,另一方面家长也要不断提高自身的修养和素质,为孩子树立良好的榜样。

在平时的举止中,最重要的就是礼貌,它是我们表达同情心的方法之一。多让孩子说“谢

谢”。比如，当遇到装运垃圾的大卡车时，家长可以借助垃圾的形成告诉孩子清理工作的重要性，正因为垃圾清理工的辛勤劳动我们才有了清洁卫生的环境，所以垃圾清理工和其他人一样，是应该被尊重的。然后告诉孩子，在外面看到垃圾清理工时，应该对他们说声“谢谢”。另外，家长应多说“对不起”。如果家长曾经对孩子发过脾气，就应该向他们道歉。父母也会犯错，关键是犯错之后怎么做。要记住，无论大人做什么，孩子们都会有样学样，所以父母犯错了也应该坦率承认，说声“对不起”。

如果希望自己的孩子富有同情心，能体贴别人，那么父母也要做个富有同情心的人。在表达友好之情时，动作轻柔些，说话语调温柔些，父母对别人展现的亲切善良，对孩子是一种道德榜样。此外，制定出规则，让孩子明白自己的哪些举止可能会影响到别人。然后，严格监督这些规则的执行，即便孩子过生日也不能破例。

教师应在日常生活和游戏、教育活动中发挥示范作用。如一次午睡起床，飞飞刚坐起来，鼻子里就流出鲜血，孩子们看到殷红的鲜血，吓得直叫。老师发现后，赶紧跑过去抱住飞飞，为他擦干净血迹。这时，围观的小朋友都靠拢过来。老师的做法给孩子们上了生动的一课，再遇到类似的现象，孩子们就知道该怎样做了。

最后应让儿童明白同情心不是无原则地对任何人、任何事都给予同情，应培养儿童分清是非善恶，对坏人坏事绝不能同情。

另外要家、园配合，共同培养儿童的同情心，提供一个健康、和谐的社会环境，使儿童感受到社会大家庭的温暖，感受到人间珍贵的友情。

第三节　“傻”孩子的问题

一、好奇心是创造发明的起点

案例：军军是个爱问的孩子，他经常会问各种问题，如：“雪为什么是白色的？”“大白鹅有翅膀为什么不能飞到天上去？”“人为什么要吃食物？”有时还喜欢刨根问底，穷追不放。一天下着大雨，他在门口接雨水玩。他发现落在地上的雨水都顺着一个方向流去了。他很想知道雨水究竟流到什么地方去了，于是他穿上雨靴，撑起小伞急急忙忙往外走。正在做家务活的妈妈问：“上哪儿去呀？”军军回答：“看看雨水流到哪里去了。”妈妈一听就笑了：“傻孩子，这有什么看头，去看动画片吧。”

点评：对于儿童来说，他们对周围的事物充满了好奇心，对任何事情都想弄明白。什么是好奇心？好奇心是个体遇到新奇事物或处在新的外界条件下所产生的注意、操作、提问的心理倾向；它作为一种优势心理过程，驱动个体主动接近当前刺激物，积极思考与探究。好奇心是创造性人才所具有的重要特征。爱因斯坦认为他之所以取得成功，原因就在于他具有狂热的好奇心，他曾经说过：我们思想的发展，从某种意义上常常来源于好奇心。

人类最初的好奇心来自婴儿的探究反射。观察发现，婴儿一旦发现新奇事物，就会用手触摸，用舌头品尝；到了儿童期，好奇心更加强烈和明显，他们通过感官、动作、语言来表达自己对周围世界的好奇，这种好奇最初是情景性的，如果受到鼓励与强化，就会变成认知与情感的结合。我国教育家陈鹤琴指出：好奇心对于儿童之发展，具有莫大作用，儿童凡对于一切新的东西就会产生出好奇心，一好奇就要与新东西相接近。美国学者希克森特米哈伊明确提出："通往创造性的第一步就是好奇心和兴趣的培养。"好奇是孩子的天性，好奇心是孩子求知欲最直接的反映，越是聪明的孩子，好奇心越强。

二、如何培养好奇心

（一）创设良好的家庭氛围，保护儿童的好奇心

好奇心是需要保护的。童年的家庭教育和经历对一个人能否保持可贵的好奇心，并把好奇心引向科学探索道路往往起非常重要的作用。《美国科学家》杂志曾向 75 名科学家提问，了解他们成为科学家的原因是什么。耶鲁大学教授尼尔·米勒说："父亲用各种办法激发我对大自然和科学的好奇心。"田纳西大学医学教授马拉克·科特布说："父亲用小球和积木教我行星的知识，用壶中沸腾的开水向我解释雨的形成……童年的经历给我留下了终生的印象。"

儿童好奇心的产生决定于成人对待儿童的态度。家长应努力创设良好的环境，尊重儿童。当儿童提问时，要对儿童进行赞扬和鼓励，并重视儿童提出的一切问题，耐心地倾听和回答，不能不耐烦或斥责儿童，伤害儿童的好奇心。爱迪生 7 岁上学，不到 3 个月，就因满脑子稀奇古怪的想法被老师劝退学，但他的母亲一直没有放弃教育责任。她不仅给爱迪生讲名人的成功故事，更鼓励他对身边的每件事都问"为什么"，并积极尝试。

父母的知识水平，也会影响孩子是否会增强和延伸好奇心。强强问爸爸："为什么手机没电线也可以和别人通话？"爸爸说："靠电波传送呗。"强强追问："电波是什么？"爸爸挠挠头说："唉，我也说不清楚，你上学后自然会学到的。"强强的好奇心被爸爸浅薄的学识阻断了。其实，如果爸爸稍微懂点电子学原理，深入浅出地给强强点一下，他的心里会早早印记下物理学方面的知识，为以后的学习打下基础。

（二）精心设计教学环境，培养儿童的好奇心

教师应根据教育目的和儿童成长需要精心设计学习环境，同时广泛利用各种资源，调动家长、儿童积极参与学习环境的创设。

首先，应创设具有新奇性、变化性与神秘性的物质环境。给儿童提供新颖的物质材料，在室内环境相对稳定的基础上增加或变换新的内容，这样会激发儿童的好奇心。教师应及时观察儿童的行为变化，并及时提供支持性材料，以提高儿童的好奇心水平。

其次，创设积极的心理环境，提供良好的情感支持。心理氛围是一种情感活动状态，积极的心理氛围，包括自由、民主、积极的情感互动。如教师热情洋溢的讲述、回答等言语行为和微

笑、点头、凝视、倾听等非言语行为都会对儿童的探索活动产生积极影响,儿童可能会由此产生惊讶、兴趣、微笑、专注、适当的焦虑等行为。在这样的情绪互动中,儿童体会到安全、宽容、接纳、信心与勇气,有利于产生好奇心与探索行为。

(三)正确对待儿童提出的问题

"天空会下雨""太阳每天出来了又落下去""小鸭游泳而小鸡不会游泳"等,这一切都会让孩子觉得稀奇、有趣。由于孩子知识面窄,生活经验少,他会因好奇而提出各种古怪的问题,如:"阿姨为什么要打伞?""为什么爷爷长胡子而妈妈不长胡子?""为什么花母鸡下蛋而大公鸡不下蛋?"五花八门,叫人难以回答。对于一个成人觉得简单的问题,他会刨根问底,让人难以招架。孩子好问是好事,但要满足孩子的好奇心,让孩子得到满意的回答却是件难事,这就要求成人讲究对待孩子提问的艺术。

1.创设问题情境,鼓励孩子提问。

好问是儿童的特点,也是儿童好奇心的主要表现。由于儿童认知能力有限,自发提出的问题水平比较低,有些儿童甚至不知道如何提出问题。教师可以通过创设问题情境,通过设疑等方式激发儿童的好奇心,引发儿童观察、操作和思考。

要启发孩子提问,不要讽刺、嘲笑。一个孩子好问,说明他好奇心强,求知欲盛,要对他进行赞扬和鼓励,并及时、正确、通俗地作答。家长如果忽视孩子的提问,对孩子的问题置之不理,甚至嫌孩子烦,就会导致孩子不敢或不愿再提问,会对周围的一切都失去好奇与热情。高尔基曾经说过:"对儿童的问题,如果回答说'等着吧,长大了就会懂',这等于打消儿童的求知欲。"所以,家长对孩子的提问应该作答。对于一些孩子当时确实不理解的问题,不能给孩子以"等你长大了,读的书多了就会明白"这样的回答,应鼓励孩子进一步学习知识,自己寻求答案。

2.随时随地解答疑问,答案未必明确,但态度要诚恳、积极。

明明问妈妈:"为什么舅舅从美国打电话老是在深夜,还说自己在吃午饭?"妈妈告诉他,是因为中美两国存在时差。明明再问:"时差是什么?"妈妈正在做饭,便说:"我现在很忙,而且对地理方面的知识也知道得不多,但我会尽快查资料告诉你。"当天晚上,妈妈便找来地理书籍,仔细研究地球的自转、公转和时差问题,第二天便把答案告诉了明明。

父母繁忙时,切勿用"别烦我,走开"或"我不懂,别问了"这种话来搪塞孩子。对孩子来说,父母能否给孩子正确答案并不重要,但认可他好奇心的态度,却会影响他的求知欲。比如"这个问题提得真妙,让我想想,明天再告诉你"或是"你先说说自己的看法",这样的回答很人性化。这种带有鼓励性的回答,会让孩子产生更强烈的好奇心,扩大思索空间。

3.回答孩子的问题要有启发性。

对于简单的问题,如"那是什么"可以直接回答孩子;对于较复杂的问题,家长要注意引导孩子去思考,让孩子用已有的知识经验,通过观察和总结找出答案。有这样一个事例:一个小孩看着空中的满月问:“爸爸,月亮会永远这么圆,这么亮吗?”这位爸爸没有直接回答,只是说:“过几天再来看,你就会发现这个秘密,知道答案了。”几天之后,在一个月光朦胧的夜晚,爸爸带着孩子出来看月亮。小孩看见了弯弯的月亮又说:“爸爸,弯月亮不好,还是圆月亮好,你说月亮还会变圆吗?”这位爸爸仍未直接回答,而是答应过一段时间再带他出来看。后来他又看到了圆圆的月亮,他高兴地嚷道:“真有趣,月亮会从圆的变成弯的,又从弯的变成圆的。”这位父亲的作答方式是值得肯定和提倡的。他既满足了孩子的好奇心,又让孩子通过自己的观察思考明白了“月有阴晴圆缺”的现象。

应该注意一点,如果孩子提出的问题家长也不知道答案,家长不要“不懂装懂”,信口开河去哄骗小孩,应该如实告诉孩子:“这个问题我也不知道答案,等我查了书或问了别人再告诉你。”事后,家长要言而有信,尽快把正确答案告诉孩子。

(四)正确对待孩子因好奇心而导致的破坏性行为

孩子强烈的好奇心除了表现为好问之外,还表现为好动。由于孩子的好奇心理加上年幼无知,其好动倾向往往会导致一些破坏性行为的发生。孩子大一些后,强烈的好奇心还会促使他动手实验,甚至充当小破坏分子。他常会把玩腻的玩具到处扔,翻箱倒柜地在家中寻找新鲜的玩艺儿;看见妈妈把种子撒在花盆里能发芽,他也会把花籽种在盆里,每天挖出来看看有没有发芽。这些行为都是因孩子的好奇心而引起的。

对此,家长要正确处理,不可打骂、指责和惩罚孩子,而应该耐心地引导、教育孩子。例如,孩子拆坏玩具后,家长不应该打骂,或是生气地说“下次再也不给你买玩具了”,而应该简单地向孩子讲述玩具的构造原理和安装方法,然后与孩子一起把玩具修好,并向孩子介绍玩具的正确使用方法,让孩子学会使用玩具、爱惜玩具。其实,孩子的这种行为并非是有意识的破坏行为,而是在好奇心的驱使下积极地学习。

父母要做好防范措施,让儿童远离危险,比如电插头挂到高处、热水瓶放在孩子摸不到的地方……总之,在安全的情况下,让孩子尽情地对事物展开联想、产生好奇,这对孩子以后的学习,会产生极大的推动力。

(五)创设条件,让儿童多接触环境和实物,激发好奇心

1.鼓励和引导儿童接触各种事物。

自然界中的一切对于孩子来说都是新奇的。如:云是什么?月亮为什么老跟着我?水是哪儿来的?凡是儿童感兴趣的、好奇的,成人应鼓励和引导儿童去观察、探索,切不可扼杀儿童的好奇心。户外活动是引起儿童好奇心的关键,父母应多带孩子参观展览、外出旅游。经常进行户外活动,让儿童在多种活动中获取丰富的信息,能激发儿童的好奇心。

2.给孩子提供动手的机会,鼓励孩子动手操作。

实践是认识事物的最佳途径,而孩子们又都喜欢动手操作,家长应利用这个特点。周峰13岁考入中国科大少年班,20岁赴美国攻读博士,他的父母说早期教育的成功之处是给孩子讲故事和鼓励孩子玩耍。孩子帮助大人杀鸡剖鱼,用酒精麻醉蚂蚁,到泥墙上找小洞掏蜜蜂,夏天下河游泳,冬天堆雪人,在马路上跑步,跟小朋友捉迷藏,或独自一人在房间里拆卸收音机……只要孩子感兴趣的有益事情,家长都鼓励他去玩耍,去操作。这些寓教于乐的玩耍使周峰学到了不少知识,也培养了他敏锐的观察力。

父母应努力提供可以让孩子动手实验和操作的活动项目,如养殖一些利于观察的动植物,提供一些做科学实验的材料,让孩子多动手,在自由的空间里进行创造,以激发好奇心。童童家里有几台玩具汽车,有的跑得快,有的跑得慢,他很好奇。问爸爸才知道汽车跑得快与慢由发动机决定。于是,爸爸鼓励童童自己改装发动机。尽管有爸爸的帮助,他还是弄坏了好几台,越弄问题越多,花了不少钱,最后终于改装成功了,童童非常高兴,也因此对机械知识产生了浓厚的兴趣。所以,父母应放开手脚,让孩子在实物操作中激发好奇心。父母在鼓励孩子动手操作的同时,应该适当引导孩子选择难易适度的内容,教给孩子一些自我保护的方法,让孩子在探索中自己去克服困难,取得成功,并给他们表现的机会,体验这种快乐。

好奇心是孩子最强烈的心理活动。一个孩子是否具有好奇心,往往代表其思维是否活跃、心灵世界是否敏感和丰富。成人要从生活的各个环节入手,培养孩子无处不在的好奇心。当孩子不停地问“为什么”时,他们善于思索、勇于实践的心灵闸门也就被打开了。

第四节　我真了不起

一、自信心是成功的基石

案例:在游戏活动中,大家都在挑选自己喜欢的玩具,商量着扮演什么角色。只有小华一直沉默不语。文文听完大家的想法后,就说:“我来扮演妈妈,好吧?”大家一听就七嘴八舌地说:“上次就是你当妈妈。”文文说:“我再当一次,下次大家轮流当,这周我是值日生。”大家基本表示赞同,然后她一一分配角色:小刚当哥哥,芳芳当姐姐……“谁来当娃娃呢?”大家看到了小华。“小华当娃娃吧,”好几个小朋友都这么说。尽管小华不想当娃娃,但是看到别的角色都有人演了,只好同意了。她坐在椅子上不高兴地小声说:“每次都让我当娃娃。”

点评:大家可以明显感觉到文文比较自信,知道和大家协商,并主动提出自己的想法,能和大家友好相处;而小华的自信心不足,尽管有想法,但她没有大胆说出来。在幼儿园中,有相当一部分儿童缺乏自信心,认为自己在某些方面不如别的儿童,往往表现在活动中不敢主动地参加集体活动,不敢主动提出自己的意见和建议,不敢大胆地表现自己,面对新事物、新活动常常害怕、退缩。

自信心是一个人对自身力量的认识和充分估计,是儿童社会性发展的一个重要方面,是一种良好的心理品质,也是一个人克服困难、自强不息、取得成功的内在动力,对儿童身心健康的和谐发展具有促进作用。自信心强的儿童能积极主动地参加各种活动,能积极地与他人交往,与同伴建立起良好的关系,能勇敢地面对困难,大胆尝试。

美国哲学家艾马松说"自信是成功的第一秘诀"。国内一些心理学家曾测量140名4—12岁儿童的智力水平,发现智力水平高的儿童自信心都比较强。自信心总是与主动、独立、创新、勇敢、坚强、开朗、乐观等健康心理相联系,而缺乏信心则常是与被动、依赖、保守、怯懦、软弱、忧郁等消极心理相联系。因此,自信心是儿童发展的推动力和调节力,培养自信心是心理健康教育的重要目标与内容。

儿童期可塑性较强,是形成自信的重要时期。自信心是儿童成才与成功的前提条件。一个缺乏自信、充满自卑的孩子,在学习中稍遇困难和挫折就会发生问题,而自信心可使孩子不怕困难,积极尝试,奋力进取,取得更多的知识和经验,争取更好的成绩。

需要特别强调的是自信与不自信存在一种累加效应,也就是说越是自信的孩子越会成功,成功的体验又会促使孩子更加自信;反之,孩子愈是缺乏自信则会导致更深的自卑。自信心强的孩子,很少担忧与分心,会集中精力去面对活动任务。

二、如何培养自信心

(一)正确对待儿童,为儿童创设一个自由、宽松、和谐的环境

家长和教师的态度对儿童自信心的发展至关重要。研究表明:成人充分的信任、热情的期待和正确的评价与鼓励能有效地增强儿童的自信心。

1.家长要转变观念,营造良好的家庭氛围。

研究表明,家庭环境和父母的教养方式对儿童自信心的影响较大。不合理的家庭教养方式是导致儿童自信心不足的重要原因。一般来说,自信心强的儿童,其家庭关系和睦,父母对子女亲切、信任、尊重,并能注意培养儿童多方面的兴趣和才能,同时,家长对子女的行为要求比较明确合理,经常鼓励与表扬儿童的进步。而自信心不足的儿童,主要来自四种不利的家庭环境:一是过度保护的家庭,二是放任不管的家庭,三是期望过高的家庭,四是父母离婚或分居的家庭。这些不利的家庭环境会影响儿童心理的发展,损害儿童自信心的形成。家长要用一颗平常心来看孩子,从孩子的实际情况出发,给孩子提出适当的要求,多鼓励、肯定,用民主的家庭教养方式来教育孩子。比如让4岁的孩子自己穿衣服,不要说:"你自己穿上衣服,下午给你买蛋糕。"而应从另一个角度说:"你已经长大了,自己会穿衣服,试试看。"在这样的鼓励下,孩子会通过自己的努力把衣服穿好,每天巩固这种感觉,从而增强其自信心。

2.教师要增强自信教育意识,为儿童创设一个有利于自信心发展的环境。

教师要充分认识自信教育对儿童发展和心理健康的重要意义。自信教育应贯穿于日常生活和各种教育活动之中,在日常生活中多给孩子善意的微笑、赞许的目光,让孩子时刻感受到教师的爱。如在一次绘画活动中,一名儿童把太阳涂成了绿色,老师当时就告诉他不对,要求他重画,孩子听后却委屈地哭了。事后了解才发现,孩子刚学过《绿色的世界》这首诗歌,他是根据诗歌的内容涂的颜色。所以,尊重儿童,平等地对待儿童,肯定儿童的一些做法,为他们创

设自由、宽松、和谐的环境，是培养其自信心的重要条件。

教师要从健康人格着眼，把培养自信心作为心理健康教育的重要方面和目标。在与儿童交流时，教师可以蹲下来，蹲下来不只是一个动作，那是一种平等的情怀。因为蹲下来，才能体会到孩子那颗充满渴望的童心。用一种平常的童心去欣赏孩子，孩子会因为这份欣赏而充满自信，教师也会因为这份欣赏而变得快乐。

（二）进行赏识教育，激发儿童的自信心

赏识包括肯定、赞美、表扬、鼓励以及宽容，孩子的自信心、进取的动力、开朗的性格来自赏识。赏识的实质是承认差异，尊重孩子，鼓励孩子不怕失败，这无疑会增强孩子的自信心，减少自卑心理。

1.赏识孩子的点滴进步，及时鼓励。

成人要善于发现孩子身上的闪光点，不盲目地拿自己的孩子同别的孩子比较，多为孩子的长处而骄傲，及时鼓励孩子的进步，从而培养孩子的自信心。要以正面鼓励为主，不要轻易否定孩子，如果孩子经常听到“你真笨、你不行、你不会”的评价，孩子也会否定自己，对自己的能力产生怀疑，从而产生自卑感。对于缺点多、发展慢的孩子应给予更多的关怀和鼓励，让孩子懂得人人都有长处，逐渐树立对自己的正确评价。教师和父母必须努力捕捉一些闪光点，给予孩子必要的鼓励。比如调皮捣蛋、不守纪律的小雨今天站队的速度最快，老师表扬了他，他兴冲冲地告诉家长：“今天老师表扬我的动作快。”家长也要给予鼓励：“今天表现不错，妈妈希望你表现得更好。”老师和父母的鼓励帮助他逐渐养成遵守纪律的好习惯。而班上另一个调皮好动、表现差的孩子告诉家长：“老师说我进步了。”家长却说：“有什么得意的，离好孩子的标准还远着呢。”这样说会伤害孩子的自尊心，不利于孩子自信心的培养。

树立自信的方法很多，因材施教是教育的关键。教师要爱每个儿童，用一双慧眼去发现孩子的闪光点，以积极的态度欣赏、接受身边的每一个孩子，不失时机地为孩子的点滴进步喝彩，让孩子们感到“我能行”。

2.赏识要适度。

过度赏识，会使孩子骄傲自大、任性，看不到自己的不足，不能客观正确地评价自己。因此成人要把握好赏识力度，当孩子确实有进步时，要及时表扬，但要以精神奖励为主，并要根据孩子的特点进行不同程度的赏识。如对胆小内向的孩子要多肯定鼓励，少批评指责；对调皮、好动、外向的孩子要适当批评，提出要求和希望，及时肯定，引导孩子扬长避短。

赏识教育主张对孩子多鼓励、少批评，但不等于孩子犯了错误就不去批评。当孩子犯错时，不要大声地指责“这么笨”或“你真没记性、烦死人”等，这样会伤害孩子的自尊心，对自信心的形成产生不良影响。成人对孩子的赏识会给孩子以希望，成人的宽容会使孩子感受到真爱与安慰。

（三）创造机会，在实践中培养儿童的自信心

自信心的养成不是一朝一夕的事情。成人要在日常生活中给孩子提供机会，交给他一些他能完成的任务，比如摆碗、盛饭、给爸爸拿衣服、到信箱拿报纸等，做到了就给予肯定；也可以让孩子做一些比较困难的事，如洗袜子、整理玩具、摆放图书等，会做了要表扬，树立孩子的自信心。早上起床和晚上睡觉要让孩子自己穿、脱衣服，锻炼其独立性。对孩子自信心的培养要从一点一滴做起。

家长应该正确认识到孩子的缺点和优点，创设良好的机会和条件让孩子去尝试和发现。在给儿童提供锻炼机会时，要教给他们一些必要的技能、技巧，如拍球、剪纸、画画、跳绳、系鞋带等。培养儿童的各种能力，能力的增强会提高孩子的自信心。对于儿童的进步，要给予表扬和充分肯定，让他们体验到成功的喜悦，使儿童确信“我能做好”“我做得很棒”。教师可列举一些生活中经常发生的问题，如别人抢了你的玩具，不小心摔倒了等，启发儿童讨论“遇到困难怎么办”。鼓励儿童积极开动脑筋想办法，并踊跃发言。对儿童的发言，特别是胆怯儿童的发言要予以肯定和鼓励。这种方式不仅能提高儿童解决实际问题的能力，而且能帮助儿童树立自信心。

开展丰富多彩的活动，培养儿童的自信心。可以在班中开展“小小新闻播音员”“小小气象员”活动，每天请儿童轮流担任主持人，向大家播报最新的时事新闻和天气情况，为儿童提供一个表现自我的机会，让孩子在活动中增强信心；开展“小小值日生”活动，每天轮流安排两位儿童担任值日生，能力强弱搭配，给他们挂上值日生标志，要求他们做老师的小助手，如分发物品，检查整理玩具，表扬好人好事等。这样既为同伴服务了，又在同伴面前展示了自己的优点和长处，从而提高了自己在群体中的地位，增强了自信心；经常举行“小问号”和“小博士”活动，请每个儿童担任“小博士”，给其他儿童提一个问题，如：“天为什么会下雨？”请大家解答，如没人回答，就由“小博士”告诉大家正确答案。在类似的活动中，所有的儿童都有表现自我的机会，从而认识到自己的能力，也会因为得到同伴的肯定和鼓励而增强自信心。

（四）采用正确的方法培养儿童的自信心

1.**积极暗示法。** 当孩子对某件事缺乏信心，有为难情绪时，要告诉他：你能做好这件事，只要用心去做，什么事都能做好。平时也要经常肯定孩子，长期的积极暗示，会不断增强孩子的自信心。但对孩子的评价要适度，过高的评价会使孩子的虚荣心有所增长，有时更不容易面对失败。

2.**独立完成法。** 放手让孩子独立完成一些事，比如插图、计算操作活动、穿鞋等。如果孩子自己做了，无论结果怎样，都要给予鼓励，使他们感受到经过自己努力而取得成功的乐趣，并且逐步建立和增强独自做事的信心，从而更加乐于自己独立去做事。

3.**自主选择法。** 允许孩子做出简单的选择，比如：“你喜欢穿白袜子还是带条纹的袜子？”“你想吃苹果还是香蕉？”而当没有选择余地的事情出现时，家长应该坚持正确的要求，只

要家长的要求是合理的,孩子也会对他必须做的事有信心。比如对他说:“你还可以玩10分钟。”

4.示范法。 孩子模仿性强,尤其爱模仿成人的行为,因此,当有些事情孩子不会做或做不好时,不要责备他们。老师和家长可以通过示范,让他们感到这些事情并不难,从而使他们增强自信,敢于尝试。

5.扬长避短法。 扬长避短是培养儿童自信心的有效方法,运用扬长避短的方法,使每个儿童都感到自己是最棒的。每个儿童都是一个独立的个体,他们各有所长,帮助儿童扬长避短,有助于儿童自信心的培养。

(五)让儿童从成功的喜悦中获得自信心

成功的经验可以使儿童增强自信心和自尊心。成功的次数越多,儿童对自己成功方面的评价就越高。经常获得成功的儿童具有自信、自我接受、勤奋、乐观等特征,这些特征又保证他们获得更大的成功。每个儿童都有自己独特的地方,有的儿童画得好,有的儿童唱得好,有的儿童动手能力强,他们在自己喜欢的领域里活动时是非常自信的。老师应了解每个儿童的特点,帮助他们在某些领域活动中获得成功,使儿童建立起自信。

1.提出适当的目标。

培养孩子自信心的条件是让孩子不断地获得成功的体验,而过多的失败体验,往往会使孩子对自己的能力产生怀疑。因此,老师和家长应根据孩子的发展特点和个体差异,提出适合其水平的任务和要求,确立一个适当的目标。定什么样的目标才算恰当呢?要让孩子能够“跳一跳,摘桃子”,也就是在原有的基础上提出有一定难度的目标,循序渐进,让孩子经过努力可以实现自己的目标。例如,浩宇是一个不太爱说话的孩子,根据孩子的情况,定出一个总体目标——能够主动地与人交往,大胆说出自己的想法。然后把目标具体化,能够和熟悉的孩子说话——和不太熟的孩子说话——活动时能够举手发言——大胆表达自己的观点,这样一步步实现,可以增强孩子的自信心。

2.给予适当的评价。

让儿童体验成功,除了确立适当的目标外,还应给予适当的评价。在这一方面最易犯的错误是硬套一些标准,与别的儿童进行横向评价。如有的家长说自己的孩子:瞧你,一首唐诗都不会背,隔壁的聪聪都会背好几首呢!这种评价会给孩子带来挫败感。因此要立足于儿童自身,进行纵向比较。不同的孩子有不同的起点,只要孩子付出努力,在原有的水平上有进步,他就应得到肯定和鼓励。对于暂时落后的孩子,要主动帮助他们在某一方面获得成功,为表扬创造条件,让小小的成功去激励他们的上进心。

在评价儿童的行为时,要多关注儿童活动的过程,多关注儿童在活动过程中所做出的努力,及时给予鼓励,使儿童感到自己可以通过努力取得成功,从而树立起自信心。同时,要善于抓住每个儿童身上的闪光点,引导他们看到自己的进步,使他们相信自己也有长处,从而树立起“我也行”“我也可爱”的观念，充满信心地看待自己。

3.教给儿童必要的知识技能。

儿童的自信心是建立在必要的知识技能之上的，由于他们缺乏相应的知识和应对技能，造成他们对一些自然现象感到不安。如孩子们怕雷电，那是因为他们不知道雷电是怎么一回事。教师应向儿童讲解一些简单的有关雷电的科学道理，使他们懂得这一自然现象。又如，有些儿童怕菜青虫而又喜欢蝴蝶，这时可以告诉他们有关蝴蝶的知识，让他们知道菜青虫是蝴蝶的幼虫，不会咬人，爱吃嫩叶等。知识的丰富消除了他们的恐惧心理，儿童变“我怕”为“我不怕”，变“我不行”为“我能行”，建立起自信。

孩子们如果能经常得到教师的肯定与表扬，他们会兴趣盎然、信心百倍。因此，要树立孩子的自信心，一定要相信他有这个能力，当孩子说“老师，我不会”“老师，我不行”时，可以给予鼓励、支持和适时的帮助，并尽可能地让他们体验成功。真诚的爱和信任能使孩子们克服困难，取得最终成功，而成功又是建立自信的动力，促使孩子变得自信。

（六）正确地面对竞争，提高耐挫能力

良好的竞争心理素质中，自信心是十分重要的。一个人如果对自己有信心，就会热情地投入到各种活动中，更容易发挥自己的能力和水平。现实生活中，每个人的成长都不是一帆风顺的。面对困难，迎接挑战时，自信往往是获得成功的重要条件。要培养儿童的耐挫精神，教给儿童补救的方法。有的儿童遇到失败只会伤心难过，这时成人要主动接近他，帮助他分析失败的原因，鼓励他通过锻炼弥补弱点以获得自信。成人要教育儿童扬长避短，当自己获得成功时要关心帮助弱者，当自己失败时也不自卑。告诉儿童遇到困难时要动脑筋思考，不怕挫折和失败，这样儿童会逐渐形成向困难挑战的信心和勇气，增强自信。

（七）家长与教师共同努力，做好家、园联系工作。

教师可以通过亲子桥、家长联系册以及每天的谈话等各种形式向家长宣传儿童自信心培养的重要性及正确的教育原则和方法，并及时了解家长的教育态度、亲子互动方式等情况，及时了解儿童在家庭中的表现，以便更好地进行有针对性的指导和教育。总之，幼儿园和家庭只有密切配合，步调一致，才能培养儿童的自信心。

心理学家贝尔纳说“良好的方法使我们发挥天赋和才能，而拙劣的方法阻碍才能的发挥”。自信心的教育是一项复杂而长期的工作，要从儿童生活的具体问题出发，让儿童在现实生活中体验自己的感受和变化。教师和家长应充分认识自信心对儿童成长的重要性，让每个儿童对自己都充满自信。儿童是在群体生活中成长的，要想让儿童拥有自信，仅靠个人的“爱”并不够，还需要同伴间的友爱、家长理智的爱护及社会的关爱。只有形成一种爱的合力，形成一种爱的氛围，才会培养出充满自信的“花朵”，才能适应时代发展的要求。

第八章

※

内化行为习惯

※

儿童期是形成习惯的关键时期。孩子的心灵是一块神奇的土地，播种一种思想，就会收获一种行为；播种一种行为，就会收获一种习惯；播种一种习惯，就会收获一种性格；播种一种性格，就会收获一种命运。习惯对于孩子的生活、学习以至事业上的成功都至关重要。我国教育家陈鹤琴先生说："习惯养得好，终生受其益；习惯养不好，终生受其累。"教育的目的就是培养习惯，成功教育从习惯养成开始。教育的核心不只是传授知识，更是教会孩子做人。习惯是一个人存放在神经系统的资本，一个人养成好的习惯，一辈子都用不完它的利息；养成坏的习惯，一辈子都偿还不清它的债务。

※

第一节　让我自己做

一、独立性是终生发展的动力

案例一：一位教授到美国考察，到了一个幼儿园。他看见一个三岁的儿童低着头系鞋带，系了好半天，这位教授看见这个孩子很费力，别的孩子都出去玩了，于是就走近这个孩子，非常亲切地说："我来帮助你。"但是没想到这个三岁的孩子立刻站起来，挺着胸脯，把脚缩了回去，说了一句"我都三岁了"。

案例二：一所幼儿园里，许多孩子在一起玩沙土，一个孩子用小铲把沙子往漏斗里装。漏斗会漏，沙子总也装不满，他就用指头堵住漏口，等沙子装满后就把漏斗挪到瓶子口上，再放手，让沙子流进瓶子。由于沙子漏下的速度很快，从孩子拿开手指到漏斗对准瓶子口时，沙子剩不了多少。孩子毫不气馁，一点一点地做着，终于，他找到了规律：先把漏斗口对准瓶子再倒沙子，很快瓶子就满了。孩子高兴地笑了，他的妈妈为他鼓掌庆贺。另一个孩子的妈妈是这样做的，当孩子拿起漏斗，沙子从底部漏掉时，她立刻蹲下来说："来，妈妈教你！把漏斗对准瓶子口，再把沙子从这儿灌下去。"

点评：从这两件事情不难看出，有些孩子独立意识很强，喜欢自己做事情。有些孩子就不一样了，有人说"这些孩子是抱大的"，这种说法一点也不为过。现在的独生子女从小依赖惯了，独立性很差，这对他们的成长很不利。因此，尽早培养孩子独立生活和学习的能力，就显得更为重要了。

独立性是指人不依赖外力，不受外界束缚，独立解决问题的能力。独立性是一种对儿童终身发展有用的素质，是创造型人才必备的基本素质，未来社会特别需要的是独立生活的能力，但很多家长忽视了这个问题。大家都知道，有些孩子很小就独自睡觉，家长从独睡开始培养儿童独立生活、独立思考问题的能力，培养他们的独立意识和独立做事的习惯。而有些家长对儿童非常地溺爱，尤其是独生子女，父母处处包办代替，很少给他们独立办事的机会，这样的教育使得大多数儿童依赖性比较强、独立性很差、意志比较薄弱。这是家庭教育的一大弊端，这样的教育对儿童发展非常不利，应重视儿童独立性的培养。

教育家蒙台梭利十分重视儿童独立性的培养，她说："教育者先要引导孩子沿着独立的道路前进。"她认为，儿童自身有巨大的发展潜力，应尊重儿童的自主性、独立性，放手让他们在实践中发展。

二、如何培养独立性

儿童心理学的研究表明：儿童期心理活动的主动性明显增加，喜欢自己去尝试体验。家长可以因势利导，把握孩子这个时期的心理特点，在保证孩子安全的前提下，培养儿童的独立性。

（一）放手让孩子做力所能及的事，在实践中培养儿童的自理能力

儿童的独立性是在实践中逐步培养起来的。生活自理能力，是儿童成长的第一步。家庭是培养儿童独立性的首要场所，家长要本着"大人放手，孩子动手"的原则，培养儿童的自理能力。孩子从不会做到学会做，从做得不像样到有模有样，这是必然的规律，也是必经的过程，孩子从中也获得了自身的发展。因此，家长应放手让孩子锻炼，不要怕他们做不好，也不能求全责备，更不能包办代替。对于孩子独立去做的事，只要他们付出努力，无论结果怎样都要给予认可和赞许，使孩子产生自信。"我行"这种自我感觉很重要，它是孩子独立性得以发展的动力。孩子自己做事常常做不好甚至失败，在这种情况下，家长应该鼓励孩子再去做，绝不能动不动就说"我说你不行吧，就会逞能"，更不要见孩子做不好就动手代劳。当他们执意去做那些难度较大的事时，家长应予以鼓励并给予帮助。这样会提高他们的积极性，增加锻炼机会，增强自信心，形成独立的行为。在现实生活中，有一些家长怕累着孩子，怕孩子做不好，自己重新再做太麻烦，因而不让孩子做一些力所能及的事；还有一些家长认为，吃饭、穿脱衣服等生活技能是不用训练的，长大后自然就会了。其实这些观念都是不正确的。从儿童发展的观点来看，不给予孩子锻炼的机会，就等于剥夺了孩子自理能力发展的机会，久而久之，孩子也就丧失了独立能力。

家长可以根据孩子的兴趣和能力因势利导，通过具体、细致的示范，从身边的小事做起，由易到难，教给儿童一些自我服务的技能，如学习自己擦嘴、擦鼻涕、洗手、刷牙、洗脸、穿衣服、整理床铺等。这些看上去很小的事给儿童创造了很好的锻炼机会，无形中提高了儿童的独立生

活能力。当孩子完成一项工作后,做父母的要给予适当的肯定和赞赏,孩子的工作能力被肯定,他们会感到无比的兴奋和快乐,在很大程度上增进了孩子的自信心。

(二)激发儿童探索的兴趣,培养儿童独立思考的能力

除了行为上的独立,思想上的成熟也非常重要,孩子如果从小就学会自己做判断及决定,同时对自己的选择负责,在未来的学习上,多半会自觉主动。思想要独立,父母或老师必须扮演引导、示范的角色,因为孩子会模仿成人的做法,内化为自己的行为表现,如家长总是把屋里打扫得很干净,慢慢地孩子会尝试用看到的方式来整理他的玩具或桌子。众所周知,由于成人过分地包办代替,独生子女普遍懒于动手动脑,不愿独立思考。所以,成人要培养儿童的独立性,教育他们遇到困难要自己想办法去解决,学会独立思考。只有这样,儿童在独立的基础上创造能力才会不断发展。我国著名的儿童教育家陈鹤琴先生说:“凡是孩子能做的事情应该让孩子自己做,不要替代他。凡是儿童自己能够想的,应当让他自己想。”

培养孩子独立思考的能力,就是不仅要孩子自己独立动手去做事,还要孩子独立动脑去想问题。独立思考能力强的孩子,往往具有较强的好奇心。教师和家长应该尊重孩子的好奇心,对于他们所提出的问题,应启发他们自己动脑,去寻求答案。教育家陈鹤琴先生曾举过一个实例:有一天,一个9岁的孩子问他:“竹管里有空气吗?”陈先生没有直接回答,而是拿了一根两头有节儿的竹管,放在水盆中,在竹管上钻了一个洞,孩子见一个个小泡从洞中冒出,便说道:“空气! 空气!”这样,他自己得出了答案,显得格外高兴。

有的家长很注意丰富孩子的知识,也常常耐心地回答他们提出的问题,但往往忽略培养儿童独立思考问题的能力。例如,家长给孩子讲故事,一页一页地讲,孩子只是静静地听。其实,给孩子讲故事,家长应适当提出问题让他们参与,培养孩子独立思考问题的能力。

(三)给儿童更多的自由空间,培养儿童自我选择、解决问题的能力

孩子的独立自主性是在独立活动中产生和发展的,要培养独立自主的孩子,就应该为他提供独立思考和独立解决问题的机会。因此,家长更要注意创造机会,培养儿童自己作选择和自己处理问题的能力,让儿童充分感受到自己有选择、探索、表达的自由。有的家长经常说孩子的主意不好,应该听大人的,实际上孩子有主意是件好事,他有自己的看法、自己的认识,应该给孩子创造机会让他自己拿主意。

有一些具有现代家教观、教子有方的家长,不仅注意从小培养孩子独立生活和独立思考的能力,也注意创造机会,培养孩子自己作选择和自己处理问题的能力。有一个实例:一个假日,父亲带着儿子在公园玩。当父亲带着他大约4岁的儿子走到三岔路口时,他弯下腰去问儿子:“你说,咱们走哪条路? 到哪儿去玩?”孩子认真思索了一会儿说:“咱们走这条路吧,去看小猴。”父亲随着儿子,向他所选择的方向走去……这位父亲的做法很值得赞赏。首先,他很尊重孩子,体现出父子间一种平等的关系。同时,他又是个教育子女的有心人,能抓住机会从小培养孩子自我选择的能力。这看似是家教中的一件小事,却反映了一种现代的教育观念。

（四）创造机会，感受挫折，培养儿童克服困难的精神

对于儿童来说，自己穿脱衣服、整理和收拾玩具等，需要他们付出很大的努力和克服一定的困难。因此，家长的作用就是对孩子们做出的努力给予充分的肯定，并鼓励和要求他们克服困难，尤其是对那些依赖性较强的孩子。

在家庭中培养孩子独立做事时，最关键的是家长要战胜自我。有的家长一见到孩子碰到困难，不是鼓励他去克服困难，而是立即代劳。还有的家长明知应该要求孩子克服困难，坚持自己去做事，但只要孩子一哭一闹，立即心软而“妥协”，依从孩子，从而前功尽弃。因此，为了孩子的未来，家长应下决心甚至下狠心，培养孩子克服困难的精神和毅力。

家长的表扬可以增强儿童做事的信心和勇气。在培养儿童独立性时，应经常运用有效表扬的方式来强化他们的行为，对他们做出的努力给予肯定，让儿童调节自己的情绪和行为，成为独立自主，具有健康人格特征的现代儿童。

（五）以身作则、言传身教，给儿童树立良好的榜样

榜样的力量是无穷的。教师和家长要做孩子独立自主的好榜样。如果家长自己就是一个处处依赖他人，什么事都拿不定主意，动不动就寻求帮助的人，那就不要指望孩子能够独立自主。成人的一举一动，都是孩子模仿和学习的榜样。所以，父母和老师应以身作则，树立良好的榜样。

（六）家、园配合，有效地提高儿童的独立性和自理能力

孩子成长需要和谐的环境。幼儿园要为儿童创设宽松、愉快的环境，教师要给儿童营造出一种温暖的“家”的气氛，使儿童有一种心理上的安全感、愉悦感，这是培养儿童独立性和自理能力必要的外部条件。

但孩子上幼儿园后生活在两种环境里，儿童独立能力的培养单靠幼儿园的教育是不够的，他们生活中更多的时间是待在家里的。如果家长不重视，总是包办代替，儿童自我服务能力很差，会给教师的工作带来一定的难度。因此，教师与家长应密切配合，经常沟通，采用家访、书信、开放日、家长会等形式，和家长统一思想，以保持家、园教育的一致性。孩子只有在要求一致的前提下，才会有一个明确的目标，久而久之，孩子的自理能力得到提高，其他能力也相应地得到发展，最终实现全面发展。

未来是属于孩子的，未来的生活要靠他们自己去创造。家长和教师应循序渐进，耐心引导儿童，多给儿童自己去尝试体验的机会，培养儿童的独立性，在培养过程中积极鼓励孩子的每一点进步，帮助他们树立自信，使他们具有较强的社会适应能力和心理承受能力，可以勇敢地面对问题、解决问题。

第二节　没有规矩，不成方圆

一、规则意识是儿童可持续发展的需要

案例：三个儿童一起玩变形金刚，事先已明确先后轮流玩的次序，在第二位儿童玩的时候，旁边走过来一个男孩对他耳语几句，第二位儿童马上就把手中的变形金刚递给这个男孩玩。这时，即将轮到的第三位儿童站起来大声说："不对，现在应该我玩。"第二位儿童回答："老师说的，大家都可以玩。"第三位儿童听后立即说："我们讲好轮流玩，你的后面是我。"这时，第二位儿童轻声说："没有讲过轮流。"这下，第三位儿童和同桌的几个儿童异口同声地喊了起来："讲过的，你赖皮。"在这种情况下，第二位儿童从刚来的男孩手中拿过变形金刚交给第三位儿童，第三位儿童拿到变形金刚后，对刚来的男孩说："你要玩，排在我后边。"刚来的男孩红着脸答应了。

点评：这个例子说明儿童有了遵守规则的意识。中国城市家庭目前大多为独生子女家庭，孩子成为家庭的中心，一些孩子表现出强烈的以自我为中心的意识，而更多的父母则是希望孩子读好书，将来能出人头地，对规则意识的培养往往有所忽视。一旦孩子出现"违规"现象，成人采用的方法往往比较简单粗暴，甚至训斥、体罚等。家庭教育在对子女良好行为习惯养成上的忽视与宽容、在规则教育上的以说教为主、规则教育目的性的模糊是形成许多孩子不遵守规则的主要因素。

什么是规则？规则是行为与活动的准则，是规定出来供大家共同遵守的制度或章程。规则在幼儿园的生活中处处体现，所谓的规则，就是儿童的一日生活常规。常规的建立不仅是集体教养儿童的需要，也有益于儿童身心的健康发展，提高生活自理和活动实践能力。儿童的规则意识是指儿童对为什么环境中必须存在规则，规则有什么内容，规则有哪些作用以及应该怎样执行规则等方面的认识与理解，并在此基础上逐渐形成遵守规则的愿望和习惯。引导儿童建立和执行一定的生活、学习、行为规则，既可以起到培养儿童良好情绪，形成一定的生活、卫生和行为习惯的作用，又是顺利开展各项活动并取得预期成果的保障。儿童活动常规差，存在不能正确使用工具，争抢材料，儿童间不懂谦让、不善合作等问题，这些问题的出现分散了教师精力，影响了活动的顺利开展。因此，在活动中帮助儿童建立规则意识、提高遵守规则的能力是非常必要的。

常言道："没有规矩，不成方圆。"幼儿园的集体生活是儿童从家庭迈向社会的一个小小的驿站，也是儿童走向社会的第一步，儿童从熟悉自由的家庭环境进入到陌生、有约束的集体环境之中，难免有些不适。儿童不能像在家里那样随心所欲，想干什么就干什么，而要受集体规则的制约，要让儿童慢慢理解生活在集体中应该怎样做，不应该怎样做，规则起到了不容忽视的作用。规则作为教育手段，可以起到规范引导行为方向，提高能力和身心发展水平的作用。

在组织集体活动时，儿童要按照一定的要求，约束自己的行为，限制自己不去扰乱一定的生活习惯、社会秩序，让儿童从小就知道生活在一个集体里，就要受到一定的约束，不能随心所欲。如：站队时不能拥挤、大声喧哗，收玩具时要摆放整齐，不能争抢别人的玩具等，这些都是让儿童在日常生活中主动形成的行为习惯。通过引导儿童在活动中逐步建立和完善规则，并认真执行，把这种执行作为自身的需要，从依规则控制自身行为到形成习惯。幼儿园生活是一种群体生活，为了保证群体生活的有序进行，约束群体中不同个体的行为，需要借助于一定的纪律来维持。增强儿童的规则意识，是活动顺利开展的有效保证，也是儿童社会性发展的重要条件。

二、培养规则意识的途径

（一）为儿童创设宽松自由的环境氛围

规则是对自由和空间提出的相对的限制与约束，它是一种良好的规范和秩序。要选择一个宽松、合理的环境，让孩子在遵守规则时感到不压抑。孔子曾经说过“从心所欲不逾矩”，一句话就道出了规则教育的真谛。为儿童创设丰富、适宜的物质环境，保障活动的正常开展。在工作中教师可以“开发”很多活动区域，比如过道上的建筑区、美发店，午睡房的娃娃家、阅读区等，游戏材料中成品、半成品都很丰富，玩具都放在孩子易拿易放的地方。在这种环境与氛围中遵守规则，孩子们比较能享受乐趣。教师要在观察儿童、研究教材的基础上，精心为儿童提供丰富、安全、适合于不同层次儿童的活动器材和空间。此外，教师事先安排好活动，尽可能避免各种可能导致活动混乱的因素。

另外，为儿童创设一种宽松、民主、自由的精神环境，是促进儿童主动遵守各种规则的有效手段。让儿童在轻松自由的氛围中生活，感受到教师的爱，教师要与儿童建立一种平等、和谐的师生关系，教师提出的要求不能强加在儿童身上，使儿童产生一种畏惧感，怕老师批评。教师要了解儿童的需求，成为他们的知心朋友。

（二）发挥榜样的作用，从小培养儿童的规则意识

模仿是儿童品德形成的主要方式。教师、家长良好行为的榜样作用，在儿童规则意识的形成中能起到不可估量的作用。凡是要求儿童做到的，教师、家长要首先做到。榜样的力量是无穷的，利用榜样对儿童进行规则意识的培养，可以把抽象的认识具体化、形象化，而且儿童易于接受。如午餐前，老师要求孩子们吃饭时保持安静，不说话，可两个带班老师却在谈论班上的事情，结果孩子们也跟着说起来，提醒了儿遍也没用。教师应注意同孩子们一起遵守所有的规则，树立榜样，才能产生较好的效果。

俗话说“先入为主”，如果认为儿童还小，不懂规则，等长大了再说，就会错失教育良机。规则意识必须从小培养，但关键在于要充分了解孩子的年龄特点和心理需求，在孩子可接受能力和兴趣特点的基础上不断加以强化，使孩子在有所规范的前提下获得充分自由的发展。如：对 3 岁前的儿童，可以从生活习惯培养出发，让孩子逐步养成规则意识；对 3 岁后的儿童，则可

以采用共同讨论的方法来参与规则的制订。循序渐进,促使孩子的规则意识从他律逐步向自律转化。

(三)在日常生活中培养儿童的规则意识

将规则意识的养成教育与儿童的日常生活密切结合起来,是充分考虑儿童年龄特征、认知特点,培养儿童规则意识的最佳途径。教师在培养儿童规则意识时,不能采取强制、管制、限制或是说教的强硬方式,而是应该让儿童理解规则的含义,知道遵守规则的重要性。同时,将日常生活中的各种规则绘制成一幅形象有趣、色彩鲜艳的标记图,放置在相应的环境中,以此来提示儿童做出相应的行为反应,促进儿童良好行为的养成和发展。

在教学活动中强化儿童的规则意识。教学活动是儿童获得知识、情感、技能的重要途径。教学活动中儿童规则意识的强弱、遵守规则的情况将直接影响活动的有序进行和活动的质量。因此,在教学活动中要不断增强儿童的规则意识。进行规则教育时可以通过环境渲染、榜样激励、适当惩罚、语言暗示等手段来实施。用简洁明了的语言向孩子提出行动的规则,并说明为什么,如"抢别人的玩具,别人会不高兴的"。就事论事、客观评价,帮助孩子建立规则意识,如"你能把垃圾扔到垃圾桶里,我真高兴!""我知道你想帮小朋友拿汽车,但你把它抢过来是不对的!"规则教育不能仅停留在说教上,对年幼的孩子尤其应注意直观形象。教师要通过形象化的方法和手段把规则要求具体化,使其具有可操作性,能够落实到行为上。

具体形象性是学前儿童思维的主要特点,儿童往往从直观的、具体的方面去辨别是非、理解事物。活动中要遵守哪些规则、该怎么做,在活动前就必须告诉儿童,让他们心中有数。因此,教师应该在活动前对儿童的行为提出具体、合理、一致的要求。

儿童规则意识的形成,是长期的、艰苦的动态过程,要使"习惯成自然",教师应加以重视并持之以恒,还要不断思考、探索符合儿童的教育观念、方式以及途径,使儿童在生活、学习中自然而然地形成良好的规则意识。规则应保持一致性,不能随意变换。幼儿园一日生活常规的培养要长期持久,对儿童提出的要求不能时有时无,老师高兴了,就让儿童放任、松懈;老师生气了,就严加管教。容易出现的问题就是开学初,大张旗鼓地抓常规,培养儿童的生活习惯;到了学期中、学期末就不管了,也不提要求了,儿童想怎么做就怎么做,造成了前紧后松,儿童的生活常规不稳定,时好时坏,当成人想提要求让儿童遵守时,儿童却不听了。

(四)根据年龄特点,帮助儿童理解规则

因人施教,对症下药。苏联教育家苏霍姆林斯基说:"每一个孩子,都是独一无二的世界。"作为教师,要重视儿童个体发展的差异性,根据孩子的不同性格、爱好、家庭背景来实施教育。比如同样的错误,有的孩子只需老师的一个眼神,而有的孩子非要坐下来与他严肃地谈话才行。作为一名幼教工作者,只要多一点耐心,因人施教,因人制宜,教育就会牵人以心,启人以志。

儿童的年龄不同,对规则的理解也就不同,教师对儿童提出的要求也就不能相同。规则要建立在孩子认识能力的基础上,不能凭成人的主观意愿强迫孩子就范。如在“不攀折花草树木”这项规则中,可以从多方面入手帮助孩子理解其用意:带孩子去花园、草坪、小树林,让孩子看一看、摸一摸,感受大自然的美,知道这些美丽的植物是园林工人辛勤劳动的成果,它们使大家心情愉快,美化了环境,净化了空气;然后请小朋友想一想:假若这些植物被喜欢它们的人摘掉后会怎么样?孩子们说:“别人就再也看不到它们了。”“这里不美了,大家不喜欢到这里来了。”“被摘走的花很快会枯死的。”“树妈妈会很难受的,很疼的……”孩子的语言虽然幼稚简单,但带来的理解却是深刻的。帮助孩子理解规则的意义能对行为产生积极的指导作用,减少盲目性。

良好的行为习惯是可以通过教育来培养的,行为习惯的养成也是从儿童时期抓起的。幼儿园作为集体教育机构,培养儿童的一日常规是必不可少的。教师不仅要规范儿童的正确行为,还要让儿童懂得生活在集体中“规则、制度”建立的重要性。它对儿童适应社会的发展有着很深远的影响。

(五)让儿童参与规则的制订过程

随着年龄的增长,儿童的思维、理解能力慢慢成熟,儿童对外界事物有了一定的是非辨别能力,而且有了自己的想法主见。这时教师不能把规则强加于儿童身上,而是应该让儿童自己考虑应该怎样做,不该怎样做。如班里的一些规则制度可以让儿童自己尝试拟订,在玩游戏时,让大家自由讨论并发表各自的意见:活动区常规应该有哪些;在玩的过程中违反了规则要求,应该受到怎样的处罚。如说话要轻,不能乱闯到别人的活动区,进入时须别人同意,不能抢玩具等,这些都是在老师的引导下,儿童在玩的过程中自己总结出来的。这样既减少了教师的包办代替,又提高了儿童的自主性,让儿童有一定的权利和责任感,无形中让儿童自觉遵守了各种规则,而且儿童也特别容易接受和遵守。

参与制订规则不但有利于儿童对规则的认识与理解,而且有利于提高儿童独立自主的能力,增强主人翁的意识,有助于规则的遵守与执行。比如在选择游戏种类的问题上,以往采用指定游戏或按顺序轮流的规则,但这样做会使很大一部分儿童产生不满足感,导致不遵守游戏规则、不愿玩的现象,可以组织儿童讨论并自己来制订符合愿望而又不影响别人情绪的游戏规则,从活动场地、材料、内容、人数等多方面入手,制订出活动计划及相应的规则。由于儿童是规则的制订人,因此他们非常愿意去遵守和维护,由此产生的积极作用非常明显。对儿童进行规则教育时,少说教,注重儿童的亲身体验,关注行为结果。在引导儿童制订规则时,要引导儿童制订一些惩罚措施,并在生活中执行。如,儿童都很喜欢去建构室上课,上课之前,老师可以问:“今天,我们去建构室,你们说说,我们应该怎样去?”“应该安静地走。”“应该一个跟着一个。”“不抢玩具。”……小朋友们你一句我一句地说了起来。在交流后,老师说:“我们今天就定几个规则请小朋友们来遵守,做得到、做得好的小朋友可以去建构室玩;做不到的小朋友,老师会提醒一次,第二次做不到时,要给予相应的惩罚,就是这一次不能去建构室玩。”在上课的过程中,老师要严格遵守规则。

儿童年龄小,自制力较差,但不代表他们不能控制自己,有时候,他们不是不能控制而是不愿控制,以为做错了事情,只要批评一下就没事了,时间长了,他们就不觉得有什么了。给他们一个明确的规则和惩罚,老师和小朋友们都说到做到,让他们逐渐学会控制自己并且知道在什么时候可以做什么事情,不可以做什么事情,违反了规则要受到什么样的惩罚。这可以培养他们诚实守信,遵守纪律的好习惯。

(六)教师要善于发现,进行随机教育

对儿童进行规则意识的培养时,教师应以敏锐的观察力,捕捉有利时机,及时进行教育,巩固好的道德行为,克服不良的行为与动机。如一次娃娃家游戏中,负责烧菜煮饭的“爸爸”把锅顶在头上,炉子套在铲子上举着,笑个不停,教师可以抓住这个机会进行教育。教师可以表情紧张地跑过去说:“哎呀,爸爸被油锅里的油烫伤了,赶快送医院!”“爸爸”被送进了医院,结果他很长时间里都只能躺在医院的床上,不能游戏。以游戏的方式惩罚儿童,尽量减少违规行为的出现。如果儿童在游戏中表现很好,教师也要进行表扬,一方面巩固其自身的良好行为,另外对其他孩子也是一个好的学习机会。

注重儿童同伴间的榜样、评价作用。同伴之间的相互作用是巨大的。有些儿童在活动中不遵守规则,教师可以先带他们观察别人的活动,欣赏别人的成果,从而诱发他们活动的兴趣。同时鼓励能力强的儿童主动与他们结伴操作,共同提高。这些儿童在同伴的帮助下获得了成功的喜悦,建立了自信心,能够积极主动地参与到活动中,大大减少了违规现象的发生。此外,在活动过程中,教师可通过儿童与同伴间的交往引导儿童相互督促、提醒,活动后及时组织儿童对规则执行情况进行评议等,教育儿童逐步学会公正、客观地自我评价和评价他人,通过评价使儿童形成遵守规则的自觉性,不断掌握行为规范。

(七)家、园合作,促进儿童规则意识的发展

常言道“国有国法,家有家规”,孩子不仅要在幼儿园中遵守班级中的“班规”,还要在家遵守“家规”。班级的“班规”取决于教师的观念,而“家规”的制订则取决于家长的观念,双方的观念、要求一致了,儿童的规则意识才会不断地巩固和发展。因此要注重家、园合作,争取家长的配合和帮助。通过家长园地、宣传栏、家长会等多种渠道与家长沟通,互通儿童成长中的点滴,争取在教育方法、要求上取得一致。通过实现家、园共育,形成家、园合力,对儿童良好行为习惯的形成起到促进的作用。儿童作为一个社会人,他受社会环境影响,更受家庭环境影响,因此教师应把每一阶段的规则教育内容告知家长,以求得家长的支持与协助。家、园共育,儿童的规则教育就会起到事半功倍的效果。

第三节　分享是美丽的

一、分享是亲社会行为的一种表现

案例：星期天，妈妈带彤彤去公园玩。车上的人很多，一上车，就看见一位叔叔下车，彤彤赶紧跑过去坐了下来。过了一会儿，上来一位白头发的老爷爷，妈妈说："咱们让爷爷坐吧。"彤彤不肯，不愿意让座。这时，旁边一位阿姨站起来让座，妈妈说彤彤没有礼貌，彤彤红着脸低下了头。一到公园，彤彤就来了精神，玩得很高兴。彤彤特别喜欢荡秋千，荡了好长时间也不下来。妈妈说："彤彤，别玩了，让别的小朋友玩一会儿。"彤彤却说："我再玩一会儿。"在旁边等的小朋友不耐烦了，大声地说："你太自私了。"说完生气地走了。

点评：彤彤的表现说明她不愿与人分享。分享指的是将自己喜爱的物品、美好的情感体验及劳动成果与他人共享的过程。现实生活中，很多孩子都会试着去支配别人，"以自我为中心"，如果孩子只会以这样的方式与他人相处，久而久之，他们的分享意识就会逐渐淡化。联合国教科文组织召开的国际会议中就提出了关于学会分享的主题，其中之一就是"关心家人、朋友和同行"。分享更是我们中华民族的优良传统。"有福同享，有难同当"这句家喻户晓的俗语便是最好的例证。面对全球发展的总体趋势，儿童存在的种种"独占""霸占"行为，使分享行为的培养显得尤为重要。通过从小培养儿童的分享观念来健全其人格，促进儿童之间良好人际关系的发展是极为重要的。分享行为是一种对别人、对社会有利的行为，是把自己的快乐和需要与他人联系在一起，克服自我中心，学会把自己的快乐带给别人，与他人共同享用属于自己的东西，有助于个体社会性的发展。

申继亮、李虹等人的研究发现，分享行为要到3— 6岁才会出现，儿童与他人分享的意识到了6—12岁迅速增长。许多研究都表明儿童在与同伴分享方面表现得很自私，随着年龄的增长他们越来越愿意分享。

由于社会环境的深刻变化，在日常生活中常常可以发现孩子强占的现象。比如，一天吃中饭的时候，老师给每个孩子发三个葡萄，由于疏忽少数了几个，结果发到最后，有一个孩子没有，于是老师问别的孩子谁愿意分给他一个，却没有一个儿童回答。最后，有个孩子说他吃不了三个，才给了那个孩子一个。

像这样的现象在幼儿园里举不胜举。这些现象充分表明了大多数儿童有分享的意识，却缺乏分享的行为。在独生子女家庭里，一切以孩子为中心，孩子是家中的"小太阳"，在"独"的家庭氛围里，生活在富裕的物质环境中，要什么有什么，得到东西似乎是理所当然。有的家庭吃饭时最好的菜让孩子一人独吃；看电视孩子拿着遥控器；家里来了小客人，孩子竟不让妈妈把食品拿给客人分享……面对儿童存在"独占""有分享意识却做不到"的行为，成人必须重视儿童分享意识和行为的培养。

儿童时期是亲社会行为形成的重要时期,从小培养孩子的分享行为不仅是培养一种礼貌,更是培养一种健康的心态,也是一种社会进步、现代文明的体现。在家庭里父母与子女之间的爱不是单向的,而是双向互动的。子女不仅接受来自父母的爱,更应该懂得回报爱。只有学会分享,才能更好地与周围人相处和合作,因为将来的社会不仅是竞争的社会,更是合作的社会。

二、培养分享行为的途径

(一)创设良好的环境,营造温馨的氛围,培养儿童的分享意识

要培养儿童的分享意识,首先应该关爱孩子,在师生之间建立信赖和亲密的感情,在班内营造出和谐的氛围。有了这样的环境,才能使儿童逐渐形成同情他人和帮助他人的意识。

1.创设良好的物质环境,激发分享的意识。

在布置班级墙面环境时,结合分享的主题内容,鼓励儿童主动参与,师生共同布置。如,墙面布置中的"分享树",儿童通过画画、贴贴、剪剪,共同创作完成了一棵树。孩子们经常会带一些自己喜欢的照片、图片等挂在"树"上,大家一起欣赏,"树"上的内容根据孩子的意愿定期更换。通过一棵"分享树",孩子们感受到了分享的快乐。又如,为了让大家消除烦恼,分享快乐,在家、园联系窗里设计一朵花,花蕊上写上"每天好心情"几个字,不同颜色的花瓣表明不同的心情。孩子们每天都能找到属于自己的"心座",和大家一起分享自己的烦恼和快乐。再如"我们一起放风筝""去郊游""愿望星"等系列主题,孩子们在参与制作、欣赏富有童趣的画面的同时,与同伴分享的愿望便被激发出来了。

2.创设良好的心理环境,营造分享的氛围。

心理环境是一种隐性的环境,可以理解为是一种气氛、一种感觉。教师在儿童心目中有很高的威信,教师的言行潜移默化地影响着儿童。因此,建立轻松、和谐、平等的师生关系有极其重要的意义。在平时的活动中,教师以理解、分析的眼光去看待孩子的行为,鼓励他们说出自己的心事,引导孩子倾听同伴的叙述。教师可以这样说:"老师有件高兴的事,想告诉你们,让你们和我一起开心!""你有什么不快乐的事就说出来吧!大家一起替你想办法!"教师引导的话语、赞许的目光、微笑的面容等,能使儿童受到极大的鼓舞,从而自觉地做出分享的行为。

(二)让儿童正确认识分享

分享是与他人在情感和物质上的共享,儿童之所以不愿与人分享,很重要的原因在于他们认为分享就是失去。成人可以通过故事、游戏等多种方式,让儿童明白分享实际上是一种互利行为。如通过游戏"小兔送萝卜"让孩子明白"我的东西分给你,你快乐我也快乐"的道理;户外自由活动时,有意识地鼓励、引导孩子把自己的好方法告诉大家,激发孩子们互相学习的欲望,让儿童感受"好的东西大家一起玩才最快乐"的道理。

(三)让儿童掌握分享的规则和方法,学会分享

表扬儿童的分享行为,批评其自私行为,这样做对培养分享行为很有效。儿童可能不会在需要分享的时候自发地表现出分享行为,也可能不知道如何选择恰当的分享方法,这就需要成

人教给儿童分享的方法，指导儿童进行分享。比如玩具分享日那天，小云带来了小汽车，其他小朋友都想玩。这时教师可以组织儿童讨论：你们都想玩，该怎么办？经过讨论孩子们认识到应该有礼貌地向小云借，玩时应该爱惜，玩完了及时归还，对那些不守信用、不爱惜玩具的人可以拒绝分享。帮助儿童解决一些分享中出现的问题，使儿童在玩具数量少的情况下也能顺利实现分享。通过多次活动，儿童逐渐学会了分享，以后碰到类似的事情，就知道怎么做了。

常用的分享规则主要有以下四条：

1.**平等分享。** 儿童在分享时常会出现一些不平等的分享行为。比如在分享活动中常听到“你不是我的好朋友，我不给你玩”之类的话。出现这样的问题，老师可以和儿童一起讨论：是不是带来的分享物品只给自己的好朋友？别人想玩怎么办？当别人把自己的玩具给你玩时，你是不是很高兴？如果别人不给你玩，你是不是很难过？让儿童通过换位思考掌握平等分享的规则。

2.**共同分享。** 在相同的时间内，孩子们自愿结合，通过相互间的配合和协调融洽地进行分享，最终使彼此的情感都获得满足，达到合作的目的。比如搭积木，大家先商量，然后分工合作。在分享过程中，老师要引导儿童与他人合作，强化儿童共同分享的行为以及合作行为，促使儿童掌握共同分享的规则。

3.**轮流分享。** 在不同的时间内，大家将分享物品轮换使用。由于儿童的自我控制能力差，不易掌握，可以教儿童先学会轮流分享的礼仪。如在玩玩具时，告诉儿童谁先拿到玩具谁先玩，后来的人想玩可以说：“我也想玩这个玩具，你玩一会儿可以给我玩吗？”渐渐地，儿童学会了协商，也了解到尊重别人以及等待轮换的重要性，知道在什么情况下实行轮流分享，为儿童遵守秩序习惯的养成打下了基础。

4.**先人后己分享。** 将自己的玩具给别人玩，儿童刚开始不易理解，成人要引导儿童用换位法去思考，使儿童调整自己的行为，与别人分享他的玩具。另外，老师要对儿童表现出的先他人后自己的行为给予肯定，以鼓励儿童今后继续这样做。

在游戏活动中，教师可以有意识地创设一些情境，让儿童去面对矛盾、解决问题。如：在户外活动“骑木马”中，孩子要解决“木马不够玩怎么办”；几个小朋友都想玩摇椅，可摇椅只有四张，怎样解决；皮球不够分，没拿到的小朋友怎么办；等等。鼓励孩子开动脑筋，寻求解决的方法，孩子们在互相商讨的过程中，学会互相谦让，表现出相互合作的意愿。如：“你先玩一会儿，待会轮到我来玩。”“我们一起滚皮球，好吗？”

让儿童在进行物质分享时学会精神分享。成人要用欣喜的口吻赞扬孩子的进步，让孩子们讲述自己的快乐、悲伤与愤怒，体会分享的感受。正如一个哲人所说：“你若有一个苹果，给了朋友，你便没有苹果；你若有一份快乐，告诉朋友，你便拥有了两份快乐；你若有一份悲伤，告诉朋友，你的悲伤很快便会消失。”通过多种具体的实践，使孩子们逐渐学到了分享的恰当策略，在活动中学会分享。

（四）创造分享的机会，开展分享实践

在日常生活中，儿童一起游戏、学习的机会很多，如在一起操作、绘画、玩娃娃家、搭积木、看图书等，教师要有意识地为儿童提供分享的机会，让儿童在实践中学会分享。如，在教室中开放一个分享角，摆放儿童从家里带来的玩具、图书、食品等，每天下午为儿童提供十分钟的时间专门开展分享活动。在这一时间段，儿童将自己最拿手的诗歌、谜语、故事、笑话、美术作品、小制作等与其他儿童分享，充分展示自己的才华。这样不仅有利于培养儿童的分享行为，也有助于培养儿童大胆表现自我的能力，增强儿童的自信心。老师也可以根据实际情况在一周建立专门的分享日，使儿童的分享行为逐渐得到强化。比如"快乐分享日"是儿童在这一天将自己的快乐体验与同伴分享；"玩具分享日"是让儿童将自己喜欢的玩具在这一天带来与别人分享；"经验分享日"是将自己的成功经验和近期完成的作品向他人展示；举办"生日会"，通过集体生日活动，让孩子体验分享的快乐。

儿童之间的分享经常会带来积极愉快的结果。活动成功，情绪愉快，彼此得到满足，同时增进了友谊，这对巩固、强化分享行为进而产生更多的分享行为是极为重要的。因此，以正面引导为主，及时鼓励孩子的点滴进步，促进孩子的分享行为更加稳定、自觉化。比如，当儿童有分享行为时，教师向儿童微笑、点头、竖起大拇指等，因为得到老师的肯定孩子获得了快乐和满足，从而强化了儿童的分享意识。

（五）为儿童树立榜样，培养分享行为

成人在现实生活中示范分享行为，能成功地培养儿童的分享行为。仅从原则上或道理上讲分享行为远远不够，老师要做有心人，平时要善于抓住一切有利时机为儿童做好行为示范。如在分发物品时，老师要有意识地将这些物品以分享的形式来进行分配；两位老师共同制作教具，共用一把尺子，共同打扫卫生，一起说课、创编舞蹈等，教师之间的亲密、信任为儿童提供了积极的行为榜样。教师还可以加入到孩子们的活动中，引导儿童学习分享，也可以把自己的快乐讲出来与儿童共享，等儿童体验到分享带来的乐趣后，便会自觉产生分享的动机，模仿老师做出类似的行为。

同伴是儿童观察学习的榜样，老师要在同伴中树立有分享行为的好典型让其他儿童学习。当儿童有某种分享行为时，老师要积极评价和鼓励，这样会激发其他儿童去模仿和学习。

文学作品中的人物也是儿童学习的榜样，老师要经常讲一些关爱他人、乐于助人方面的故事，激发儿童去学习。如故事《金色的房子》中的小姑娘因为自私而失去了朋友，一个人很孤独，当她与小动物们共享她的漂亮房子时，她又得到了朋友。孩子们从小姑娘这一形象中知道了任何好吃、好玩的东西都不应该一个人独享，懂得了与人分享才能得到真正的快乐。

（六）开展社会实践活动，巩固儿童的分享行为

在孩子们熟悉和喜爱的环境中开展丰富多彩的社会实践活动，是培养分享行为的最佳途径。如"到朋友家做客"的实践活动，主要是为了从小培养孩子热情好客、礼貌待人等与人交往的社会适应能力和分享行为。在活动前，让孩子们做好去朋友家做客的各种准备。如，挑选两位小朋友当联系人，准备好玩具、图书及少量的糖果或点心等。通过这次活动，孩子们有了做客和待客的粗浅经验，发展了交往能力，增进了同伴间的情感，训练了分享行为，还让孩子获得了愉快的情绪体验。

（七）坚持家、园同步，争取最佳教育效果

家、园达成共识，协调教育方法，统一教育要求，是培养孩子分享行为的重要保证。教师要向家长宣传培养儿童分享习惯的重要性，交流在家庭中培养孩子分享行为的方法。为每个儿童准备一个“家中的好孩子”的记事本，请家长们把孩子在家里的表现记录下来，便于教师有针对性地进行教育；邀请家长代表参与幼儿园的研究小组，为培养儿童良好的行为习惯出谋划策；在“家长园地”栏目中，定期向家长宣传，指导家长对孩子进行分享行为的训练；通过家长接送孩子的间隙与家长进行简短的沟通交流，统一方法，争取家长的配合。

要使分享成为习惯，需要儿童充分地实践，这不仅需要教师做大量的工作，同时更需要家庭、社会的配合，持之以恒，才能促进儿童身心健康地发展。

总之，培养儿童的分享行为不能流于说教，也不能以单向说服和语言训导的方式灌输给儿童，而应该重视孩子的主动性，给他们充分讨论的时间、空间，让他们在集体交往中、讨论中得出正确的做法，使孩子们在儿歌、故事、游戏等丰富多彩的活动中学会分享。只有通过适当的方法引导，在主观上让儿童产生分享的内在动机与愿望，使分享行为更加稳定、自觉，在客观上用规则约束儿童，使分享行为更加规范、有序，才能让儿童在日常生活中自觉产生分享行为。

未来的社会是一个开放的、互助的社会，良好的社会交往能力、分享行为、社会情感对于一个人来说极为重要。孩子亲社会行为和品德的培养，绝不是几个活动、几个故事、几种形式就能奏效的。关键在于教师要把培养孩子的分享行为作为一种责任，随时贯穿于教育活动中，仔细观察，因人施教，为孩子们提供宽松和谐的环境，充分发挥孩子的自主性，提高他们实施分享行为的积极性、主动性。

第四节　我们都是好朋友
——交往能力的培养

一、交往是儿童的需要

案例一：星期天的早上，妈妈带明明到朋友家玩。一进门，朋友家的孩子小刚就热情地进行自我介绍，并亲切地向明明问好，还拿出自己的小汽车让明明玩。明明一直拉着妈妈的手，紧紧地挨着妈妈坐，不和小刚玩。小刚上前拉着明明的手，邀请他去参观自己的房间，并告诉他自己有好多玩具。妈妈也鼓励明明去和小刚玩，明明不好意思地站起来跟随小刚进了房间，不一会儿，两个人就高兴地玩了起来。

案例二：有一天，中班的青青回到家里，对妈妈说："我不想上幼儿园了，小朋友都不跟我玩。"妈妈说："你可以和小朋友商量。""商量了，他们还是不和我玩，说我打他们了。""那你有没有打人呢？"妈妈追问。青青说："没有，他不和我玩，我就拉了他一下。"妈妈与老师沟通后发现，青青在幼儿园想和小朋友玩时，就去拉人家，如果人家不想和他玩，他就使劲拉扯，弄得别的孩子都不愿意跟他玩。

点评：小刚的行为说明他善于交往，青青的问题是不知道如何与小朋友交往。交往是人们运用语言或非语言符号交换意见、传达思想、表达情感和需要等的交流过程，包括物质交往和精神交往。儿童与同伴的交往是社会性发展的重要组成部分，对儿童心理的发展具有重要作用。集体生活是儿童从自我向社会化道路发展的重要推动力，是儿童心理正常发展的必需。在某种意义上讲，儿童之间的互相作用对其社会化发展更胜于儿童与成人之间的交往。

交往能力指人参加社会群体生活，与周围人们相互交往、保持协调的能力。儿童交往能力是指儿童乐意与人交往，在团体中主动与同伴一起游戏，彼此交流、沟通、分享等能力的发展。从教育者的立场上看，家长希望孩子能与他人交往，并希望孩子有较强的交往能力，而不愿意孩子孤独。教师则希望每个儿童都能够与同伴友好相处、互相关心、相互帮助、团结合作。因此，在幼儿园教育中教师应加强对儿童交往能力的培养，使儿童成为顺应时代发展的人。

未来的社会需要我们的下一代具有良好的社会交往和活动的能力，然而今天的独生子女却恰恰缺乏与人交往、合作的能力，他们身上或多或少地有着不合群、自私等表现。幼儿园是儿童集体生活的主要地方，生活在幼儿园里的孩子，会有许多同伴一起生活、学习、游戏，能真正体验到交往、合作的乐趣。为此，教师应充分利用这一教育资源，为儿童创设良好的交往条件，鼓励儿童与各类伙伴交往，培养儿童良好的同伴关系。

二、如何培养交往能力

美国著名教育家戴尔·卡耐基说："一个人事业的成功，只有百分之十五由于他的专业技术，另外的百分之八十五要靠人际关系和处世技巧。良好的人际关系和处世技巧来源于娴熟的交往技巧和合作意识。""交往是人类的必然伴侣"，人的一生中大部分的时间是在与别人的交往中度过的。随着社会的发展，信息化、多元化、开放化的社会格局日益突出，儿童教育不仅仅是教给儿童一些基本知识和生活常识，养成良好的学习和生活习惯，而且还要培养孩子的人际交往能力，这样有利于孩子更好地认识社会，认识人与人、人与社会之间的关系，对促进孩子良好的意志品质以及人格的发展有着极为重要的作用。

（一）创设宽松和谐的交往环境

好的环境有利于建立情感纽带，教师和家长应努力为儿童营造宽松、支持的环境。宽松的环境是教师与孩子交往的前提。幼教教师在孩子心目中占有重要地位，教师对儿童的态度和行为，直接影响孩子交往能力的培养和发展。因此，教师要努力建立平等、民主、尊重、自由、合作、和谐的伙伴型师生关系，营造安全、轻松、愉快的氛围，让孩子放松心情，愿与教师亲近。对性情活泼、开朗、交往能力强的儿童要给予充分的赞扬和肯定，促进他们进一步发展。对待内向、胆小、交往能力较弱的儿童要理解和鼓励，以亲切的语言与和蔼的态度激发他们参与活动的欲望，积极了解他们心理上的需求，帮助他们克服对交往的畏惧，营造一种友好和谐的氛围。老师的一个点头、一声赞许、一个微笑，都能给儿童带来亲切、温暖和快乐的感觉，对儿童交往能力的培养与发展有非常积极的作用。

家长应与孩子多沟通，鼓励儿童与他人交往，并为儿童提供交往的机会。如：家中来客人，要让孩子有礼貌地打招呼和交谈；如果有小朋友到家里，要鼓励孩子拿出玩具和小伙伴玩。家长还可以带孩子到朋友家做客，到户外参与儿童的游戏，或邀请邻居家的孩子到家里玩，在玩中给孩子提出要求，使孩子在游戏中体验一起玩的乐趣。告诉孩子善待别人，和伙伴友好相处，要学会谦让。时间长了，孩子就能和同伴建立起一种和谐、亲密的关系了。

家长应多带孩子走出家庭，接触外面的社会。多让孩子体验社会与家庭之间的关系，鼓励儿童与他人简单地交往，如看到盲人，启发儿童去帮助他，做一个乐于助人、富有同情心的人；到超市或商场购物，鼓励儿童去向售货员说明想买的东西，选好后，在家长的指导下去交款，买完东西后，说“谢谢，再见”。这样，既培养了儿童的独立性，也增进了与人交往的能力。

（二）充分利用自然情境，建立良好的同伴关系

人际交往的能力是在与人交往的过程中培养的，同伴关系是儿童最广泛、最正常的社会关系，同伴交往是儿童学习社会知识，发展社会技能的重要途径，教师应给予尊重、理解和支持。儿童入园后接触最为频繁的对象是他们的同龄伙伴，教师必须有目的、有计划地开展丰富多彩的活动，创设儿童交往的客观环境，为儿童提供充分交往的机会，以利于儿童间建立良好的同伴关系。

1.多给儿童创设与同伴交往的机会。

共同的兴趣、互懂的语言，使得孩子们很自然地想在一起玩耍、游戏，当这种交往需要得到满足时，他们就会特别高兴，而愉快的交往经验可以提高儿童的自信心，自信心的增强又会引发更强的交往主动性，两者相互促进，形成良性循环。例如，当儿童跳绳跳得很好时，会有同伴赞许的语言、羡慕的眼神，他会感到满足；如果不会跳时，会有同伴的帮助，使自己学会跳绳。这样不仅使儿童在体育活动中发展了合作，更使儿童体验到了合作的快乐，有助于儿童在互学互动的伙伴关系中健康成长。

在和同伴的交往中，儿童能获得和成人交往时无法学到的一些规则，成人可以利用一些自然发生的情境帮助儿童寻找游戏伙伴，鼓励儿童多结交朋友。如开设一个“玩具世界”活动区，发动儿童从家里带来心爱的玩具，利用玩具为儿童提供交往的机会。在活动中，教师要及时表扬那些主动与同伴一起玩玩具的儿童，并及时引导那些不太合群的儿童与其他的儿童进行交流，促使儿童之间建立平等友好的关系，有助于培养儿童人际交往的积极情感。

2.让儿童掌握与同伴交往的方法。

在活动中，教师可以组织儿童讨论“怎样和同伴合作玩”“别人想玩你的玩具时你应该怎么办”“你想玩别人的玩具时该怎么说”“你拿到同伴的玩具时该怎么说”等话题，让儿童说一说自己的想法，从而明白与同伴之间友好相处的方法。如爱护玩具，不抢夺、捣乱等，让儿童交流各种方法，体验交往的乐趣。在儿童出现矛盾与冲突时，教师也不应该强行制止，要引导儿童自己解决问题，学会通过协商合作来维持同伴关系、缓解矛盾冲突。皮亚杰认为，儿童间的矛盾和冲突是儿童学习交往技能的一个极好的途径。

（三）开展丰富多彩的活动，为儿童交往创造更多的机会

1.通过游戏活动培养儿童交往的兴趣。

游戏是儿童喜爱的活动之一，也是相互交往的最好方式。教师应将游戏与儿童的社会实践活动相结合，为儿童营造宽松的游戏氛围，培养儿童主动学习、主动交往的兴趣。如教师在带孩子参观医院、超市、菜市场后，在活动室设立娃娃家、医院、菜市场等区域，扩大儿童的活动空间，通过师生的互动，在活动中扮演不同的角色，逐步让儿童了解和掌握社会行为规范，学习到不同角色间的交往方式，如“娃娃”与“长辈”的交往、“医生”与“病人”的交往、“营业员”与“顾客”的交往等，孩子们在你来我往中保持愉快的情绪，提高交往的兴趣。此外，通过儿童在游戏中扮演各种角色，逐步理解角色的义务、职责，从中了解到社会交往的行为准则和方式方法，进而使儿童的同情心、责任感得到发展，让儿童逐步养成互相帮助的良好品德。例如，“公共汽车”的售票员会把娃娃家中的“爷爷”“奶奶”扶下车，超市里“营业员”会主动说出“请、谢谢、再见”等礼貌用语。

在活动中，教师也可以给儿童创设与不同年龄伙伴交往的机会，可以让他们结成游戏群体。不同年龄的交往伙伴对儿童的发展有着不同的作用，对大一点的孩子而言，懂得的知识多，与年龄小的孩子交往，他们就成了“带头人”，从而要求他们的言行符合哥哥姐姐的身份，关心照顾弟弟妹妹，感受到别人需要自己和自己照顾别人的幸福；对于年龄小的孩子来说，他们有一个可以模仿的榜样，可以体会到自己与哥哥姐姐交往时的角色意识，学会与他们交往的技巧。这样可以让儿童体验同伴之间友好相处、互相帮助的快乐，并使儿童在不同的交往情境中，发展与不同对象进行交往的能力。

在儿童阶段，同伴交往与游戏是密不可分的。游戏是同伴交往的主要形式，是儿童最乐于参与的活动，在游戏活动中培养儿童交往的兴趣与能力是一条重要途径。在游戏中，儿童以愉快的心情，兴趣盎然地再现着现实生活，对老师的启发诱导很容易接受。

2.通过教育活动培养儿童交往的兴趣。

教师在各领域的教学中，要充分挖掘教材，有意识地结合平时儿童交往中发现的问题，有针对性地开展教育活动。在活动中，教师可以通过讲故事、角色扮演等形式，创设同伴交往的情境，让儿童思考如何解决故事或游戏活动中的社会交往问题，使他们认识到哪些行为是恰当

的，哪些行为是不对的。仅仅告诉儿童"正确地做"是不够的，还要告诉儿童"如何正确地做"。比如，根据某些孩子想独占玩具而与同伴争吵打架的现象，教师可编一个故事——"大家都想玩的玩具坏了"，先让儿童听故事、扮演故事中的角色，然后组织儿童讨论：玩具坏了怎么办？抢坏了玩具大家的心情会怎么样？想玩的玩具只有一件，但大家都想玩怎么办？应该怎样与人协商？教师也可以有意识地请经常争抢玩具的孩子扮演故事中的角色，在特定的情境中去辨别、体验、理解、感受他人的情感。通过角色扮演，让孩子懂得好的玩具要大家一起玩、轮流玩，共同游戏时要遵守规则。

3.通过日常活动培养儿童交往的兴趣。

在幼儿园日常生活中，教师要注意观察和引导儿童人际交往中的良好行为，树立榜样，同时鼓励儿童多交朋友。儿童在一起玩耍时，教师要鼓励儿童把自己的玩具分给别人一起玩，不要限制儿童的分享行为。当发现儿童能很好地与人交往时，教师要及时地表扬鼓励。当出现矛盾时，让孩子们共同讨论，解决问题。老师不要直接干涉，只是给他们提一些建议，引导孩子们观察、体验别人的情感，引导他们自己解决问题，减少对成人的依赖。

（四）教给儿童一些必要的交往技能

社会交往技能是指在与人交往和参与社会活动时表现的行为技能，如分享、合作、谦让、助人、安慰等。儿童的交往较多地带有"自我中心"倾向，成人要教给儿童交往的技巧，帮助儿童从"自我中心"中解脱出来，体验关心与被关心的快乐。另外，儿童有与人交往的愿望，但往往由于交往的方式方法不当，使交往无法继续，甚至出现打架等不良行为，因此交往也需要一定的技巧。首先要教儿童用语言和他人交流，在生活和学习中，要注重引导儿童使用礼貌用语，如"谢谢""不客气""对不起""没关系""请坐""您好""……行吗""你先玩，我后玩""我们一起玩""玩具借给你玩"等，这些话很有效。其次教儿童学会等待、轮流、分享，在交往中待人热情、主动，遇到困难、矛盾时试着自己解决等，逐步学会与人交往，学会交朋友。

创造各种交往机会，逐步提高儿童的交往技能。如教师带孩子到户外活动，在玩中给孩子提出要求，使他们在玩中体验共同玩的乐趣。在活动中，要注意引导孩子善待别人，共同协作，与伙伴友好相处；孩子在一起玩玩具，要培养他们学会不争、不抢，会谦让的行为；进餐活动中，培养孩子学会分享和为同伴服务的意识；当自己和其他小朋友观点不一致时，要互相商量。想和别人一起玩时，要有礼貌地提出要求："我们一起玩好吗？咱俩交换玩具行吗？"……通过多种形式的活动，让孩子在交往中"懂礼貌、会合作、同分享、守规则"。时间长了，孩子间就会建立起一种和谐、亲密的关系，逐渐掌握正确的交往方式和方法。

丰富孩子的语言，促进交往技能的掌握。语言是孩子交流的工具，也是交往的一种技能。在学习和生活中，教师应为儿童提供各种语言表达的机会，让他们把自己所见所闻、所思所想、所感悟到的大胆地讲出来，感受说的乐趣，促进儿童的交往。如，怎样参与到别人的游戏活动中去；如何使用日常的文明用语；怎样与同伴分享食物、玩具；怎样对同伴的友善行为做出回应;怎样给同伴以关心、帮助;怎样了解同伴的内心感受,包括在这些时候应该说些什么话,做出什么样的表情和动作等。经常告诉孩子这些知识,比单纯让孩子模仿效果会更好,有利于孩子更好地掌握交往的技能,感受集体游戏的快乐。

(五)积极争取家长配合,保持家、园教育的一致性

教育家苏霍姆林斯基说过:“没有家庭教育的学校教育和没有学校教育的家庭教育,都不可能完成培养人这一个极其细致而复杂的任务。”交往技能的培养是一个长时间的连续的过程,家长和教师只有一致要求,共同培养孩子良好的交往行为,才能取得好的效果。为了协调家、园教育,可以通过各种渠道进行家、园联系。比如定期开家长会,举办家长开放日活动或者是通过“家、园教育信息栏”,有目的、有计划地向家长介绍有关儿童交往能力培养的信息。通过各种方法做好家长工作,帮助家长认识到培养孩子交往习惯与交往能力的重要性。

模仿是儿童社会学习的重要方式,教师和家长的言行举止直接、间接地影响儿童。因此成人要注意自己的言行,以身作则,为孩子树立一个良好的榜样。如孩子的同伴到家里玩,家长要热情接待,要留给孩子们单独在一起的时间,等小客人走时,要客气送别,欢迎下次再来。这样做实际上是给孩子做出表率,使孩子在潜移默化中受到教育,形成良好的行为规范。

总之,教师和家长之间要进行多方面的沟通,共同采取行动,用多种方式培养儿童的交往能力。儿童只有具备较强的合作、交往技能,才能适应社会的需要,成为一个幸福的人。只有家、园密切配合,通过丰富多彩的社会交往活动,儿童的社会交往能力与素质才能得到强化与提高。

第九章

※

塑造良好个性

※

良好的个性是一个人取得成功的基本条件，更是一个人心理健康的重要标志。正如爱因斯坦所说："优秀的性格和钢铁般的意志比智慧和博学更为重要……智力上的成就在很大程度上依赖于性格的伟大。"目前，我国独生子女的个性品质出现了令人担忧的情况，教师和家长应重视儿童良好个性的塑造。

※

第一节　让你人见人爱

一、良好的性格是成功和成才的基础

案例：小玉是一个任性的孩子，看到别人有什么就要什么。看到别的小朋友穿裙子，自己也要穿。有一天，刮风下雨，气温突然降低，很冷的天，小玉还要穿裙子，不给穿就赖着不肯起床。还有一次，她看见别的小朋友抱着布娃娃，非要妈妈去买，还要买一模一样的。妈妈说："今天太晚了，明天再去买。"小玉不答应，坐在地上放声大哭，父母拿她没办法，只好答应她的要求。

点评：在日常生活中，和小玉有类似表现的孩子还有很多，这说明孩子任性、以自我为中心，属于性格不良。一个人的性格特征在儿童期已初步形成，如有的孩子在和周围的人交往时热情大方，有的孩子则拘谨怕羞；在游戏活动中，有的孩子表现得大胆谨慎，有的孩子认真负责，有的则懒散马虎。儿童的性格在幼儿期虽然还没有定型，但却是未来性格形成的基础。什么是性格？性格是个人稳定的心理特征，表现在人对现实的态度和相应的行为方式上，如热爱生活、对他人关心、谦让等。活泼就是孩子具有高度的主动性和积极性，包括思维活跃，勇于探索，能够通过自己的活动获得新知识、新信息。开朗是指有较强的适应性，对周围的事情能够保持一种乐观的态度，对人非常热情，而且乐于与别人交往。活泼开朗的性格是心理健康的重要标志。

从小培养儿童良好的性格，对于他们一生的成长具有十分重要的意义。儿童期是培养孩子活泼开朗性格的关键时期，教师和家长应有意识地去培养儿童良好的性格。活泼开朗是新一代创造型人才的性格特征，是革命乐观主义的表现，是充满朝气、积极向上的心理品质的体

现。一个性格活泼开朗的孩子,总是对自己的能力充满信心,易于和周围的人友好相处,对新鲜事物有着强烈的探索欲望,喜欢参加各种活动,这对身心的健康发展是极为有利的。

二、如何培养良好的性格

(一)营造良好的家庭氛围

良好的家庭氛围是活泼开朗性格形成的土壤,家庭环境、父母的教养态度和方式对孩子健康性格的发展作用是巨大的。父母要努力建立良好的亲子关系。理想的亲子关系是给孩子适度的爱,既严格要求,又尊重孩子。在这样的家庭环境中长大的孩子,性格独立、直率、活泼、开朗,善于和同伴相处。父母要充分利用业余时间陪孩子,特别是父亲,父亲与孩子多一些时间接触可以促进孩子活泼开朗性格的形成。

家庭应保持一种民主、和睦、宽松、平等的氛围,家长要注意把孩子看做是"平等"的人,尊重孩子,关心他们的成功与失败,切勿用简单粗暴的方式对待孩子。孩子虽小,也是一个独立的个体,有他自己的愿望、兴趣和爱好。家长要慢慢学会洞察儿童的内心世界,常用商量、引导、激励的语气和孩子交流,多站在孩子的角度去思考,不要把自己的意志强加给孩子。也不能因为孩子小,认为随意斥责或辱骂孩子无关紧要,更不要嘲弄、讽刺孩子。每天抽出 15—20 分钟时间和孩子聊天,内容可以是孩子喜欢的事、图书、游戏、活动等。不盲目地按照自己的意愿去安排孩子的事情,保留孩子对合理安排的选择权。孩子在这样的环境中心情轻松愉快,言行无拘无束,有什么想法都敢于、乐于和家长交流,容易养成活泼开朗的性格。

对孩子进行教育时,家庭成员的态度要一致,这样才能形成儿童良好的性格品行。当孩子犯了错误后,家长应该一致地批评、说理,千万不能出现父母批评,而爷爷奶奶却站出来帮孩子说话的情况;也不能爸爸批评,妈妈袒护。

(二)在游戏中培养儿童活泼开朗的性格

喜欢游戏是儿童的共同特点。游戏为每个儿童提供的机会是均等的,在游戏中他们是主人,能够根据自己的想象和意愿来创造和指导游戏,扮演不同的角色,使他们的心情放松,认识到自己的力量,有利于活泼开朗性格的培养。健康的游戏和他们感兴趣的劳动,满足了儿童渴望实践的要求,有助于儿童形成活泼开朗的性格。例如,在玩"开汽车"的游戏中,虽然无人售票车上没有售票员,但是,孩子们在游戏中,模仿着无人售票车上的声音,"前门上,后门下,票价一元,上车的乘客请往里面走……""请为老人和抱小孩儿的乘客让个座,谢谢您的合作"。孩子们在快乐的游戏中,学会了与人交往。

在儿童的实践活动中,教师若能积极地参与他们的活动,并在活动中给予他们大力的支持、合作和引导,将有助于儿童形成坚韧的性格和有主见的个性。比如,在"开商店"的游戏中,性格内向的林琳当"售货员",她不好意思向别人介绍东西,好多小朋友都不去商店。这时,老师及时参与进来,扮演"顾客",向"售货员"询问有哪些商品,商品的价格是多少。在老师的带动下,林琳的话逐渐多了起来,还帮忙挑东西。老师夸她态度好。经过几次游戏,林琳的经验丰富了，在当“售货员”的过程中，她不仅会卖东西，而且还会主动向顾客介绍商品的名称和价格。

因材施教，教给孩子必要的社会交往知识与技能。有的孩子能力较差，不会与人交往。有的孩子表现得较孤僻，在游戏中不能很好地与同伴配合，常被同伴拒绝。教师在教育儿童互相帮助、团结友好的同时，应注意提高个别儿童的能力，使他们掌握与同伴交往的方式、方法。家长也应注意有目的地利用各种机会锻炼孩子的能力。

（三）在教学活动中培养儿童活泼开朗的性格

1.通过提问给儿童锻炼的机会。

性格是人在适应和改造环境中不断得到塑造的结果，成人应抓住可塑性极强的儿童阶段，为儿童提供锻炼的机会，使他们树立起自信心，形成活泼开朗的性格。在幼儿园里，回答教师的课堂提问，对儿童来说就是一个很好的锻炼机会。首先，教师要以积极的语言、亲切的态度，为儿童创造宽松宜人的教育环境，使儿童感到心情舒畅，对教师提出的问题跃跃欲试，没有顾虑。其次，在提问儿童时，要面向全体儿童。性格内向的儿童，往往因害怕答错后别的小朋友讥笑而不敢举手回答，这时教师应选择一些简单的问题来引导他们回答，使他们获得成功的喜悦，多用“想想看”“说说你自己的想法”之类的话启发儿童思考。如果儿童回答的不正确，教师也不要责怪他，首先应该表扬他能大胆回答问题，然后再指出他的回答为什么不对，这样不仅保护了儿童的自尊心，而且有利于培养儿童活泼开朗的性格。

2.通过文学作品培养儿童良好的性格。

优秀的儿童文学作品是培养儿童良好性格的源泉，教师要选择好的作品来感染儿童。如“七色花”的故事，让孩子懂得分享；“三只小猪”的故事让孩子体会合作。还可以根据儿童的年龄特点和当时发生在儿童身上的事情，来创作儿童能理解的、有教育意义的故事、儿歌等。用发生在儿童身边的事情，去教育儿童本人。如有些孩子不懂得爱护玩具，可以创作故事“玩具的一天”，通过扮演角色，让儿童体会玩具的感受，从而懂得爱惜玩具。儿童在生活中通过讲好听的故事和唱好听的儿童歌曲，陶冶了情操，增长了知识，学会了交往，磨砺了意志，规范了行为……

（四）在日常生活中培养儿童活泼开朗的性格

性格是在活动中形成的。良好的生活环境和丰富多彩的生活内容可以让儿童萌发喜欢集体生活的情感。孩子的生活内容丰富多彩，在活动中得到欢乐，兴趣爱好能得到发挥，这是培养活泼开朗性格的重要条件。教师要抓住有利的时机，为儿童创设良好的生活环境，如经常在活动区里放置一些儿童喜欢的玩具，提高他们的交往能力，体验分享与合作的愉快；在自然角里种花或养鱼，增强他们的责任感和求知欲；多进行户外活动，看漂亮的玫瑰花、看蚂蚁搬家、看雨后天空中的彩虹……让孩子们在一年四季中，都可以从大自然中学习知识。

活泼开朗的性格不是一朝一夕培养出来的，应该从日常生活中的点点滴滴做起，利用每一个机会对儿童进行教育，培养孩子良好的生活习惯。如按时吃饭，按时睡觉，按时学习，按时游戏等；从小开始，就要让孩子做力所能及的事情，如扫地、擦桌子、收拾房间、整理玩具、自己穿脱衣服、刷牙、洗脸、整理文具书籍等。

家长应给孩子创设与人交往的机会，在实践中培养孩子良好的性格。在现代家庭中，有90%以上的家庭都是独生子女，独门独户的现代住宅限制了儿童的交往。孩子良好的性格，为人处世的方式正是在与玩伴交往的过程中逐渐形成的。家长可以“走出去”，多带孩子到外面玩耍，多带孩子到大自然中去，观察了解世界。对于社会中积极与消极的事情，引导儿童谈一谈自己的看法；或安排孩子与同龄伙伴一起玩各种有趣的游戏，如踢球、跳绳、“你做我猜”等，发展交往能力；也可以“请进来”，让孩子邀请朋友到家里来玩，和朋友一起聊天、玩玩具，分享彼此的快乐。与同龄人交往时，孩子总是很轻松愉快的，他们在一起时畅所欲言，无拘无束，容易形成和保持良好的心情。

另外，在日常生活中，还应教育孩子要不屈不挠，有抗挫折的能力。活泼开朗的人与其他人一样也有情绪低落的时候，但他们能很快地恢复过来。当孩子心情不好时，做父母的要教给孩子调整的方法，如听音乐、看书、外出游玩、加入别人的谈话及游戏等，帮助孩子学会如何使自己变得快乐，让孩子勇于面对自己的问题，正确看待生活中的不如意。当孩子遇到困难或经历以前没有遇到过的事情时，成人要给予鼓励，而不是代替，要让孩子自己尝试着解决问题，这样才能锻炼他们的勇气。如在折纸时，有的儿童还没开始折就说：“我不会！”这时，成人应说：“没关系，我教你，你看我折一遍，然后你自己折，好吗？我相信你行！”让儿童感受到成人相信他能做好，他的背后有大人支持，这样儿童在困难面前才会鼓起勇气来。

（五）成人应做好孩子的榜样

孩子是成人的镜子和影子。孩子身上能随时折射出教师、父母的言谈举止，待人接物的能力，对各种事物的兴趣，是否具有丰富的情感和同情心等。所以，要培养一个活泼开朗的孩子，教师、父母必须首先具备活泼开朗的品质。如有一天，老师在与孩子们一起活动的时候，一不小心踩到了一个孩子的脚，老师立刻给这个孩子道歉。一句“对不起”让这个孩子觉得很安慰。当妈妈来接她的时候，这个孩子高兴地告诉妈妈：“今天老师踩了我一下，还给我道歉，我们老师可好了……”老师的一句“对不起”，就让孩子有了这么愉快的情绪，足以证明教师榜样作用的效果。

家长要做到乐观豁达、坚韧不拔，不把自己的坏情绪传递给孩子。父母之间的互相爱护、关心、体谅，父母对长辈的尊重、照顾，都会潜移默化地影响儿童。如果家庭成员关系不和，经常吵架，不关心孩子，在这种环境中生活的孩子缺乏安全感，对人不信任，有的甚至会有攻击性行为。在生活节奏日益加快的现代社会中，家长不仅要努力地为生活而忙碌、工作，回家之后还要面对活泼、好问、好动的孩子，家长要随时随地做孩子的表率，以耐心的态度引导他们，以自己的乐观感染孩子，让孩子乐观起来，笑口常开。

孩子在身边参加各种活动时，成人要时时处处给孩子起到模范作用，如在各种公开场合，成人能大胆地表达自己的意见，应邀表演小节目或者在大舞台上进行精彩的表演，使儿童感觉到自己的父母很能干，这样儿童会自觉地模仿成人，不管在什么场合中，都能够比较坦然地表现自己。另外家长在待人接物、处理各种关系上都要心胸开阔，互相谦让，与领导、同事、邻居、亲人要建立一种友好自然的关系，使孩子从小感受到人与人之间的关系是互相关心、互相体谅、互相谦让、充满爱意、非常融洽的一种关系，这对培养孩子活泼开朗的性格也是非常关键的。

(六)培养儿童良好的情绪

良好的情绪可以提高大脑的活力，有益于孩子良好性格的形成。许多研究表明，一个孩子如果能够经常处于一种乐观的情绪之中，就容易培养其健康的心态和活泼开朗的性格。

不要对孩子过分地帮助。要放手让孩子多去尝试、去做一些自己感兴趣的事情。让孩子对合理的要求有自己选择的权利。童年是一个人最快乐的时期，要想让孩子过得快乐、幸福，就得让孩子自己去思索、判断。当然，孩子的年龄小，判断和选择的能力都有限，成人可以帮助孩子分析，引导他们作选择，但是在帮助和分析的过程中不要包办代替，不要代替孩子作决定，这样有利于保护孩子的自尊心、自信心，发挥孩子的主动性、积极性，孩子会很开心愉快。

冯巩曾经说过，他特别想让他的孩子学画画。他找到在美术学院做教授的表姐，教他 3 岁的孩子学画画，没想到孩子一画画就哭。后来他发现孩子对象棋感兴趣，就及时让孩子去看，让孩子去学，还请了专门的老师来教他。这样做就比较好，孩子不喜欢的事，家长就不要按照自己的想法强加给孩子去做。做事之前有意识地告诉孩子先做什么，后做什么；做一件事情是这样做好，还是那样做好，然后让孩子按照自己的决定去做。做完以后再来思考做得对还是不对，让孩子自己得出一个结论，逐渐提高孩子作决策的能力。

当孩子心情不太好的时候，家长要引导他克服困难，鼓励孩子自己解决问题。比如说孩子画画时不小心把墨汁溅到了纸上，孩子不高兴，或者干脆不画了。在这种情况下，家长应该启发孩子思考，让孩子接受现实。在家长的鼓励下，孩子把墨汁变成小树、小山。这样做有利于孩子自立，有助于其良好性格的形成。

(七)鼓励儿童通过增强体质来培养良好的性格

健康的身体是培养活泼开朗性格的体质基础。身体健康则精力充沛，能积极参加活动，心情舒畅，情绪愉快。孩子在健康的时候情绪通常是非常好的，如果生病了，身体不舒服，就会使他的情绪和活动受到影响，容易打破他原来已经养成的好习惯。所以，家长要重视培养孩子健康的身体，创造条件让孩子有良好的营养、充足的睡眠、足够的运动，以培养孩子健康的体魄，促使良好性格的形成。让孩子能够按照时间去作息，这样便于孩子养成一定的习惯。养成了好的作息习惯，孩子就会到什么时间做什么事情，家长就不用督促孩子了。

引导儿童进行适量的运动。孩子喜欢游戏，可以采用游戏的方式引导儿童锻炼走、跑、跳、钻等基本动作。如锻炼儿童走的能力时可以组织“快乐的一家”游戏，让儿童模仿父母、爷爷、奶奶走路；在练习钻的动作时，可以带儿童做“钻山洞”“猫捉老鼠”等多种游戏，使儿童对体育活动感兴趣，愿意参加体育游戏，并且做到动静交替。对体弱的儿童应逐渐加大运动量，及时提醒他在感觉到累的时候停下来休息。保证儿童充足的睡眠，因为只有在身心健康的状态下，儿童才更容易开朗起来。

（八）家、园共育，培养儿童活泼开朗的性格

家、园共育是培养儿童良好性格的最佳途径。家庭和幼儿园是儿童的主要生活场所，孩子们在幼儿园里受到的教育如果在家庭中得不到巩固，儿童良好性格的培养就得不到衔接，就会产生事倍功半的效果，不利于儿童良好性格的形成。比如，浩浩是父母的掌上明珠，在家里想要什么玩具父母都给买。在幼儿园里老师教育孩子要和小朋友轮流玩，他总是听不进去，经常和同伴抢玩具。上一次别人和他争玩具，他一生气把玩具扔在地上，小朋友们都不愿意和他玩。老师和他的父母沟通后，父母开始适当地限制孩子，给孩子讲道理，慢慢地浩浩开始转变了，懂得谦让了。

教师要多向家长宣传教育孩子的方法，帮助家长走出教育孩子的误区。引导家长对孩子进行合理的教育；向家长提供有关家教方面的书刊，指导家长摆正家庭成员之间的关系；进行经常性的电话联系，及时沟通；建立《家、园联系册》，通过家庭和幼儿园的双向反馈，共同了解孩子的表现，使家庭、幼儿园方向一致，达到家、园共同教育孩子的目的；请家长参与幼儿园的教育活动，帮助家长不断端正教育孩子的态度，共同培养活泼开朗的孩子。

第二节　适者生存

一、良好的适应环境能力是身心健康的关键

案例：灿灿已经上幼儿园三周了，他仍哭闹着不愿去幼儿园。每天妈妈送他上幼儿园，他都要缠着妈妈哭上一阵子。刘老师发现妈妈走后灿灿会逐渐平静下来，活动的时候也比较认真，特别是荡秋千和玩滑梯的时候总是满脸的笑容，非常高兴。刘老师悄悄拍下灿灿和其他儿童愉快活动的镜头，并制作成多媒体课件“幼儿园的一天”让儿童观看。大家看到自己愉快玩耍的镜头，都开心地笑了，灿灿也非常高兴。刘老师告诉灿灿：“只要你以后高高兴兴地上幼儿园，不缠着妈妈，不哭鼻子，老师再给你拍照，给你的爸爸妈妈看。”逐渐地，灿灿去幼儿园时不再哭闹了，他开始喜欢上幼儿园了。

点评：对于刚入园的孩子，从家庭到幼儿园，儿童的生活环境发生了很大的变化，特别是在日常生活中很少与同伴交往的孩子，集体经验少，容易产生分离焦虑现象。灿灿的表现说明他的依赖性强，适应新环境的能力较差。什么是适应环境的能力？儿童的适应能力是指在家庭里遵守秩序，在社会团体中遵守规章制度，在社会上遵守公共道德的能力。只有努力提高儿童

的适应能力，才能培养儿童的独立性，逐步形成社会化的人格。一般来说，孩子生活的环境具有相对的稳定性，在这相对稳定的阶段，他们的衣、食、住、行、游戏等方面都形成了相应的习惯。然而，孩子所处的环境不可能一成不变，他们的家庭环境常会因父母工作调动、出国、离异等不同的原因而发生变化。随着孩子年龄的增长，孩子从家庭进入到托儿所、幼儿园，生活环境越来越广阔，新的环境必然对孩子提出新的要求，于是原来的需要和习惯与新的环境产生了矛盾和冲突，这种矛盾和冲突反映在心理上，必然会使孩子感到不习惯、不适应、不愉快。有的孩子甚至会由于环境的变化而引起心理和行为的异常表现。

“学会生存”是素质教育中一项最基本、最重要的内容，要使儿童在未来的竞争中成为高素质的人才，就应该培养儿童的生存意识，提高儿童的适应能力。适应环境是儿童社会性教育的一大内容，适应环境的能力是儿童获得发展的必要条件。开展适应环境的启蒙教育，有助于儿童形成最初的自理能力和良好的生活习惯，使儿童在共同的生活中愉快、安全、健康地成长。

二、如何培养适应环境的能力

（一）加强锻炼，让孩子有一个强健的体魄

强健的体魄是保证个人发展的物质基础，应从小让孩子加强锻炼、增强体质。幼儿园要为儿童制订合理、科学的营养膳食计划，保障儿童营养的摄取；建立并执行合理的生活制度，让儿童有足够的睡眠、充足的饮水，使儿童的生活有规律；坚持早操、午操制度，引导儿童积极、主动、坚持不懈地参加各项体育活动，促进机体的生长发育；注意卫生工作，提高儿童抵抗疾病的能力。有些家长认为，孩子年龄小、抵抗力弱，因而在冬季很少让孩子出门，偶尔出门便要把孩子裹得里三层、外三层。其实，孩子有适应环境的无限潜能，这样做只能弱化孩子的抵抗能力。教师要注重让孩子进行户外锻炼，提高机体适应自然环境的能力，为孩子健康全面的发展奠定基础。

（二）放手让孩子做力所能及的事情，培养良好的生活习惯

现在中国的家庭中大多只有一个孩子，孩子是独立的人，成人没有必要把他们的一切都包揽起来，过度照顾会增加孩子的依赖性，甚至使孩子产生“我不行”的自卑感，影响身心健康，应该放手让孩子做力所能及的事情。教育家陈鹤琴说过：“一切活动，凡是儿童能够自己做的，都要让他自己做。”“做”是孩子的权利，成人应放手让孩子去做。在德国，1 岁多的孩子基本上都是自己吃饭，几乎看不到父母端着饭碗追着孩子喂饭的情景；6—10 岁的孩子要帮助父母洗碗、扫地和买东西。有一个五年级的学生，不会剥鸡蛋壳，而另一个学生竟然花钱请别人替他打扫教室卫生。家长们应该改变观念，培养孩子的独立自主能力。鼓励孩子自己的事情自己做，让孩子自己穿衣服、自己吃饭，并帮大人做一些家务。

根据儿童能力的不同提出不同的要求，如请能力强的孩子学着梳头、叠被子、倒垃圾，到别的班级借阅书刊、物品，只要孩子能力所及、感兴趣、愿意做，就应放手让孩子去尝试。孩子虽然有很强的主动性，但愿望和能力之间存在着很大的差距，经常把事情弄糟，成人应及时鼓励，

促使每个孩子的自理能力获得不同程度的发展与提高。

良好的生活习惯是受益终生的。让儿童通过做事逐步达到不仅“自己的事自己干”，而且“自己的事自觉干”。对孩子过多限制只会培养孩子的依赖性，依赖性强的孩子走出家门就会局促不安，手足无措，产生对生活的各种不适应的感觉。

（三）教给孩子自我保护的方法，培养应变能力

生活中可能出现各种难以预料的情况，因而帮助孩子了解、掌握一些自我保护常识和应变方法是非常必要的。教师要重视安全教育，开展专门的“安全教育周”活动。根据儿童年龄特点，设计一系列活动，如“独自在家的时候”“家人生病了怎么办”“哪些地方不能玩”“什么东西不能吃”等，通过故事、情境表演及生活中的实例，增强儿童自我保护的意识及应变能力。如“爷爷生病了”的活动，请儿童看情境表演，爸爸妈妈上班了，爷爷突然发病，请小朋友帮助想办法。有的小朋友说找邻居叔叔来帮忙，有的说给爸爸或妈妈单位打电话，有的说打急救电话 120。教师还可以和孩子模拟打急救电话，使孩子知道电话的打法，打通后应说明病情、住址，提高孩子的应变能力。

成人要有意识地教给孩子自我保护的知识。可以与孩子一起辨别各种安全标志；为及时与家长取得联系，让孩子记住家庭住址、电话号码；将一些常用的急救电话号码贴在家中的电话机旁；与消防大队取得联系，使孩子了解火灾中逃生的基本方法，并且进行逃生实战演习。这些活动丰富了儿童的生活经验，使儿童遇到特殊情况时，自己也能从容面对。

（四）培养孩子的心理承受能力，锻炼坚强的意志

现在的孩子大多为独生子女，父母对其宠爱有加、呵护备至，这就剥夺了孩子独立思考和做事的机会，助长了孩子的惰性和依赖性。这样的孩子一旦离开了父母便寸步难行，心理承受能力差。因此，培养孩子的心理承受能力、锻炼坚强的意志对于提高孩子的生存能力是非常重要的。

鼓励孩子独立思考，提高解决问题的能力。孩子在日常生活、游戏中会遇到各种各样的困难，教师和家长要鼓励孩子大胆去做，从不同方向、不同角度进行思考，自己动脑筋解决问题，不怕失败，积累经验，锲而不舍。如孩子在搭积木时，有的总是搭不高就倒了，成人要鼓励孩子自己找原因，然后重新搭，孩子经过认真观察和思考，发现了问题的原因，最后总结出：下边的底座部分要搭得宽一些、牢固一些，这样上面的才能平衡、稳固。孩子经过实践练习，逐渐成为一个具有独特见解的人。

及时给予鼓励和肯定，增强儿童的自信心。当孩子有了别出心裁的想法、做法时，要及时给予表扬和赞赏；当孩子的活动遇到困难、挫折时要因势利导，鼓励他想办法完成，使他经常体会到成功的快乐，并且要鼓励他选择、探索新途径，逐渐增强孩子的自信，使他感到“我真棒，我能行”，从而经得起失败和挫折。

（五）引导孩子遵守规范和规则

遵守规范和规则是儿童以后适应现代生活所必需的素质。4—5 岁的儿童规则意识逐步形成，他们能逐步遵守集体的一些规则，但这一时期的儿童对规则的认识还没有达到自律。老师不仅要关注儿童遵守规则的行为表现，更应注重儿童的情感体验，引导他们体验生活中有规则和规范的好处。如，最近时常出现玩具掉在地上没有人捡、图书被撕坏等现象。一天，教师把平时收集起来的坏材料放置到各个区角中。区角活动开始了，只听见有儿童叫起来："这些书怎么都被撕破了？看也不好看。"又有儿童叫起来："老师，汽车少了一个轮子，不会跑了。"大家发现很多东西都用不成。这时，教师可以引导儿童讨论：玩具怎么变成这个样子了？图书是怎么被撕坏的？"上次阳阳和强强抢玩具把汽车弄坏了""丽丽翻书太快，把书的一角撕掉了"……儿童你一言、我一语，热烈讨论起来。可是儿童大多都是检举别人，而没有人说自己有什么不对。针对这种情况，教师可以利用故事进行教育。给儿童讲一个"图书是我撕破的"的故事。听完故事，丽丽说："图书是我撕坏的，我来贴好。"从这以后很少看到玩具掉在地上没人捡，区角材料、玩具损坏的现象也不再发生了。

教师针对儿童存在的问题，巧妙地设置情境，让儿童在具体的情境中，通过亲身活动和情感体验，接受教育，最终真正理解了行为规范的要求。

（六）做好家、园联系工作，保持教育的一致性

家长可以根据幼儿园的教育开展同步活动。例如，可以给玩具柜贴上标签让孩子给玩具归类，这样就不会有玩具到处扔的现象。生活中总存在着一些不安全因素，家长有责任向孩子传授一些安全常识，教孩子一些避开危险的方法，帮助孩子积累安全生活的经验，注重对儿童自我保护能力的培养。外出时，向孩子介绍一些安全设施，引导儿童认识安全标志，教儿童学习发生意外时的自救方法等。

为了增强儿童的适应能力，有意识地让他们克服各种困难是十分必要的。现在的孩子生活舒适，难以体验到困难和艰辛，这就需要成人为孩子找苦吃，设计一些困难，让孩子去克服。竞争性的体育运动或体力劳动都需要体力和毅力，创造条件让他们参加这些活动是非常重要的。

"适者生存"，在当今充满竞争的时代只有具有良好适应能力的人才有可能抓住机遇，通过拼搏而取得成功。儿童期是培养孩子良好适应力的第一时期，良好适应力又是获取成功的第一步，抓好这两个"第一"至关重要。儿童从其出生一直到进入学龄期，要经历从家庭到幼儿园、从幼儿园到小学等多次环境转换。每一次环境转换对儿童来说都是相当重要的，不管是从生理方面还是从心理方面，都需要儿童能随环境的变化而相应变化。每一次环境转换也都标志着儿童成长发育进入了一个新的阶段。正如美国生态心理学家罗杰·巴克所说的：人的行为会随着环境不同而有所改变。只有具有良好适应能力的人才是21世纪所需要的新型人才。

第三节　赋予你“最宝贵的东西”

一、良好的品德是做人的基本要求

案例:晶晶是个懂事的孩子。每天她总是早早地来到幼儿园,向老师有礼貌地打招呼。换完衣服和鞋子后,她会帮助阿姨将小朋友擦手用的小毛巾叠整齐,摆放在水池边。然后,她会向阿姨要来抹布,将教室里的每一把小椅子都擦干净。户外活动结束后,晶晶总是冲在最前头,一路小跑来到教室门前,拉住门把手,等所有的小朋友都走进教室后,她才轻轻地把门关好。晶晶经常为大家做好事,对老师有礼貌,关心小伙伴,是一个品行高尚的孩子。

晶晶的表现是良好品德教育的结果。德育就是道德品质的教育,是面向全体儿童进行的教育。3—6 岁对于人的一生来说,是个性倾向和道德观念形成的萌芽时期,是培养良好品德行为的黄金时期。幼儿园德育教育的目的之一就是使儿童从小学会做人,使他们生动活泼地、主动地发展。学前儿童具有很强的模仿性和可塑性,但由于心理不成熟,自我控制和自我调节水平较低,周围不良的环境很容易影响他们的心理健康。在日常生活中,儿童常常“以自我为中心”,在交往中表现出自私、霸道、不懂分享、遇到挫折不懂如何应对。维果茨基认为,学前期是一个人最早产生道德规范、形成道德准则的时期。在儿童时期进行品德行为习惯的培养,是对儿童进行素质教育的重要内容,对儿童一生的成长有着不可忽视的作用。

诺贝尔摇篮幼儿园的创始人谢庆总爱讲一个故事:1987 年,75 位诺贝尔奖得主聚集巴黎。有人问其中一位获奖的老人:您在哪所大学学到了您认为最重要的东西?老人平静地说:幼儿园。幼儿园阶段是未成年人道德观念、行为习惯的奠基时期。健全的人格品质和健康的体格同等重要,是教师和家长能够给予孩子的“最宝贵的东西”。世界首富比尔·盖茨决定死后把全部财产约 480 亿美元捐献给慈善事业,而不是留给子女。韩国也风行“不留遗产运动”。那么到底留给子女什么呢?那就是——良好的品德教育。

二、如何进行良好的品德教育

(一)营造良好的教育环境

教育环境中渗透的德育内容,往往是一种无声的教育,但是对儿童的影响是巨大的。

1.家长要提高自身的素质,为儿童营造良好的家庭环境。

父母是孩子的第一任老师,家庭是儿童生活、学习的第一个场所,儿童首先接触的社会生活来自家庭。家庭的氛围,家庭成员的德育素质、道德水平及言行举止,都影响着儿童品德和行为习惯的形成。家庭成员在对儿童品德及行为习惯的培养方面要协调一致,要以培养儿童良好的道德品质为最终目的,使儿童身心健康地成长。父母要努力营造温馨、和睦的家庭氛围,人人互爱互助、微笑待人,这样的氛围容易培养儿童谦和、友爱、礼貌、自信的品格。反之,每天吵闹不休、父母离异,甚至存在家庭暴力等,都会导致儿童孤独,产生怨恨、猜疑、固执、粗鲁等心理疾病和攻击性行为。

有一些家长，只忙于自己升职、进修、挣钱等，对孩子的事不闻不问，甚至为图省事，从小把孩子交给老人或保姆，这样就造成了孩子和父母交流的机会少，亲子关系疏远，情感需要得不到满足等问题。长期如此，儿童容易形成情绪上的障碍，出现恐惧、胆小等现象，严重影响孩子心理的健康发展。因此作为孩子第一任老师的家长，不仅要不断提高自身的思想品德修养和科学文化素质，还要不断完善自己的心理品质，营造良好的家庭环境，在孩子身上投入更多的爱，这些对儿童的成长都至关重要。

2.加强师德修养，为儿童创设良好的学习环境。

思想教育是人与人心灵最微妙的接触，是动之以情和晓之以理的巧妙结合。孩子在家需要父母的爱，来到幼儿园需要教师的爱。教师对儿童要充满爱心，尊重、信任和理解他们。教师要重视优化教育环境，通过合理构建幼儿园的环境来实施德育。改变过去单纯的为美化活动室而布置环境的观点，从不同年龄的特点出发，考虑全面发展的需要和不同个性间的差异，为儿童创设一个整洁、温馨、舒适而富有教育意义的环境。

注重园内大环境的设计。在幼儿园教学楼的墙壁上设计各种小动物和睦相处的画面，渲染友爱和平的气氛；在走廊上、活动室的墙壁上张贴有关道德行为教育的名言和图片，也可以张贴孩子们设计的画："助人为乐的小朋友""彬彬有礼的小猫咪"……环境作为一种工具，有助于教师进行道德情感和道德认知的教育，使孩子们在环境中不知不觉地受到启发。

活动室的布置应体现德育内容。教师要合理安排，充分发挥环境的作用。如：在墙面上张贴"东方雄鸡图"——中国地图，进行"可爱的家乡、可爱的祖国"展览等。在师生共同收集、布置展览的过程中，在教师真实的、健康的情绪感染下，儿童了解了可爱的家乡，认识了伟大的祖国，自然而然地激发起儿童爱家乡、爱祖国的真情实感，让儿童在潜移默化中受到了爱国主义的启蒙教育。教师还可以鼓励儿童用灵巧的双手，剪出各种图案、窗花，体验民间艺术的美。

3.教师和家长充分发挥自身的榜样作用。

我国教育家陶行知曾说："学高为师，德高为范。"身教重于言教，教师和家长自身的品质能起到示范作用。教师的道德情感与儿童的道德情感有密切的关系，教师的一言一行都会对儿童产生深刻的影响。有一次，马老师带小朋友外出散步，在路上看见清洁工人在倒垃圾，她掩着鼻子说："难闻死了，快走！"万万没想到，这无意中的言行竟然产生了意想不到的结果。事隔不久，在一次教育儿童尊敬劳动者的谈话里，有个孩子说："清洁工，臭死了，我才不尊敬他们呢！"可见，教师自身必须具有健康的道德情感，才能起到为人师表的作用。因此，提高儿童德育工作者的素质是十分重要的。教师应通过自己的身体力行，潜移默化地影响儿童。例如，在教育儿童讲文明、讲礼貌的活动中，教师首先要对儿童有礼貌，当儿童帮老师摆好椅子时，教师要真诚地道谢。遇见陌生人或参观的家长，教师应热情地与他们打招呼、交谈，无形中便为儿童树立了良好的榜样，使儿童在潜移默化中受到良好的品德教育。在老师的影响下，儿童也变得很有礼貌。当老师为孩子梳完头发,孩子会说"谢谢老师";当阿姨为孩子盛饭,孩子也会道谢。儿童喜欢模仿别人,老师的言行很容易在孩子的心目中留下点滴印迹,这些印迹日复一日地积累,就会在孩子心中种下道德的种子,起到"随风潜入夜,润物细无声"的效果。

家长也应该提高认识,注意自身的言行,做孩子的榜样。小明的妈妈带他到广场上玩,花坛旁边有一些碎纸。小明说:"妈妈,地上有垃圾。"妈妈看了看,说:"不是我们扔的,别管它。"在幼儿园活动时,小明看到地上有一些废纸,他没有捡起来,因为这不是他扔的。

模仿是孩子学习的手段,教师和家长应时时处处为儿童树立良好的榜样,包括幼儿园全体工作人员集体的团结、协作,教师的言语、行为以及儿童中间的好人好事,都可以成为儿童的良好榜样。

(二)采用正确的方法进行德育教育

儿童道德学习是在成人指导下的自主行为,离开了儿童的自主性,任何道德教育活动都难以对儿童产生有效的影响。对儿童进行道德启蒙教育,要适应儿童的年龄特点。例如,引导儿童认识国旗并培养儿童对祖国和国旗的热爱,采取枯燥讲述的教育方式儿童无法真正理解,而且也不能调动儿童主动参与的积极性,但是引导孩子亲手制作、粘贴国旗,在剪剪贴贴中,孩子们始终处于积极兴奋、主动探索的状态。另外,带着孩子们参加升国旗仪式、学习唱国歌……丰富的活动既使孩子们乐在其中,又在玩中进行了爱国主义的启蒙教育。

1.注重情感教育。

幼儿品德教育主要以情感教育为主,要使儿童获得对人对事的正确认识和态度,必须唤起儿童积极的情感经验。根据儿童生活经验少,思维具体形象,情绪易受暗示,感情丰富易激动等特点,儿童德育教育要特别注重从情感入手。如,要培养儿童爱劳动的习惯,可以组织"家长老师"活动。请各种职业的家长到班里做一次"爸爸老师""妈妈老师",让他们向孩子们介绍自己的工作以及这种工作与人们的关系。还可以请家长从自己的兴趣或职业特点出发,为孩子们设计一个活动,展现家长的本领,这项活动让儿童认识到了自己的父母是多么能干,培养了儿童爱家长的情感,同时还能促进他们形成自信、开朗的性格。

2.利用故事培养儿童良好的情感。

故事是儿童最喜闻乐见的一种形式,千万不要小看讲故事的作用,它是最能够也是最容易吸引、打动儿童并能让儿童受到影响的方式之一。教师在传授知识的同时,一定要紧密结合教材的思想性以及儿童当前的思想状况来进行思想品德教育。教师可以运用童话、寓言和民间故事等对孩子进行德育教育,教育他们如何做人,如何分辨善恶是非,陶冶他们的情操。每次讲完故事,都要和儿童分享故事带给大家的感受。如给儿童讲"青蛙王子"的故事,引导儿童明白答应别人的事,一定要做到,做人做事要诚实守信;讲"七色花"的故事,使儿童了解自己有了快乐,有了好东西要和大家一起分享,可以从分享中感到快乐;在国庆节、清明节给儿童讲些英雄的故事,培养他们的爱国主义精神。听故事时,儿童是全神贯注的,他们时常会将自己引入童话故事的情节之中,所以,可以通过故事引发儿童潜在的道德共鸣,使他们用心去体会什么是真善美,什么是假恶丑,用心去感悟什么是正义与勇敢。每次讲完故事后,可以请儿童结合自己的生活讲一讲、说一说,通过故事情节对儿童进行德育熏陶,引导儿童在生活中实践行动,这样既可以帮助儿童走出故事角色,又非常巧妙地教给了他们日常生活中怎样待人接物、与人相处,是很好的道德启蒙教育形式。

3.把游戏作为提高儿童思想品德的重要渠道。

游戏是儿童最喜欢的活动,因为游戏本身能给儿童带来很大的快乐和满足,也是他们最容易接受的教育方式。可以根据儿童的实际情况和思想品德教育的需要,选择有关的游戏,使儿童在轻松愉快的活动中受到教育,自然地接纳活动本身或教师所给予的道德影响。如,在日常生活中,有的儿童不爱护玩具,将布娃娃丢在地上,可以利用角色来引导儿童:"你看,布娃娃没人带她玩,哭得多伤心呀,谁当她的爸爸、妈妈?"这样儿童就会非常乐意地接受。"娃娃家""开医院"等游戏本身就是很好的德育教材,在游戏中教师引导儿童树立正确的行为意识,加强儿童的行为训练,让儿童在愉快的游戏中接受文明礼貌教育。

4.在集体中进行品德教育。

伟大的教育家马卡连柯曾经倡导"在集体中,通过集体和为了集体"的教育原则。在幼儿园对儿童进行品德教育一般是在集体生活中进行的。幼儿园集体生活中的荣誉、集体的舆论、集体的行动规则、集体中的榜样都是教育儿童的重要力量。一个班集体如果能保持和谐、安定、愉快的气氛,儿童良好的品德就会相应得到提高。良好的氛围必须由全体儿童共同营造。首先要培养儿童集体主义精神和集体荣誉感,使儿童的行动受到集体的限制,在集体中进行协作。为了达到这一目的,在一系列活动中都要有意识地贯穿这种思想,比如,游戏中以组为单位,各组派代表比赛,评红花也以集体为单位进行评比。让儿童评选这周哪组表现好,好在哪儿;哪组差些,差在哪儿,使儿童的行为与集体紧密联系。一组做得好,全组发红花,教育孩子懂得集体荣誉要靠集体来创造,自己做得好还要帮助做不好的小朋友,整个集体才会进步。一个人有时会做错事,要给别人改正的机会,知错能改就是好孩子。这种教育常常会使集体中涌现出许多高尚的行动。"在集体中,通过集体和为了集体"的教育使儿童进步更快。

(三)综合运用各种手段,将德育教育渗透到各种活动中

幼儿园的一日生活及各项活动是实施幼儿园德育的主要途径,渗透是幼儿园德育实施过程的主要特点,即渗透在儿童游戏、学习、劳动、娱乐和日常活动的整个过程之中,渗透在儿童与同伴以及与成年人的各种交往关系之中。教师应充分利用日常生活中的每一个环节,寓教于乐,让儿童在玩乐中,在轻松愉快的活动气氛中,懂得道理,受到熏陶,达到教育过程的最优化。

1.从常规教育入手,培养儿童良好的日常行为习惯。

从常规教育入手,容易做到道德教育与生活实践相结合,有利于儿童良好的行为习惯的形成。可以制订出一套比较合理的生活常规,并注意在一日活动与生活各环节中进行经常性的行为练习，从而使良好的行为逐步固定下来，内化成为习惯。当然，训练的方法力求生动活泼，使儿童乐于接受。

教师应该科学地安排好儿童的一日活动，让儿童活动的内容丰富多彩，紧凑而又有节奏。满足儿童一日活动的要求，让儿童轻松愉快地在一日活动中养成良好的行为习惯和性格。如：带儿童到公园参观时，看到美丽的花草树木，可向儿童进行爱护花草树木的教育活动，使儿童知道这些花草树木是供人们观赏用的，提高儿童爱护公物的道德意识；幼儿园也可以利用做值日生工作，给儿童分工，有负责打扫卫生的、有负责分碗筷的等，通过值日生工作，培养儿童为集体服务的意识和能力，培养儿童爱劳动的习惯，萌发儿童的责任心。另外，在儿童一日生活中，还应为儿童提供自由、自发的条件。一切用具和玩具，都要便于孩子取放。玩具架、图书架等应有不同的标志，使孩子能自己把自己的玩具和图书放好，这样孩子就能在教师的指导下，在活动中自由自在地发挥。为孩子提供自由，是为了让他们严格要求自己，学会为自己的行为负责。因此，活动需要有一些相应的规定，如看完一本书，才能换一本；玩完一种玩具，要把玩具放回原处等。这些规定，儿童不可能在短时间里就自觉遵守，要经过教师长期、耐心的训练，才会逐渐形成良好的行为习惯。

2.开展德育主题活动，对儿童进行良好的品德教育。

儿童是在活动中成长的，儿童的发展是通过活动实现的。因此，要根据儿童的年龄特点设计适合儿童的主题活动。如：在小班开展“能干的宝宝”的劳动活动，帮助儿童明白自己的事情自己做的道理；在中班开展“环保小卫士”的活动，让儿童懂得爱护环境的重要性，并努力从自身做起；在大班开展“爱心大使”的活动，培养儿童关心帮助他人的良好品质。另外，每班均有值日生和好孩子的标志，培养儿童的劳动意识与集体荣誉感。

利用节日开展系列教育活动。如“三八”节进行爱妈妈教育，节前，老师向儿童介绍节日的名称、日期，同时，要求每个儿童在家了解妈妈、阿姨、奶奶的辛苦，从中使儿童萌发尊敬妈妈、尊敬为社会做出贡献的阿姨们的情感。节日当天，小朋友把亲手做的大红花献给妈妈，还与老师一起制作展板“妈妈，您辛苦了”。节后，教师要求儿童在家为妈妈、奶奶做一些力所能及的事情，请家长把孩子做的好事记录下来，大家拿回来一起交流，在孩子之间起到榜样和鼓励的作用。在活动过程中，儿童懂得了尊敬妈妈等长辈，并且明白了表达感情要付诸行动的道理。

此外，教师和家长可以利用户外活动、外出参观游览等活动对儿童进行品德教育。

3.善于抓住契机，在日常生活中随时随地进行德育教育。

儿童的生活环境复杂多样，由于儿童辨别力差，好奇心强，他们经常在模仿，因此，教师应细心观察每一位儿童，抓住教育契机，积极创造条件，使儿童的缺点向优点转化。如：有些儿童为了达到让家长表扬的目的，经常在教师、家长面前撒谎，根据这一现象可以向儿童进行“做诚实孩子”的教育活动，给孩子讲“狼来了”和“桌上的一盆花”的故事，以日常生活中诚实的儿童为榜样，让儿童知道“诚实的孩子人人爱”的道理，激发他们做诚实孩子的愿望，也使爱撒谎的孩子改正缺点。

利用日常生活中的一些细小环节引发儿童的情感共鸣，从小事入手，培养儿童的道德情感。如：激发儿童给生病的孩子搬椅子，帮助年龄小的伙伴穿衣服，关心植物生长，帮助老师做值日，小朋友生日的时候自己做手工表示祝贺，给老师端水……这些看似琐碎的小事，却点点滴滴渗入孩子幼小的心田，在儿童深受感染的同时，进行了道德启蒙教育。

（四）实施“三位一体”的立体化德育教育网络

对儿童进行德育教育，不仅是幼儿园的任务，同时也需要家庭与社会的大力支持、协作。家长如果重视孩子的德育，并配合幼儿园的德育工作，儿童的道德发展水平则较高。应利用家庭教育资源，构建以幼儿园教育为主体、家庭教育为基础、社会道德为依托的立体化德育网络。如：关于培养儿童爱劳动方面，有的家长认为，孩子小，只要吃饱穿暖就行了，劳动是大人的事儿。这样的想法是错误的。苏联教育学家马卡连柯曾指出：“一切都替代孩子，为孩子做好一切，这是父母所给予孩子的最可怕的礼物。”可以通过多种形式，如办家长学校、开家长会、进行家访、向家长开放半日活动、利用“家、园园地”向家长宣传和公布每周教育教学内容等，向家长们讲明在重视智力开发的同时注意儿童的品德教育和心理保健的重要性，并有选择地介绍一些基本的家教知识，从而使大部分家长能主动地与教师相互配合、互相探讨教育方法，充分发挥幼儿园教育和家庭教育各自的优势，把思想性与知识性融为一体，寓教育于活动之中，使品德教育真正获得成效。

俗话说“十年树木，百年树人”，道德品质的形成过程是一个长期、反复、不断提高的过程，教师应持之以恒地对儿童做深入、细致、耐心的工作。从培养儿童道德情感入手，无私地奉献爱心，组织好各项活动和交往，寓思想品德教育于活动之中，通过集体的力量，逐步培养儿童良好的思想品德，同时，还需要家庭、社会一起协助。只有这样，才能把我们的下一代培养成具有远大理想抱负和品德高尚的人。

第四节　我从哪里来？

一、性心理的健康发展是孩子幸福生活的重要因素

案例一：一天，琳琳不开心地问妈妈：“妈妈，奶奶说我是从垃圾堆里捡来的，真的吗？”妈妈很尴尬，哄着她说：“奶奶说得没错，你是从垃圾堆里捡来的，长大了你就明白了。”爸爸把琳琳从幼儿园里接回来时，发现她闷闷不乐的。“爸爸，为什么上厕所时，有的小朋友要站着，我却要蹲着呢？我偷偷地看了看小明，我们好像长得不一样，这是为什么啊？”“以后你长大了自然会明白。还有，以后上厕所要专心点，‘偷’看别人的孩子不是好孩子。”

案例二：大班的小小在自由活动时，趁别人不注意，偷偷地亲了一个小女孩的脸，小女孩的老师和家长得知后大骂小小是个“小流氓”，回家后小小的父亲把他痛打了一顿，并气呼呼地说：“看你以后还敢不敢再耍流氓！”

点评:琳琳的表现说明她开始关注自己的性别,有了初步的性意识。对待小小的行为,成人要耐心处理,过激的行为不仅会影响到小小的成长,对小女孩今后的发展也未必就是件好事,因为成人的态度会使他们认为亲异性是一种“流氓行为”。其实,小小偷偷地亲了一下那小女孩的脸,这一行为背后并没有什么复杂的“耍流氓”动机。他亲一下那个小女孩,或许是因为他昨天晚上刚看完类似的影视节目,出于好奇而模仿;或许是因为那小女孩确实长得很可爱,他想以“亲她一下”的方式来表示自己的喜爱之情……

从生理学、心理学的角度来说,性认知和性意识的形成从儿童时期就开始了。儿童时期不合适的性教育会在孩子成人后引发性心理问题。性教育是一种终身教育,有两个重要阶段:两三岁是一个重要时期,青春期是另一个关键时期。因此,儿童期进行性健康教育是十分重要的。

性教育可分为儿童阶段(0—6 岁)、童年阶段(7—10 岁)和少年阶段(11—14 岁)。早期性教育关系到儿童身心的健康成长,也关系到家庭和社会的安定。鲁迅先生早年就提出过要重视儿童早期性教育,他认为“知”比“无知”更有益。儿童阶段的性教育主要是性别角色的教育。性别角色是以性别为标准进行划分的一种社会角色,它决定着一个人的行为模式。如人们要求男孩子要勇敢,女孩子要文静。一般说来,孩子到了 3 岁时应该对自己的性别有明确的认识,能清楚地认识到自己是男孩还是女孩。虽然性别是由遗传基因决定的,但性别角色却是从儿童时期受到成人影响、教育的结果。对孩子性别教育的缺失,是不利于孩子健康成长的,结果很容易造成孩子性别角色的错位,带给孩子的将是心灵的扭曲和伤害。因此,正确的性别教育是非常必要的。儿童的身心发育是否健康,与性别教育有着非常密切的关系。家长和学校应该积极思考有效的性别教育方式,对孩子进行正确的性别教育,给他们以正确的引导。

二、如何对儿童进行性心理健康教育

(一)营造民主和谐的家庭氛围,做好孩子的表率

1.家长要反思和修正自己的性观念,以自然的态度对待性的问题。

首先,家长要反思自己有关性别的认识,消除羞耻感、罪恶感、厌恶感和肮脏感,用纯真的、自然的、审美的态度来认识和接纳自己的身体及儿童的性别。对于人体以及人的自然需要,家长的观念和态度对儿童有潜移默化的影响。父母对性的神秘态度会强烈地影响孩子的心理。对性讳莫如深的父母教育出来的孩子,由于得不到正确的指导,心理上往往要承受巨大的压力,在父母的态度和身体的事实之间,心理上矛盾重重。要么瞒着父母大胆尝试,要么恪守父母的训诫,对性持错误的态度,严重影响性格的发展和人际交往。

随着孩子身体的成长,儿童会发现生殖器是最容易引起快感的地方。父母对这个问题的态度应该是:承认孩子发现的事实,他可以获得身体的快感而不因此感到内疚。此时需要父母指导孩子,让他知道这种快感是无妨害的。

如果父母在洗澡的时候,孩子闯进了浴室。有些父母会急于遮遮掩掩,并用不自然的神情呵斥孩子:“我在洗澡,赶紧出去。”这种做法会让本来心境平淡的孩子大吃一惊,觉得自己窥探了父

母身体的秘密,触犯了什么禁忌,因而在心理上产生不安和犯罪感。这时候父母应该持自然平静的态度,表示对身体的自然状态的承认,孩子心理上就会平静地接受这个事实,而不至于增添额外的心理负担。父母在洗澡的时候最好锁上浴室的门,给孩子洗澡时也不例外。这样孩子就会自然地接受洗澡锁门的事实,把它当成一种生活习惯来接受,而不至于刺激孩子对裸体的好奇心。

其次,家长应尽量避免自己人格中的"美中不足"对儿童心理健康发展产生负面影响。性别是有差异的,但没有好坏优劣之分,家长对某一性别的接受程度影响到儿童对自身性别的认可。假如母亲经常抱怨"做女人真倒霉",女儿很可能因为自己的性别而悲观。这种根深蒂固的观念会影响到儿童一生的发展。家长传授给儿童的健康观念应该是:每一个人都是独特的、值得尊重的、有价值的,他有权利得到幸福,只要努力,都可以成为最棒的。

2.父母以身作则,减少家庭污染。

父母的一言一行对儿童都会产生一定的影响,父母不当的行为,在潜移默化、耳濡目染中对儿童有侵蚀作用。所以父母的语言要文明,行为要端正,夫妻在儿童面前不要有过分亲昵的行为。家庭尽量不要存有不健康的录像、书报、电脑软件等,减少家庭污染,保证儿童生活环境的文明、健康,避免接触大量性刺激信息,防止过早的性唤醒。

3.建立良好的亲子关系。

儿童期是儿童性欲和性心理发育的依恋期,这个阶段的儿童具有皮肤饥渴需求。父母充满爱的拥抱,及时的关怀、体贴,有助于孩子成年后与他人建立亲密的关系。一个在幼年期缺乏关爱、受到惊吓的孩子,成年后很可能处理不好夫妻关系。因此,家长要满足孩子合理的需求,经常和孩子游戏,带孩子外出活动。

(二)教给孩子正确有效的知识,进行积极的性启蒙教育

3—7岁是性角色意识培养的重要阶段,孩子会从日常的家庭生活中进一步加深对性别、性角色的认识。7岁之前的性教育,父母的作用无疑是最重要的,父母是孩子性教育的启蒙教师。一旦孩子无法从父母那里得到帮助,便会产生这样或那样的问题。

不能把性教育简单地理解为性知识教育,性教育涉及生理、心理、社会、道德、伦理诸多方面。性别教育包括一定的性知识教育,但是性知识教育绝非性别教育的全部。在教给孩子知识的同时,要特别注意保护孩子不受不健康因素的影响,为他们提供一个健康成长的环境。

1.教给孩子正确、科学的知识。

有位家长说在电视连续剧《情深深,雨濛濛》热播时,她6岁的女儿学"依萍"接吻,还有个女孩子说某个男生是她的男朋友。针对这种现象,家长可以直截了当地告诉孩子:那是大人的事,小孩学了不合适。或者,可以避开性别这个敏感问题,仅仅说接吻会传播疾病。如果孩子一定要合理的解释,可以开诚布公地告诉他男、女是不同的性别,接吻这样的行为是要负责的,不是一般的游戏。现在的儿童多是独生子女,缺乏"同伴文化",成人对他们的影响很大,孩子早熟已是大家公认的事实。因此,在儿童期就开始进行性别教育是很必要的,至少,在幼儿园大班就应该开始适度的性别教育。

一般说来,儿童从3—4岁起便开始认识到男女之间在外生殖器上的差别,并对成人及其他儿童的生殖器产生好奇感。这种好奇感可持续到8—9岁,并出现对性的探究行为,但随后绝大多数人会淡忘这一时期的经历。可以通过健康教育课让儿童认识自己的身体,了解卫生常识,告诉他不能随便摸生殖器的理由。

儿童的思考、理解和对于信息的反应能力与成人有所不同。儿童的兴趣往往短暂集中于某个话题上,当好奇心被满足了,兴趣就可能消失。例如,四五岁的孩子在浴室里发现卫生巾,会问起它们的用途,父母可能不知所措,觉得这个话题太复杂,不适宜与幼小的孩子讨论。对此,父母应该平静地向孩子解释,为以后和儿女谈及更深奥的性话题打下基础。可以这样对孩子解释:"当你在我身体里面生长时,需要一个特别的地方。每个月,我和其他的女人一样,身体都要做好准备。当没有卵子和精子结合时,我的身体会把那个特别的地方清理一下,然后再开始。里面的东西,像血一样,从生你出来的出口流出来。因为它会弄脏裤子,所以我在那几天使用卫生巾。"只要每位母亲都能了解,这是每一个女孩子都会遇到的正常、健康的事情,孩子也会觉得这个说法比较令人满意。

2.对儿童进行隐私感的教育。

初生的婴儿毫不介意自己赤身裸体,随着年龄的增长,孩子会逐渐了解有些事情不宜当众去做。传统上,大人会教给孩子"羞耻"的概念。比如,当一个孩子当众碰触自己的生殖器时,父母往往会说"羞,羞"。一个含糊的"羞"字往往会让孩子对自己的身体有不好的评价,而且也不能教给孩子正确的方式是什么。其实,更好的方式则是教给孩子"隐私"的概念。可以告诉孩子:那个地方是他"自己"的地方,如果他想碰触的话,可以"私下"去做,比如回到自己的卧室。这样说可以在不让孩子对身体感到羞耻的前提下教给孩子社会可接受的行为方式。

等孩子四五岁的时候,他们不仅清楚地了解了男女的不同,而且会比较理解社会上男女有别的情况。这正是对孩子开始进行隐私感教育的时机。隐私感的教育包括很多方面,如:哪些部位比另一些部位更特殊,不宜暴露;哪些事不适合当众做,但可以在卫生间或自己的卧室做;男女有别,有些事情男女要分开做;隐私并不等于不好。对孩子进行隐私感的教育应从日常生活中的小事入手。比如:在公众场合尽量不要让孩子随地大小便,应让孩子在卫生间方便。当孩子当众抚弄生殖器的时候,不要大声呵斥,而是转移孩子的注意力,或者让孩子到自己的卧室去。当母亲带儿子外出的时候,锻炼孩子自己去上男厕所。夏天穿裙子的时候,逐渐要求女孩子注意自己的姿态,尽量不要露出三角底裤……教给孩子社会的文明常规、礼仪是父母的责任。在此过程中,父母应该特别考虑到孩子的年龄和接受程度,循序渐进。如果父母过于生硬、严厉,则会让孩子对身体产生过度强烈的羞耻感,以致影响以后形成健康的性意识,就得不偿失了。但另一方面,如果对孩子过于宽松,而孩子可能因为从他人那里受到严厉指责而产生心理阴影。

3.让孩子学会保护自己的身体。

在很多成人眼里,小孩根本不是一个完整的人,因此往往随意逗弄孩子,不论孩子是否愿意。在这样的环境中长大的孩子,很难对成人说“不”。加上亲子间沟通的缺乏,和性相关的话题又往往是禁忌,当孩子遇到性骚扰时不会反抗、不会和父母说也就不足为奇了。

在国外,为防止针对儿童的性骚扰,有专门的录像片和课程,教给孩子区分什么是好的触摸,什么是不好的触摸。处理儿童性骚扰、性虐待的社会工作者建议,应当教给孩子身体所有部位,包含生殖器官的正确名称,教给孩子关于身体接触的一般原则,培养孩子的自尊心,以提高孩子的自我保护能力。身体接触的一般原则包括:每个人的身体都是属于自己的,应该被尊重;可以抚触自己的身体,但不可当众抚触或暴露隐私部位;不能随意接触别人的身体,如果在接触时别人表示反对应该及时停止;不可接触别人的隐私部位;除了父母、其他特别亲近的照看者和医生以外,任何人不得接触自己的隐私部位;如果任何人的接触让自己感到不舒服或“不对”,即使是自己的亲友师长,自己都有权要求停止。

父母首先就要尊重孩子对自己身体的所有权,尊重孩子与成人接触时的每一个“不”。这样长大的孩子,会相信自己的感觉,不会容忍别人对自己的侵犯,也不会轻易成为受害者。在孩子面前,成人需要有勇气去开口。

(三)根据儿童的年龄特点、心理特征进行性教育

儿童性心理发育具有两个特点:自发性和好奇性。人们常常看到3—4岁的儿童玩弄、触摸或暴露性器官,这并没有性目的,而是一种自发现象。儿童还常常喜欢观看和触摸其他同性或异性儿童的生殖器,或裸体向异性小伙伴显示生殖器,甚至进行性接触游戏,这是好奇心的驱使。随着年龄的增长,自我意识的产生,儿童开始意识到自己的性身份和性角色。尤其是当发觉男孩与女孩的性别差异后,他们就会有意识地表现出对性的好奇和关心,也就会不断地提出各种关于性的疑问。例如人的妊娠、人的出生、男女身体与特征的不同、与父母的关系等。这个过程便是性意识的孕育过程。在此过程中,父母的正确引导与教育,周围环境的积极影响,对儿童性心理的正常、健康发育是非常重要的。

想了解异性,特别是想了解自己在生理结构方面与异性有何不同,是儿童期孩子十分正常的一种好奇心。公园里的草坪上,有一个五六岁的男孩和一个三岁左右的女孩一起玩耍。没多久,那个男孩随地撒尿,女孩站到男孩的前面,低头看男孩撒尿,男孩不想让她看,就转身向另一边,谁知那女孩却绕着那男孩转,看男孩撒尿……类似的现象在幼儿园里也能经常看见。

儿童期的孩子对异性的生殖器官感兴趣,是一种很正常的心理现象。研究表明,大部分2—6岁的孩子都渴望了解自己和同龄伙伴生理上的异同,以确定自己的身体器官是不是缺少了什么。为达到目的,他们往往公开地或者偷偷地去看异性小便。这个年龄阶段孩子的“性探讨活动”都是受某种渴求知识的好奇心的驱使,而不是受性欲的驱使。因此,他们除了观察彼此的身体之外,几乎没有什么其他更进一步的行动。如果孩子对异性身体的好奇心,在儿童期就得到了很好的满足,异性的身体对他们来讲就不会那么神秘,这将有利于他们今后性心理的健康发展。比如,在男女儿童同用一个厕所、同用一个浴室洗澡的幼儿园里,就很少出现对异性身体过分好奇的现象。

香港大学医学院精神医学系的吴敏伦教授则认为,性教育应从0岁开始,根据疏远期、爱慕期、恋爱期三个阶段循序渐进地讲授性器官——性道德——自我保护——性技巧等。比如从出生开始,家长给孩子穿什么类型的衣服、玩什么玩具、教孩子上厕所,还有不可以触摸阿姨的胸部等都是在潜意识地教导孩子。当孩子会说话时,孩子对新鲜的事物感到疑惑,比如什么是结婚,阿姨的肚子怎么那么大。面对孩子提出来的一大堆问题,家长应该正确引导。方式可以多种多样,宜采取循序渐进、因势利导、生动活泼的方式,如看录像或以互动形式先提出问题,然后大家用游戏的方式学习性知识,还可以利用现代媒体和网络,适时、适度地开展教育。而不能采取强迫的、教条的、粗俗的方式。切忌对儿童灌输性神秘、性龌龊、性恐怖等思想。

(四)巧妙应对儿童的提问,引导儿童形成积极自然的态度

有一天,5岁多的玲玲突然问母亲:“妈妈,我是从哪里来的?”母亲第一次面对这一问题,不知如何回答,便随口说了一句:“你是妈妈从路边捡来的。”玲玲当时没说什么。可是玲玲听有的小朋友说是“从妈妈肚子里生出来的”,有些是“从花朵里跳出来的”,也有一些和她一样是从路边、从桥下、从垃圾桶边捡回来的。玲玲有些迷惑,但她很羡慕从“妈妈肚子里生出来”的小伙伴。玲玲慢慢地长大了,不知为什么,她与妈妈总是不大合得来。有一天,妈妈让她收拾玩具,她没有做,妈妈生气地批评了她,本来是一件小事,玲玲却哭着说:“我恨你!我不是你生的!你不是我的妈妈!”细问之下才明白当年那句话对孩子的影响之大。

其实,三四岁的孩子问自己是从哪里来的,多半是为了寻找“归属感”,他希望自己得到关爱。而母亲随意的说法会使孩子深感不安,无意之中会对孩子造成伤害。

大部分儿童从三岁起就会对“我从哪里来”的问题感兴趣。三四岁的孩子,多半无法理解婴儿是怎么来的,对孩子提出的这个问题,要正确回答,回答不当会给孩子心理的发展带来意想不到的后果。不要从成人的角度看待孩子的性好奇,应该以积极、乐观的态度引导儿童对性的认识,因为知性的孩子更健康。有的父母回答孩子提出的生命来源问题时,和玲玲的妈妈一样,说:“你是捡来的,是树上长出来的……”不正确的回答未必能使孩子真正相信,重要的是,孩子会感觉到这问题是神秘的,父母不想让他知道“我是从哪里来的”。当孩子长到七八岁,已经模模糊糊地知道一些性的信息时,心中尽管存在着很多疑问,也不会去问父母。因为他曾经在父母那里碰了壁,父母也因此失去了对孩子进行性教育的机会,无法帮助孩子度过性觉醒和性困惑的心理时期。

针对孩子的这一问题,回答时应该尽量简单。例如“你在妈妈身体内一个特别的地方生长”,然后再依孩子的接受能力,慢慢地加以解说。母亲可以这样对孩子说:“你是妈妈生出来的宝贝,在你很小的时候,你是在妈妈的‘子宫’中成长的,然后由一特殊的开口生产出来的。”回答这类问题时，可以找一张人体解剖图，告诉孩子子宫在哪里，产道在哪里。对于三四岁的孩子只要说"你是妈妈生的"就可以使孩子获得满足了。

孩子到了一定的年龄，提出性问题时，成人应以自然的态度与他们进行有益的探讨。一个两三岁的男孩指着生殖器天真地问父母"这是什么"的时候，父母的正确态度应是自然地告诉他："这是你的小鸡鸡。"就像告诉孩子耳朵、眼睛在哪里一样，既不能随意回答，也不能简单拒绝。故弄玄虚、大惊小怪的口吻和表情都会给孩子心理上造成难以排解的神秘感和不正常的羞耻感。当孩子问这类问题的时候，他并不是想知道生殖器的性功能，只不过是想知道正确的名称而已。有的家长会说："今后不许再提这种傻问题，羞死了！"这样做会使孩子觉得性问题是傻问题，不能讲也不能问，可能使孩子长大后把性问题看得很神秘，进而产生强烈的探究心理，或认为性问题是可耻的。无论什么时候和场合，对于孩子的性问题，父母都不应该因为自己不恰当的态度增加孩子的心理负担。

回答孩子的性问题，应遵循一条最基本的原则：平静、坦诚、自然的态度至关重要。由于孩子尚未成熟，回答可以简单一点。回答问题不是为了让孩子彻底地掌握有关性方面的知识和学问，而仅仅是为了达到纠正孩子性心理方面的问题，使他不会形成错误的性观念和态度。关键是不要给孩子造成心理压力，以免导致不正常的性神秘感和不正常的羞耻心。

（五）正确对待儿童的性游戏和性活动，不给孩子增加心理负担

1.全面认识"手淫"对孩子的意义。

一天中午午睡时，小朋友都安静地睡了。王老师发现，东东的床在轻微地晃动。走近一看，东东用被子蒙着头，王老师轻轻地掀开被子，发现东东正在"手淫"。研究表明，不同程度的"手淫"在1—6岁的孩子中是很普遍的行为。对儿童期的孩子来说，"手淫"是他们探索性存在并从中获得快乐的一种很自然的方法。"手淫"只要不过度，对身体并无危害。但是许多教师和家长对儿童的"手淫"感到很不安，他们往往会严厉地训斥、惩罚儿童，希望能制止他们的"手淫"行为。

其实儿童的"手淫"，有的并不一定是真正意义上的手淫，而仅仅是无意中玩弄、抚摸生殖器而已，对儿童来说是无特殊意义的动作。这本身并没有什么危害，而有可能产生危害的是成人对孩子这一行为的大惊小怪或给予过分的关注，因为这样会使孩子觉得自己是在犯罪，这时这一行为才会对他产生真正的伤害。如果成人用简单粗暴的方式对待孩子，会给孩子增加思想负担，使儿童对自己的行为感到十分忧虑、紧张和愧疚，时常处于"手淫"的快感和内心矛盾的冲突中，从而怀疑自己的个人价值，降低自尊，背上沉重的精神包袱。更糟糕的是，孩子有时会因此而刻意地压抑自己，形成"性压抑"心理，影响性机能的发展。有时成人强行抑制孩子的"手淫"，只能产生反作用，反而会加剧孩子"手淫"的欲望。

因此，当发现孩子有"手淫"行为时，正确的处理方式不是斥责、惩罚，而是理解，并在理解的基础上，设法转移孩子的注意力，丰富孩子的生活内容，给孩子足够的爱与关注。因为从外因来说，孩子的这种行为往往与他的生活内容和形式过于单调、生活中缺乏必要的爱和关注有关。

2.以平常心去认识和对待儿童间的“性游戏”。

下午,在玩“娃娃家”游戏时,云云扮演妈妈,天黑了,云云和扮演爸爸的小男孩“上床了”……当老师告诉云云妈妈游戏的情况时,云云妈妈特别生气,把云云大骂了一顿,回家后又数落了半天。云云低着头,不停地流眼泪,不敢说一句话。老师和家长处理问题时,不应该站在成人的角度来看问题,应该从孩子的视角来看。云云在游戏中的表现更多的是模仿,模仿父母或影视节目。在孩子看来,晚上爸爸妈妈要上床睡觉这是一件很平常的事情。生活中看到的都是这样,这样的行为不带有真正的性的含义。

从心理学的角度来看,对于参与这些活动的孩子来说,“性游戏”本身,对他们并不会带来什么身心方面的伤害,但是如果成人在亲眼目睹孩子的“性游戏”后,直接加以干涉,或者对孩子加以责骂和惩罚,使孩子觉得自己做了很坏的事。这样,就会对孩子今后性心理的发展产生消极的影响,可能会使他们认为性是罪恶的,通过这种方式得到的快乐是错误的,而且使他们认为有这种行为的孩子是“坏孩子”。这种观念可能会妨碍孩子成年后接受和给予性爱愉悦的能力,而且最后还会干扰到他们建立爱情和亲密关系的能力。

儿童的性活动不同于成年人,是无意识的、不稳定的、盲目的。因此,发现孩子在游戏活动中出现“性游戏”方面的内容时,成人要正确引导,要设法找出孩子感兴趣的其他内容,丰富儿童的生活,使之多样化、趣味化,培养儿童的各种爱好和技巧,使其把心思和精力都用在所感兴趣的活动上,切忌大惊小怪或对孩子批评责罚,以免导致孩子好奇心和逆反心理的产生,使孩子产生更加强烈的“性活动”的欲望。一旦发现儿童不良的“性活动”,不要呵斥、责骂,也不要熟视无睹,而是自然地使之分心,可以吩咐儿童干点别的事情,或者与儿童一起从事一种有意义的活动。不要让孩子看成人的影视节目,不要让孩子到成人娱乐场所活动,父母的性生活也需要适当注意,这也是十分重要的。

总之,儿童期是教育的黄金时期,教师和家长要抓住这一阶段对儿童进行教育。创设良好的心理氛围,组织丰富多彩的活动,让儿童在活动中塑造良好的性格,培养多方面的兴趣爱好,养成良好的习惯,使孩子学会认知,学会生存,学会做事,学会与人共同生活,从小获得其一生可持续发展所需要具备的良好素质,为儿童今后的发展打下良好的基础。

游戏活动篇 >>

导读要点：

什么样的教育与游戏活动能促进学前儿童的心理健康呢？

作为幼儿园教师应组织什么样的教育活动来促进孩子的心理健康呢？

为了孩子的心理健康发展，作为家长又该如何与孩子共同游戏呢？

“游戏活动篇”专门为幼儿教师和家长提供了若干指导学前儿童心理健康的教育活动和亲子活动方案，分别以集体活动和亲子游戏为载体，设计了培养学前儿童思维能力、观察能力、坚持性、情感体验与表达、合作能力、同情心、社会交往与适应等心理要素的活动方案，帮助教师和家长掌握和使用学前儿童心理健康教育的具体方法，在游戏活动中促进儿童身心健康发展。

第十章

※

心理健康教育活动设计

※

幼儿的健康心理离不开教师和家长对幼儿心理状态的关注和呵护，而积极、有趣，富有针对性的游戏活动也是促进幼儿心理健康发展的重要手段之一。教师和家长要从建立良好的师生、亲子关系入手，以培养幼儿良好的心理品质为主要内容，营造有趣的活动氛围，通过快乐的集体活动、亲子游戏来培养孩子的健康心理。

※

第一节 思维能力的培养

一、团纸球

适合年龄：3—4岁

游戏方式：教师与幼儿共同活动。

游戏目的：

1.观察与模仿撕纸、团纸、包纸的不同方法。

2.体验亲自制作纸球的乐趣。

游戏准备：

各种纸头若干，废报纸许多，小手绢每人一块。

游戏过程：

1.出示事先准备好的各种纸头，请小朋友说一说这是些什么纸，小朋友们在哪里见到过这些纸。

2.玩报纸。请小朋友盘腿坐在地板上，给每个孩子发一张废报纸，请小朋友跟老师一起和报纸做朋友。

(1)报纸宝宝大声说话(用力抖动报纸)；

(2)报纸宝宝小声说话(轻轻抖动报纸)；

(3)请小朋友藏到报纸宝宝的后面(用报纸遮住自己的小脸)；

(4)请小朋友快点出来吧(把报纸从眼前拿开，露出笑脸)！

3.撕报纸。报纸宝宝变变变(大报纸撕成两张小报纸，依次越来越小，直至小细条)；请小朋友撕纸时把报纸宝宝放在自己的家里(两腿中间的地上)。

4.团报纸。请小朋友保护好小小的报纸宝宝,让它们紧紧地靠在一起(请小朋友观察并模仿老师将细长条状的报纸捏在一起,团紧不松)。让报纸宝宝紧紧地团在一起不分开。

5.做纸球。请小朋友将团好的报纸用小手绢包起来,请老师帮忙扎住口,变成一个好玩的纸球。

6.玩纸球。请小朋友跟老师一起玩纸球。

二、排排队

适合年龄:5—6 岁

游戏方式:亲子活动。

游戏目的:

按规定的序列排序。

游戏准备:

猫、狗、鸡、猴、鸟五种动物卡片若干,25 格方格纸一张。

图 10.1.1

游戏玩法：

孩子与父亲或母亲由猜拳决定优先出牌权。先出牌一方从卡片中任意抽出一张放入第一行第一格，然后对方抽出不同的一张放入第一行第二格，依此方法先逐一将第一行摆满卡片，遇到重复动物图案者重新抽取。接下来双方按照第一行的动物顺序，按照规律依次逐一将其余空格摆满，将小动物正确排排队，正确者加 1 分，错误者减 1 分，25 个方格全部摆满后统计各自得分情况，得分多者为胜。

游戏规则：

第一行是随机确定的摆放顺序，如有可能是鸡、狗、猴、猫、鸟，也可能是其他顺序。然后就必须按照这一顺序来排满其他方格。如上表是按照鸡、狗、猴、猫、鸟的顺序来排的。

三、找家

适合年龄：3—4 岁

游戏方式：亲子活动。

游戏目的：

观察物品与物品包装在颜色、形状、图案上的相似之处，快速为物品找到相应的包装盒。

游戏准备：

将家庭中购物时买的商品包装盒（袋）保存下来。

游戏玩法：

爸爸在一间房里将保留的包装盒（袋）放在一起，在另一间房里妈妈将里面的商品放在一起。请宝宝先看看爸爸的包装盒（袋），然后到妈妈那里去找到相应的物品，并把物品装进包装盒（袋）里，放在桌子上。也可以请宝宝先去妈妈那里拿出一件物品，然后去爸爸那里找到相应的包装盒（袋），并把物品包装好。全部物品包装好后，请孩子说一说这些物品和包装盒（袋）之间有什么相同之处，如它们的颜色、图案或形状有点像等。

游戏建议：

家庭购物是家庭生活的重要部分。家长可以将各种大小不同的漂亮盒子集中起来变成孩子的玩具和学具，除了上述玩法之外，还可以让孩子用盒子搭积木，用颜料为盒子再次装饰，变成孩子喜爱的玩具。

第二节　观察能力的培养

一、好玩的光飞机

适合年龄：5—6 岁

游戏方式：教师与幼儿共同活动。

游戏目的：

1.观察与思考镜面图案的镂空与否与光斑明暗的关系。

2.培养孩子的动手操作能力。

游戏准备：

每人一个10平方厘米的小方镜，四周用胶带缠边；每组各种纸张、彩笔、剪刀、胶水一套。

游戏过程：

1.老师带领小朋友在阳光下玩镜子，观察镜面所产生的光斑，引导小朋友讨论：这些光斑是怎样变出来的？

教师小结：产生光斑必须要有阳光照射在镜面上，要有让光斑能“站住”的光屏。

2.老师用贴上镂空三角形的镜面反射阳光，请小朋友观察老师的光斑变成了什么形状，猜一猜为什么老师的光斑会变形。

教师小结：要用镂空的图案贴在镜面上才能出现亮亮的三角形图案。

3.请小朋友试一试让自己的光斑变成三角形，引导小朋友观察镂空图案与实心图案所产生的光斑有何不同。

教师小结：实心图案产生的光斑是黑色的阴影，而镂空的图案产生的光斑是明亮的。

4.请小朋友想一想，如果想让光斑变成一架飞机，应该怎么办呢？引导小朋友用准备的材料制作镂空的飞机图案来做光飞机。

5.小朋友操作，教师巡回指导。

6.请小朋友自由玩光飞机。

二、玩具找家

适合年龄：3—4岁

游戏方式：教师与幼儿共同活动。

游戏目的：

1.通过观察玩具筐上和玩具柜上的标记，将玩具送到相应的玩具柜上。

2.体验获得成功后的自豪感，培养良好的习惯。

游戏准备：

将活动室的玩具分类装到玩具筐里，在所有的玩具柜上贴上圆形、方形、三角形等形状标记和各种水果、动物标记，并在玩具筐上贴出相应的标记。

游戏过程：

1.请小朋友观察活动室里的玩具柜，猜猜为什么今天玩具柜是空的，玩具宝宝都去哪里了。

2.请小朋友观察活动室的一角，玩具宝宝都躺在玩具筐里找不到自己的家，说一说如果自己找不到家心里会怎么样？

3.教师取一筐玩具，请一位小朋友上来找一找玩具筐身上的秘密标记，并在玩具柜上找到一样的标记。

4.引导小朋友讨论:怎样按标记给玩具找到自己的家?

5.请小朋友分组为玩具找家。小朋友操作,教师指导。

6.说一说,玩具都找到自己的家后,我们的活动室有什么变化?以后小朋友应该如何玩玩具?玩具玩过之后应如何把它们送回家?

活动延伸:

在区域内放置连线练习的材料:在纸的上半部分画上许多漂亮的小房子,房子的门上有不同的图案,在纸的下半部分画出与房子数量一样多的小鱼,小鱼身上的图案与上面房门上的图案相对应,位置打乱,请小朋友将小鱼按标记作连线,把小鱼送回自己的家。

三、我的小豆苗

适合年龄:5—6岁

游戏方式:亲子活动。

游戏目的:

1.观察与记录种子的生长过程,体验照料植物的不易,培养责任感。

2.体验与家人一起种植的乐趣。

游戏准备:

春天为孩子准备若干种子,选择种植容器,准备观察记录的纸张。

游戏过程:

1.父母与孩子一起商讨春季的种植计划,并与孩子共同准备种子、容器、记录纸、测量尺等。

2.选择合适的日子与孩子一起播种、浇水。

3.指导孩子每天观察并照料植物的生长,感受其生长过程。

活动建议:

1.这是一个十分有意义的家庭种植活动,有条件的家庭可以为孩子开辟一小块种植区,让孩子接触植物的生长过程,感受生命的奇妙,培养与环境和谐共处的环保意识。

2.容器可以自制,例如:

(1)用废旧的轮胎当容器。选择尺寸合适的轮胎固定在院子里或阳台上,用油漆或丙烯颜料装饰轮胎周边,里面装满泥土就可当种植容器。

(2)用蛋壳当容器。先用铁丝盘绕成多层的鸡蛋壳架子,然后将去掉蛋液的鸡蛋壳装满泥土,在每个蛋壳里下一粒种子,将下过种子的蛋壳放在蛋壳架上供孩子观察照料。

(3)用废旧的饮料瓶子当容器。

3.记录的方法手段可以不同。有条件的家庭可鼓励孩子除了用绘画的方法记录外,还可以用拍照的方法记录植物的生长过程,制成《我的豆苗成长档案》。

4.在孩子观察照料植物的同时,为孩子讲解有关的知识,讲有关的故事。

手捧空花盆的孩子

从前有个国王，年纪大了，眼睛花了，耳朵也有点聋了，走起路来跌跌撞撞。国王想：我快要死了，我死了以后，让谁来当国王呢？

有一天，国王告诉全国的老百姓，他要挑一个孩子将来当国王。怎么个挑法呢？他给所有的孩子发了一粒花籽，看谁能拿这粒花籽种出最美丽的花来，就让谁将来当国王。

有个孩子叫宋金，他领了一粒花籽回家去，把它种在一个花盆里，天天浇水，他多么希望那花籽长出芽，抽出枝，开出最美丽的花儿来啊！可是，日子一天一天地过去了，花盆里什么也没长出来。宋金多着急啊！他换了一个花盆，又换了一些土，把那粒花籽种上，可是两个月过去了，到了大家送花去比赛的日子，花盆里还是空空的，什么也没长出来。

这一天，全国各地的孩子一齐来到王宫里，他们每个人都捧着一盆花，有红的，有黄的，有白的，都很美丽，一下子真说不出谁种的花最美丽。

国王出来看花了，他在孩子们的面前走过去，他们手里捧的花多美丽啊，可是国王一直皱着眉头，一句话也不说。他走呀走呀，忽然看见一个孩子手里捧着一个空花盆。瞧，那个孩子低着头，心里难过极了；人家都种出美丽的花儿来，可他呢，什么也没种出来。他是谁呀？他就是宋金。

国王走到宋金面前，问他："孩子，你怎么捧着一个空花盆？"

宋金哭起来了，他说："我把花籽种在花盆里，用心浇水，可是花籽怎么也不发芽，我，我，我只好捧着空花盆来了。"

国王听完宋金说的话，高兴地笑起来了，他说："找到了，找到了，我要找一个诚实的孩子当国王。你是个诚实的孩子，我让你做将来的国王。"

原来国王发给大家的花籽是在锅里煮过的，它怎么会发芽、抽枝、开花呢？

四、玩拼图

适合年龄：4—5岁

游戏方式：亲子活动。

游戏目的：

发展幼儿良好的观察力。

游戏准备：

多幅过塑的幼儿自己的绘画作品。

游戏玩法：

将幼儿的绘画作品用剪刀随意剪开成多片，将多片绘画作品混放在一起。游戏开始时，家长和孩子一起从中观察寻找合适的图片，并将它们拼成一幅完整的画，先拼好者获胜。

游戏建议：

1.根据幼儿的能力，开始可将作品剪成数量较少的几片，随着能力的增强，可将作品分成越来越多的数量，增加拼图的难度。

2.为了便于分辨作品，可选择底色差别大的作品作为拼图的素材。

第三节　健康的情感体验

一、鸟窝窝

适合年龄：3—4岁

游戏方式：亲子活动。

游戏目的：

体验亲子游戏的快乐情感，释放愉快情绪。

游戏准备：

小鸟的指偶一个。

游戏玩法：

家长和孩子面对面坐好，家长一只手托起宝宝的一只小手，另一只手食指戴上小鸟的指偶作鸟飞状准备好。游戏开始时家长说儿歌："鸟妈妈，真辛苦，飞来飞去找窝窝，一找找到个小窝窝。小窝窝里面有点啥，让我快来瞧一瞧：一只小鸟，两只小鸟，三只、四只、五只鸟——哈哈，找到一个鸟窝窝！"当说到"一只小鸟，两只小鸟"时，家长用手指点住宝宝的小手指，当说到"哈哈"时，家长则快速用手去摸孩子的小腋窝，作掏鸟窝状，引发孩子的笑。游戏重新开始。

游戏建议：

1.家长在和孩子做游戏时，要保持神秘感，语言和动作时快时慢，让孩子有预期，又有意外。

2.把握好孩子的发笑时间，不可太长。

3.待孩子对游戏熟知后，家长和孩子可以轮流当鸟妈妈重复做游戏。

二、拉大锯

适合年龄：3—4岁

游戏方式：亲子活动。

游戏目的：

感受与爸爸妈妈一同游戏的快乐，体验亲情。

游戏准备：

柔软的床。

游戏玩法：

家长和孩子坐在床上，家长双腿伸直，让孩子跨坐在自己的大腿上，两人双手拉好，此时共同说儿歌:“拉大锯,扯大锯,姥姥门前唱大戏。猫也去,狗也去,就是不带妞妞(宝宝)去。”这时孩子接着说:“不行不行我也去!”家长接着说:“好吧好吧,带着小妞(小宝)一起去。”说的同时在孩子的额头用力亲一下,将孩子揽在怀里,感受浓浓的亲情。

游戏规则:

1.说完儿歌后,家长才能亲孩子。

2.说儿歌要与做动作节拍一致,两人合作做拉锯的动作。

游戏建议:

这是一个较为传统的亲子游戏,适合年龄较小的孩子,待孩子会跟说儿歌后,家长可改变最后的玩法,在亲完孩子之后,将孩子轻轻向后仰面推倒,让孩子体验和父母一同做游戏的快乐。

三、玩沙

适合年龄:3—4 岁

游戏方式:教师与幼儿共同活动。

游戏目的:

1.在沙土中快速寻找被藏匿的玩具,知道标记的记号作用。

2.感受找到所藏物品的快乐,喜爱玩沙土游戏。

游戏准备:

各种小动物的纸偶玩具若干,沙土玩具、工具,标记用积木、毛线、纸张等各种物品。

游戏过程:

1.以游戏口吻提出玩沙的主题并将小朋友带入玩沙区域。

2.请小朋友自由玩沙 3 分钟。

3.小动物也想来玩沙,请每个小朋友领一位动物朋友一起玩。

4.凶猛的怪兽就要来到,请小朋友藏好自己的动物朋友,让它们先住到沙屋中(将小动物藏在沙土中),然后请小朋友也藏到安全的地方。

5.怪兽走远了,请小朋友带着自己的动物朋友出来玩吧!

讨论:为什么有的小动物找不到了?请小朋友一起进入沙池帮助寻找在沙土中失踪的小动物。

6.讨论:小动物们都找到了,如果想一下子就找到你的小动物,有什么好办法呢?引导小朋友为小动物的沙屋作标记。

7.再玩一次躲怪兽的游戏,体验游戏的快乐。

四、歌曲《泥娃娃》

适合年龄:4—5 岁

游戏方式:教师与幼儿共同活动。

游戏目的：

1.对没有爸爸妈妈的泥娃娃产生同情心。

2.学唱歌曲《泥娃娃》，初步尝试用动作表现歌曲内容。

游戏准备：歌曲《泥娃娃》的录音带（或CD等），泥娃娃一个。

游戏过程：

1.出示泥娃娃，请小朋友猜一猜：她的爸爸妈妈是谁？没有爸爸妈妈的泥娃娃会有什么感觉？

2.欣赏歌曲《泥娃娃》。

3.学说歌词。

泥娃娃

泥娃娃，泥娃娃，一个泥娃娃，
也有那眉毛，也有那眼睛，眼睛不会眨。
泥娃娃，泥娃娃，一个泥娃娃，
也有那鼻子，也有那嘴巴，嘴巴不说话。
她是个假娃娃，不是个真娃娃，
她没有亲爱的妈妈，也没有爸爸。
泥娃娃，泥娃娃，一个泥娃娃，
我做她妈妈，我做她爸爸，永远爱着她。

4.跟着录音带学唱《泥娃娃》2—3遍。

5.讨论：泥娃娃没有爸爸妈妈非常可怜，小朋友想一想，你会怎样做她的爸爸妈妈呢？启发小朋友想出动作（如抱着泥娃娃唱歌）来表现歌曲内容。

6.集体边做动作边唱歌曲1—2遍。

附歌曲：《泥娃娃》

泥娃娃

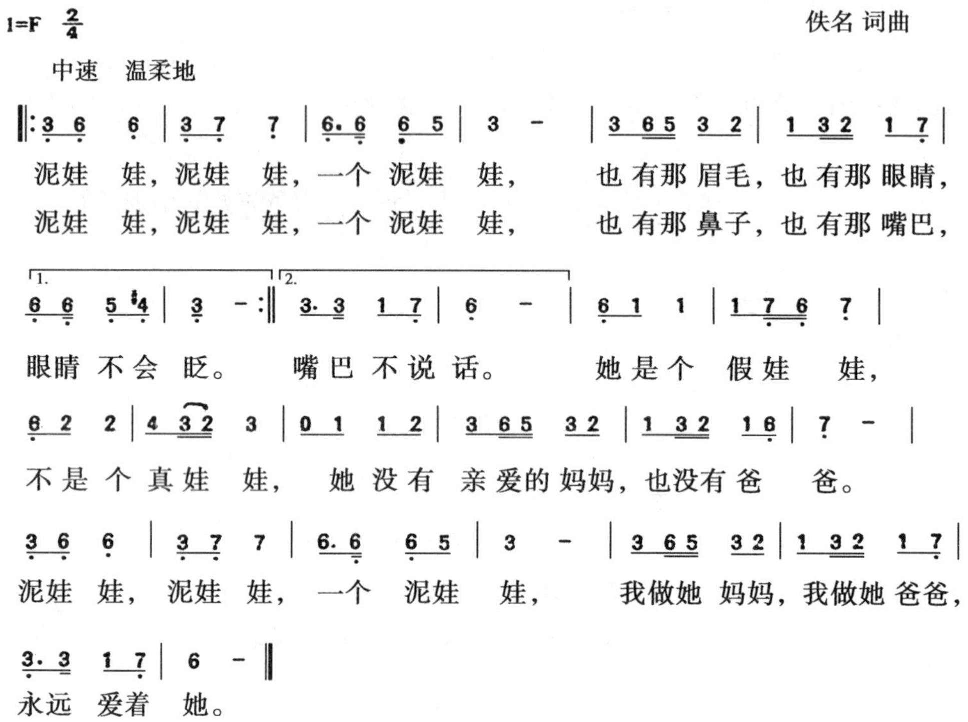

第四节　自信心的培养

一、喜欢你

适合年龄：5—6岁

游戏方式：教师与幼儿共同活动。

游戏目的：

1.大方、自信地介绍自己来到幼儿园的方法和有趣的事情。

2.体验被同伴喜欢的良好感觉，树立自信心。

游戏准备：

用桌子拼搭成临时的舞台。

游戏过程：

1.请小朋友猜猜这个舞台是准备让谁上去的。

2.老师示范："我叫某某某，今天我很早就起床了，我是坐公交车到的幼儿园。今天我特别高兴，因为有一个小朋友跟我说了悄悄话。今天，你们喜欢我吗？"老师引导孩子们一起说："喜——欢——"

3.请小朋友逐一到舞台上,说一说自己今天是怎么到幼儿园的,有什么特别的事情告诉大家(提示小朋友可以是刚学会的儿歌、歌曲,自己在幼儿园或者家里哪一点做得好,被老师、家长表扬,或者帮助同学等)。最后问一问小朋友"你们喜欢我吗?"所有的小朋友都要鼓励自己的伙伴说:"喜——欢——"

注意事项:

此活动可在每天点名的时候进行,每天进行一部分小朋友,不必每人都说,将此活动作为常规活动经常进行,有利于培养孩子良好的自信心。

二、摔跤

适合年龄:5—6岁

游戏方式:教师与幼儿共同活动。

游戏目的:

1.以小朋友感兴趣的方式锻炼身体,提高机体的运动能力。

2.激发小朋友勇于克服困难、迎接挑战的自信心。

3.在游戏中体验快乐,明白团结力量大的道理。

游戏准备:

口哨一只,体操垫若干,黄牌两个,记分板一个。

游戏过程:

1.组织小朋友谈话。

(1)老师介绍自己的本领是摔跤,告诉小朋友摔跤是一项古老的运动项目。

(2)尝试练习老师的绝招。

2.热身活动。(在老师的带领下做身体动作)

3.摔跤活动。

(1)讨论规则:摔跤一次只能由两位选手参加,摔跤比赛时要在老师准备好的体操垫上进行,选手踏出场外为败;比赛时要用力将对方摔倒在地,谁先倒地为败;摔跤比赛时要注意小手不能掐人,小脚不能踢人,小嘴不能咬人,否则为败;比赛时要听从裁判,哨音响后比赛开始。

(2)引导小朋友分组并为自己的参赛队起名。

(3)两队一对一练习摔跤。

(4)小结摔跤活动的经验。

(5)请每个队推选出一名武功高强的队员出来应战,分别站在擂台的两端,引导小朋友要有上台的动作和气势。

(6)开始正式比赛,各队推选三到四位选手。每次赛后引导小朋友讨论怎样才能取胜。

(7)宣布比赛结果。

4.与老师比赛。

(1)一对一比赛。

(2)二对一比赛。

(3)讨论:有没有办法把老师打败?(引导小朋友说一起上把老师打败)

5.总结:为什么能把老师打败?如:因为人多力量大,团结就是力量!

三、独一无二的我

适合年龄:4—5岁

游戏方式:教师与幼儿共同活动。

游戏目的:

1.知道自己与别人的不同之处,强化自我意识。

2.积极参与活动,大胆地表达自己的想法,培养良好的自信心。

游戏准备:

记录表每人一份,体重秤一台,身高仪一台,商场广告画册若干,剪刀每人一把。双面胶足量。小朋友自己的照片一张。

游戏过程:

1.请小朋友自报姓名并讨论:每个人的名字一样吗?请个别小朋友说一说自己名字的故事。你能找到两个完全一样的人吗?

老师小结:每个人都有自己的名字,每个人与每个人都是不一样的,即使双胞胎也有可以区分的地方。

2.引导小朋友观察记录表。

"独一无二的我"记录表

我的名字	我的照片	我的体重	我的身高	我爱吃的食物	我喜欢的动物	我的爱好

请小朋友在记录表中写上自己的名字,贴上自己的照片,并到体重秤和身高仪处请老师帮助测量,并记下数字,然后在广告纸中找到能代表自己喜欢的食物、动物、爱好的相应图片,并剪下

来贴在相应位置。

3.小朋友操作,教师指导。

4.请小朋友两两一组,互相说一说自己的记录表的内容。

5.老师请个别小朋友上来说一说自己的记录表。

6.教师小结:原来每个人都很有特点,没有一样的人,因此每个人都是老师的宝贝,都是爸爸妈妈的宝贝,我们爱每一个宝宝。请宝宝自己夸奖自己一下。

7.老师指导孩子将记录表布置在墙面上,引导小朋友互相交流,活动自然结束。

四、我是好宝宝

适合年龄:3—4 岁

游戏方式:教师与幼儿共同活动。

游戏目的:

1.在集体活动中自然地表现自己,能与老师的目光对视。

2.大方地说出自己的名字,喜欢参与集体活动。

游戏玩法:

教师将全班孩子组织好,在地板上盘腿围坐成大圆圈,教师手持一个大皮球盘腿坐在圆心的位置。游戏开始时教师和全体小朋友一起说儿歌"皮球大,皮球圆,皮球要找好宝宝"。当最后一个"宝"字说完时,教师将手中的球轻轻地滚到一个孩子的面前,接到球的孩子抱起球,看着老师的眼睛大声地说:"我叫×××,我是好宝宝。"当最后一个"宝"字说完时,将球滚回教师的面前,游戏重新开始。

注意事项:

1.该游戏适合小班入园初期,在孩子基本适应幼儿园新的生活之后组织。

2.每次活动不必人人都说到,时间不宜过长。

3.教师要引导孩子滚球时注意用力适度,不能用力太小,也不能用力太大。

第五节　情绪的宣泄

一、小小屋

适合年龄:3—4 岁

游戏方式:教师与幼儿共同活动。

游戏目的:

1.认识小小屋的位置、用法,知道小小屋的用处。

2.知道自己有时会有不好的情绪,需要独处的空间。

游戏准备：

在班里提前布置出小小屋。

游戏过程：

1.说一说自己开心的事情和不开心的事情：自己高兴的时候会做哪些事？不高兴的时候会怎样？

2.请小朋友观察活动室里的小小屋，请一位小朋友去看一看，小小屋里有什么？

3.出示一个软靠垫，告诉小朋友：这是一个出气枕头，当你遇到不开心的事情，心里十分愤怒时，可以到小小屋里告诉出气枕头你的烦恼，还可以用出气枕头出出气，你可以拍它、打它，这样心里就会舒服一些了。

4.讨论：在小小屋里还可以做哪些事情？引导小朋友知道小朋友有的时候需要一个人待着，大家不要到小小屋去打扰别人。

5.讨论：怎样才能知道小小屋里有人呢？引导小朋友认识小小屋的使用标记，当标记挂在小小屋外面时就表示里面已经有人了，别人不能进去打扰。

注意事项：

1.小小屋应位于班内相对安静之处，用纱幔围合或用大的纸箱改造而成，应有私密性。

2.小小屋内放置软垫若干，以方便孩子坐、靠、躺，空间大小适中，方便孩子的情绪宣泄。

3.制作专门的小小屋标记，里面有人时，要将标记挂在屋外，引导孩子遵守小小屋使用规则。

二、飞起来的衣服

适合年龄：5—6岁

游戏方式：教师与幼儿共同活动。

游戏目的：

1.促进身体协调能力的发展，尽情释放快乐的情感。

2.引导小朋友用不同的方式抛衣服，练习抛高和投远的动作。

游戏准备：

1.每位小朋友穿着外套，干净的活动场地。

2.每人一条小毛巾（擦汗）。

游戏过程：

1.入场及准备。

（1）师生问好。

（2）热身活动：带领小朋友做游戏操（变换节奏）。

2.基本部分。

（1）抛高练习：

①引导小朋友讨论：脱下的衣服应该怎么办？

师:活动之后小朋友都感觉很热,可以把外套脱掉,但是放在哪里呢?平常是放在干净的地方,但是今天我们不放,老师要带小朋友用衣服做游戏。

师:大家想一想衣服都可以怎样玩?

引导小朋友说出多种玩法后自由练习,教师观察孩子的练习情况,找到抛高的小朋友,让大家模仿,进行抛高的游戏。

②老师和小朋友进行抛高比赛,比一比谁抛得高。

③探索讨论:怎样才能抛得更高?

师:现在我能比刚才抛得更高,但是首先我要变一个魔术(将衣服团紧后再抛)。

师:说一说老师刚才是怎样抛的,怎样才能抛得更高呢?

④小朋友自由练习。

(2)抛远练习:

①让小朋友看着远处,老师进行抛远,让小朋友自己进行抛远练习。看哪个小朋友能扔过老师站的这个位置。

②让小朋友进行抛远比赛。

3.结束部分。

(1)养成教育:

师:平时能不能这样玩衣服?在大街上?在班级里?

(2)放松活动:

师:好了,现在我们来和我们的衣服做个游戏。

大门关关好,手臂抱一抱,小嘴亲一亲,变成小宝宝。

小宝宝最早是在哪里住着呢?我们现在就是一个妈妈,带着自己的孩子去散步吧。

活动延伸:

1.在户外活动中,可多次引导小朋友玩抛、扔衣服的活动,体验尽情释放体能的快乐。

2.引导小朋友探索思考为什么把衣服捆起来可以扔得更高或更远。

三、扔掉坏心情

适合年龄:5—6岁

游戏方式:亲子活动。

游戏目的:

知道人会有心情不好的时候,体验宣泄消极情绪时的轻松。

游戏准备:

红、蓝气球各五个,皮筋若干个。

游戏玩法:

家长和孩子猜拳,胜方赢得一个红气球,败方取一个蓝气球,直至所有气球都有归属。请孩子面对每一个红气球说一件自己高兴的事情,面对蓝气球说一件让自己生气或不开心的事情。然后,家长和孩子一起将所有的蓝气球扔到地上,一起说儿歌:“高兴高兴拍拍拍,生气生气踩踩踩,好心情,我留下;坏心情,快扔掉!”之后一起将蓝气球踩爆,将红气球悬挂在室内。

游戏建议:

家长还可以将孩子表达的坏心情用笔写下来,装在小瓶里,然后带孩子一起去扔掉它。同时告诉孩子坏心情要赶快扔掉,每天剩下的就都是好心情了。

四、打打打

适合年龄:5—6岁

游戏方式:亲子活动。

游戏目的:

发展孩子的平衡能力,宣泄消极情绪。

游戏准备:

枕头一个,充气棒一个。

游戏玩法:

将枕头放在沙发上,请孩子手持充气棒面向枕头站好,家长用纱巾将孩子的双眼蒙住转圈。家长和孩子一起说儿歌:“你叫我气我不气,打走这个坏情绪。”停下的同时用充气棒打一下枕头,接着再说儿歌。请孩子用充气棒连续打枕头。

第六节　坚持力的培养

一、捡豆子

适合年龄:3—4岁

游戏方式:亲子活动。

游戏目的:

培养孩子做事认真的态度和持久专注的能力。

游戏准备:

黄豆、花生米、黑豆若干混在一起,黄色、红色、黑色的小碗(筐)各两个,筷子两双。

游戏玩法:

将各色豆子、花生米混在一起,倒在桌面上,听到“开始”的口令后,小朋友可以分组用小手捡豆子,或用筷子夹豆子,分别把自己捡到、夹到的豆子、花生米放入各自同色的小碗或小筐里,直到所有的豆子都装入碗(筐)中,比一比,多者为胜。

游戏规则:

1.游戏要待听到“开始”的信号后才能开始。

2.一种颜色的豆子必须装进同色的容器内,否则,不能记入总数。

游戏建议:

此游戏可先由捡大的积木开始,逐渐过渡到较小的物品,儿童开始可用小手直接捡,逐渐过渡到用筷子夹豆子,增加游戏的难度,培养儿童的专注力和持久性。

二、挑小棍

适合年龄:5—6 岁

游戏方式:亲子活动。

游戏目的:

体验亲子游戏的快乐和成功的喜悦,培养孩子的专注力和持久性。

游戏准备:

细长的冰糕棍一大把。

游戏玩法:

家长和孩子猜拳决定开局方。开局方将一大把冰糕棍在桌面上竖起来放整齐,然后松开手,让冰糕棍自然散落在桌面上。由开局方小心地取出一根冰糕棍,以此当工具小心挑出另一根冰糕棍,若保持其余冰糕棍纹丝不动,则挑起的冰糕棍归开局方所有;若有冰糕棍动时,则失败,不能得到被挑起的冰糕棍。接着由对方挑冰糕棍,要求同前。所有冰糕棍被挑完后,双方各自清查自己的冰糕棍的数量,量多者为胜。

游戏规则:

当孩子或家长用冰糕棍挑其他小棍时,若有小棍动了,则视为失败,请对方接着挑。

游戏建议:

此活动进行时,家长要引导孩子观察冰糕棍的具体情形,鼓励孩子用最好的方法赢得胜利。同时家长也要告诉孩子挑小棍时要聚精会神,屏住呼吸,才能赢得胜利。

三、小兔蹦蹦跳

适合年龄:3—4 岁

游戏方式:亲子活动。

游戏目的:

发展幼儿双脚连续行进跳的能力,体验成功的喜悦,培养自信心。

游戏准备:

家长事先做好两对纸剪的兔子耳朵,在兔子的耳朵背面贴上双面胶备用。

游戏玩法:

家长和孩子将兔子耳朵贴在各自的鞋面上,并说儿歌:“小白兔,白又白,两只耳朵竖起来。爱吃萝卜爱吃菜,蹦蹦跳跳真可爱!”说完,一起双脚向前跳。边跳家长边说:“小兔小兔跳跳跳,跳到树下停一停。”待孩子和家长都跳到树下后休息。游戏重新开始。

游戏建议：

1.这个游戏不是竞赛性游戏，家长要注意把握孩子的活动量，量力而行。

2.为增强游戏的趣味性，家长可以利用周围环境中的有利因素，让孩子朝不同的地方跳，如“小兔小兔跳跳跳，跳到花园停一停”等等。

第七节　合作能力的培养

一、快点接住它

适合年龄：5—6岁

游戏方式：教师与幼儿共同活动。

游戏目的：

1.仔细倾听同伴发出的信号，快速接住即将倒下的大马。

2.培养孩子之间的合作能力。

游戏准备：

在一根长度适中的竹竿上绑上马的头饰，做成一匹高头大马。

游戏玩法：

请全体小朋友围成圆圈，中间站一位小朋友手扶大马，圈上的小朋友边走边一齐说儿歌“大马大马快快跑，跑上山坡，跑过草地，得——儿——驾！”这时站在中间的小朋友快速地喊出一位小朋友的名字，大声地说：“某某小朋友接住它！”在说出最后一个字“它”时，松开扶马的手，赶快跑到圆形队伍中，被喊到的小朋友迅速从队伍中跑出来站到中间，接住即将倒下的大马。游戏重新开始。

注意事项：

1.扶马的小朋友必须说完最后一个字才能松手跑开。

2.接马的小朋友若接不住大马，使大马倒地，则为失败，要向全体小朋友表演节目，之后，游戏重新开始。

3.小朋友刚开始玩时可在场地上画出圆形线，提醒小朋友必须走在线上，待熟练后可把线隐去。

4.游戏可不断延伸，可将大马换成皮球，中间的小朋友将皮球高高抛起，同时叫出一位小朋友的名字，被叫到的小朋友快速向球跑去，在球落地之前接住它。游戏重新开始。

二、共建家园

适合年龄：5—6岁

游戏方式：教师与幼儿共同活动。

游戏目的:

1.小组合作完成指定任务,体验团队合作的乐趣。

2.学习商量、分工等合作的方法。

游戏准备:

1.四根长约5米的绳子。

2.红、黄、蓝、绿四色标记各5个。

游戏过程:

1.请每位小朋友取一个标记贴在手背上进入活动室坐好。

2.老师以游戏口吻提出第一个任务:请小朋友按照刚才取的标记分成四组。

3.老师引导孩子在各组推荐一位组长,并为自己的团队起一个名字,确定一个团队口号。

4.分组,并由组长带领用绳子建造一座家园,要求是:用一根长绳在地面上摆成房子形,要有房顶、窗户、门,时间5分钟。

5.讨论:为什么有的组成功了,而有的组却没有成功?

请成功的小组说一说自己的团队是怎样做成的,请失败的团队也说一说为什么自己的团队没有成功。

6.老师小结:要想获得成功就必须学会合作,怎样才能合作成功呢?请小朋友说一说。如:开始怎么商量,中间怎么分工,各自完成自己的任务,团队才能获胜。

7.请小朋友第二次玩建造家园的游戏,教师指导。

8.互相欣赏同伴的作品,各组说一说自己是如何成功的。

三、骑马投球

适合年龄:5—6岁

游戏方式:亲子活动。

游戏目的:

1.体验与父母合作游戏的快乐。

2.发展幼儿向指定目标投掷的能力。

游戏准备:

报纸团成的小纸球若干,装纸球的篮子若干。

游戏玩法:

在场地上画出两条平行的直线,请参加游戏的家庭进入场地,所有的爸爸背着宝宝(像骑马)站在一条线的后面,妈妈则拿着篮子站在另一条线后面,与爸爸和孩子面对面。游戏开始时,孩子从爸爸手里接过纸球,向妈妈的篮子里投去,妈妈则调整自己的位置,观察宝宝投来的球的方向,努力接住宝宝投过来的球。在规定的时间内,以妈妈接住球最多的家庭为胜。

注意事项：

1.游戏时爸爸妈妈均不得越过直线，否则犯规。

2.纸球的大小、重量要一致，球的外部可用透明胶带粘住。

3.场地绘图要求如下：

两条相距约2米的平行直线，背着孩子的家长（爸爸）站在一边，拿筐的家长（妈妈）站在另一条直线的后边，爸爸和妈妈相对而立。

第八节　分享意识的培养

一、小小播音员

适合年龄：5—6岁

游戏方式：教师与幼儿共同活动。

游戏目的：

1.将自己的知识经验与伙伴分享，感受分享的快乐。

2.大胆地在同伴面前表达自己的愿望。

游戏准备：

1.用大型纸盒制作一个电视播音台。

2.提前请小朋友回家查找自己感兴趣的知识。

游戏过程：

教师每天利用一日生活中的固定时间，请一位小朋友当播音员，把自己查到的有趣的知识告诉大家，并接受其他小朋友的提问。

注意事项：

1.此活动应每天坚持，每次一位小朋友。

2.教师也可提前预告小朋友感兴趣的话题，并将话题分成动物知识、植物知识、气象知识等，方便小朋友和爸爸妈妈一同准备。

3.教师还可将孩子播音的情景拍下来，布置出相应的墙面，并将相关知识展示出来，激发孩子的自豪感，培养孩子的分享意识。

二、玩具换着玩

适合年龄：4—6岁

游戏方式：教师与幼儿共同活动。

游戏目的：

1.以自己的方式大方地展示说明自己心爱的玩具的名称与玩法。

2.主动与同伴分享自己的玩具，体验交换玩具玩的乐趣。

游戏准备：

1.提前引导孩子正确认识交换玩具的意义。

2.每人带一个自己心爱的玩具。

3.创设玩具展览区。

游戏过程：

1.玩具展览。请小朋友将自己带来的玩具放在玩具展览区，自由观看交流。

2.玩具展示。教师播放动感音乐，请每个孩子逐一上前拿出自己的玩具，随着音乐展示玩具。

3.玩具交换。所有的玩具展示完后，请小朋友自由结伴，交换玩具，交换时要向小朋友说清自己玩具的名称和玩法。

4.鼓励小朋友多次交换玩具，选择自己最喜欢的玩具。

5.交流与分享。鼓励小朋友说出：在刚才交换玩具的过程中，是如何与其他小朋友交换玩具，分享自己心爱的玩具的？玩了这么多玩具，心里有什么感觉？喜欢交换玩具的活动吗？为什么？

三、孵蛋

适合年龄：4—5岁

游戏方式：亲子活动。

游戏目的：

1.自信并快乐地参与活动，在爸爸妈妈的帮助下动作迅速地穿过圈。

2.培养身体动作的协调性。

游戏玩法：

教师将报纸裁成圆形，面积略大于呼啦圈（呼啦圈大小以幼儿身体能穿过为宜），将圆形报纸盖在呼啦圈上，用胶带纸将报纸周边与呼啦圈的周边粘牢，再在报纸的圆心位置开一个小洞。3—5个家庭同时进行游戏。老师将封好的呼啦圈（即“蛋”）逐一放在场地上，游戏开始时请小朋友以家庭为单位，爸爸妈妈将呼啦圈捡起来请孩子迅速从中心的小洞处将报纸撕开，从上向下将呼啦圈从幼儿身体穿过，表示这个“蛋”已孵成小鸡，爸爸妈妈其中一人将“蛋壳”收好，再继续用同样的方法“孵蛋”，在规定的时间内看哪个家庭的“蛋”孵得多，最多者获胜。

注意事项：

1.该游戏操作性强，诙谐有趣，游戏时伴随音乐进行更有利于渲染欢乐的气氛。

2.游戏场地可设计成长方形，将“蛋”依次摆放其中，孵好的“蛋”放在爸爸或妈妈的手上拿好，活动结束时数个数，多者为胜。

3.场地绘图要求如下：

长方形的场地内画上四条直跑道，装饰好的呼啦圈从起点处依次往终点方向摆上7—8个，四条跑道都摆满,每个家庭站在一条跑道起点处。

第九节　交往与适应

一、滚珠画

适合年龄:3—4岁

游戏方式:亲子活动。

游戏目的:

1.感受亲子共同制作的乐趣。

2.体会完成作品的成功感,培养自信心。

游戏准备:

每人一个废旧的衬衣盒或鞋盒,一张与盒子底部一样大小的绘画纸,各种颜色的广告色每组一套,玻璃滚珠每组若干,小勺每组若干,抹布,金粉、银粉若干,滚珠画做成的版面一块。

游戏过程:

1.老师请孩子和父母一起欣赏老师的滚珠画,说一说:这些画漂亮吗?你喜欢哪一幅画?为什么?

2.猜一猜,这些画是怎样画成的?

3.老师讲解滚珠画的制作过程:将玻璃滚珠放入自己喜欢的颜料盒里浸一下,用勺子舀出珠子并放进盒里,两手拿起盒子来回晃动,使滚珠在盒内随意滚动,留下滚动的痕迹。如此,用浸过不同颜色的滚珠依次在盒子里滚出不同的图案。

4.请小朋友在家长的帮助下,每人完成一幅作品。

5.请家长在孩子的作品尚未干时,在孩子的作品上撒上金粉或银粉,并与孩子共同欣赏完成的作品,共同为作品起一个名字并写在作品的左下角。

6.在老师的引导下,将完成后的作品贴在事先准备好的版面上,布置在活动室的一角,请全班小朋友相互欣赏。

二、小记者

适合年龄:5—6岁

游戏方式:儿童自主活动。

游戏目的:

1.采访幼儿园园长、老师、保健医、炊事员、门卫、保安等岗位的工作内容,知道孩子的健康成长离不开这些人的辛勤工作。

2.学习使用采访的方法了解各个部门的工作内容及位置。

游戏准备：

记录表每人一份，笔。

游戏过程：

1.与小朋友一起讨论如何去调查与采访，发记录表给小朋友。

（1）在幼儿园里有很多部门都在为小朋友服务，那你们知道都有哪些部门吗？在哪儿为咱们服务呢？

（2）今天老师给你们布置一个任务，让你们当一个小记者去采访他们。

（3）怎样去采访各个部门的工作人员呢？请小朋友说一说，老师来总结。

①咱们每个部门都有自己的标志，在采访时你可以注意观察。

②如果没有明显的标志，你可以有礼貌地去问一问叔叔阿姨这是哪个部门。

③采访完之后你们用自己的方式记录在这张表上。

2.带领小朋友参观幼儿园的各个部门，请小朋友分组采访并记录。

3.分享调查结果。

（1）将小朋友的调查表贴在前面，让小朋友一起分享调查结果。

（2）请小朋友讲一讲自己的记录表上的内容。

延伸活动：

1.让小朋友用调查的方式调查社会上的一些部门，并记录下来。

2.鼓励小朋友用自己的图形符号表达采访过程。

三、友谊地久天长

适合年龄：5—6岁

游戏方式：儿童间相互交流。

游戏目的：

1.激发小朋友对毕业离园后与同伴继续联系的向往与渴望。

2.知道与同伴保持联系的常用方法，并互留联系方式。

游戏准备：

小朋友每人一本联系册，笔，小朋友的单人照片。

游戏过程：

1.谈话：朋友的联系方法。

根据小朋友的谈话内容，教师归纳朋友间进行联系的方法：串门互访、打电话、写信、发电子邮件等。

2.现场签名，互留联系方式。

相互交流：小朋友分开以后想要继续交往，应记住好朋友的哪些情况？怎样才能记得更清楚呢？老师为每一位小朋友发联系册，指导小朋友互相在联系册上写上自己的姓名、地址、电话等。

也可以贴上自己的照片。

3.友谊地久天长。在《友谊地久天长》的歌声中,小朋友自由寻找同伴表达友情。

图 10.9.1

参考文献

[1]杜燕红.儿童是个人格心理学家[M].江苏教育出版社,2007,12.

[2]吴卫东.互动游戏与心理教育[M].浙江教育出版社,2006,1.

[3]艾里克·J.马施等著,孟宪璋等译.儿童异常心理学[M].暨南大学出版社,2004,5.

[4]李燕.幼儿情绪智力的发展与培养[M].中国轻工业出版社,2002,12.

[5]徐光兴."雨人"的秘密[M].上海科学技术出版社,2005,11.

[6]郑雪等.幼儿心理健康教育[M].暨南大学出版社,2006,1.

[7]姜勇等.儿童发展指导[M].北京师范大学出版社,2004,11.

[8]王振宇.学前儿童心理学[M].人民教育出版社,2004,10.

[9]朱家雄.学前儿童心理卫生[M].人民教育出版社,1994,7.

[10]范翠英等.儿童心理咨询[M].安徽人民出版社,1998,8.

[11]王庆文.幼儿规则意识的引导策略[J].早期教育,2003,(10):13—14.

[12]易法建,杨丹燕.心理医生[M].重庆大学出版社,1998.

[13]曹华,蔡发良.家庭心理医生[M].九州出版社,2001.

[14]姚本先.儿童心理辅导[M].安徽大学出版社,2003.

[15]史彩娥.中小学心理健康教育案例[M].文心出版社,2007.6.

[16]史彩娥.中小学心理健康教育活动手册[M].文心出版社,2007.6.

[17]史彩娥.中小学心理健康教育知识手册[M].文心出版社,2007.6.

[18]史彩娥.中小学心理健康教育咨询手册[M].文心出版社,2007.6.

[19]储呈平.家庭教育心理咨询[M].北京师范大学出版社,1993.

[20]龙吟,孙诚.幼儿心理与行为透视[M].安徽人民出版社,2002.

[21]宋宁.幼儿心理潜能开发(大班)[M].山西出版集团希望出版社,2007.

[22]中国幼儿教师网

[23]中国幼教网

[24]中国教育文摘

[25]陈会昌—心理学空间